高等学校"十三五"规划教材

U0210212

大学化学实验(IV)

——物理化学实验

张进 刘利 薛斌 主编

化学工业出版社

·北京·

内容简介

《大学化学实验（Ⅳ）——物理化学实验》是依据教育部化学类专业教学指导委员会制订的《化学类专业化学实验教学建议内容》，秉承"夯实基础、注重实操、强化设计、旨在创新"的原则所编写的实验课教材。全书包括绪论、常用测量技术、常用仪器及使用、热力学实验、动力学实验、电化学实验、表面化学与胶体化学实验、物质物理性质测定实验共八章内容。其中基础知识与测量技术主要介绍了本书实验所涉及的实验方法与技术以及仪器的使用方法，实验项目包括有代表性的基础实验 25 个及具有创新性的设计性实验 14 个。此外，本书配套数字化教学资源，读者可以通过扫描二维码，观看实验原理及相关实验操作的视频资源，实现化学实验教学内容的创新和教学模式的多元化。

《大学化学实验（Ⅳ）——物理化学实验》可作为高等院校化学化工、材料科学、医学、药学、环境科学、生物工程等本科专业的物理化学实验教材，也可供从事相关工作的专业技术人员学习、参考。

图书在版编目（CIP）数据

大学化学实验. Ⅳ，物理化学实验 / 张进，刘利，薛斌主编. —北京：化学工业出版社，2021.8（2023.1 重印）
高等学校"十三五"规划教材
ISBN 978-7-122-39388-3

Ⅰ.①大… Ⅱ.①张…②刘…③薛… Ⅲ.①化学实验-高等学校-教材②物理化学-化学实验-高等学校-教材 Ⅳ.①O6-3

中国版本图书馆 CIP 数据核字（2021）第 120553 号

责任编辑：褚红喜 宋林青 　　　　　　　装帧设计：关 飞
责任校对：宋 玮

出版发行：化学工业出版社（北京市东城区青年湖南街 13 号 邮政编码 100011）
印 　 装：天津盛通数码科技有限公司
787mm×1092mm 1/16 印张 13¾ 字数 348 千字 2023 年 1 月北京第 1 版第 2 次印刷

购书咨询：010-64518888 　　　　　　　售后服务：010-64518899
网 　 址：http://www.cip.com.cn
凡购买本书，如有缺损质量问题，本社销售中心负责调换。

定 　 价：32.00 元

《大学化学实验（Ⅳ）——物理化学实验》

编写组

主　编　张　进　刘　利　薛　斌

副主编　张　帆　姚思童　鄂义峰　厉安昕

编　者　（以姓氏笔画为序）

于　杰　王艳玲　厉安昕　史发年

吕　丹　刘　利　孙迎春　何　鑫

张　进　张　帆　张　啸　张林楠

张宇航　周　丽　姚思童　贺光亮

徐　舸　黄颖霞　鄂义峰　薛　斌

前　言

化学实验教学是实施全面化学教育的最有效形式，而物理化学实验是化学实验教学的重要组成部分。化学实验教学不仅可以培养学生的动手能力、严谨的科学态度、严密的逻辑思维和实事求是的优良品德，同时也是培养学生创新意识、创新能力和创新精神的重要环节。因此化学实验教学起着理论教学所不能替代的重要作用。

本书是依据教育部化学类专业教学指导委员会制订的《化学类专业化学实验教学建议内容》，秉承"夯实基础、注重实操、强化设计、旨在创新"的原则所编写的实验教材，也是教育信息化背景下物理化学及实验课程教学改革的产物。本书介绍了主要实验项目涉及的基础知识、测量技术、实验方法以及仪器的使用方法，具体实验项目选题包括有代表性的基础实验 25 个及具有创新性的设计性实验 14 个。

本书内容的特色如下：

（1）从相关专业的培养目标出发，实验选题上突出基础性、实用性和创新性。所选入的 39 个实验涵盖了物理化学主要分支的内容。

（2）强化基础知识掌握和基本测量技术训练的同时，突出综合应用技能和创新研究技能的培养和训练。每一章的实验内容按照由浅入深、由简单到综合、由综合到设计梯次构建。

（3）实验项目内容的编写凸显功能性。预习思考可以让学生通过"自学查阅、深入思考"的方式完成每个实验的预习；所提供的数据记录表格可以规范学生实验数据的记录与处理；讨论与应用部分可以扩大学生知识面并为进一步应用和创新实验拓展空间。

（4）实验仪器和数据处理方法凸显先进性和实用性。经典实验的实验仪器引入相对先进、商品化的产品；数据处理中介绍了常用的 Excel 和 Origin 软件处理实验数据的方法和实例。

（5）教学资源的构建凸显信息化，读者可通过观看基本实验操作短视频，直观、有效地掌握规范的实验操作；通过观看讲解实验原理的短视频，深入地理解理论知识以及实验方法和实验内容。另外，利用本教材可实现实验教学模式的创新并能提升学生自主学习的能力。

参加本书编写工作的有：沈阳工业大学张进（第一章、第三章、第七章）；刘利（第二章、第四章、第五章）；薛斌、黄颖霞、孙迎春、王艳玲、贺光亮（第六章）；张帆（附录）；沈阳科技学院厉安昕、何鑫（第八章）；辽宁中医药大学杏林学院周丽、锦州医科大学鄂义峰（表格、插图）。张进、刘利、何鑫负责本书数字化教学资源的建设工作。张进负责主持全书的策划、统稿，全书由张进、刘利、薛斌、姚思童修改和定稿。沈阳工业大学的张林楠、史发年、徐舸、吕丹、张宇航、于杰、张啸等也共同参与完成本书的编写工作。在此向给予本书极大的支持和帮助的各位同仁表示深深的谢意。

本教材的编写博采众长，参考了国内外的众多同类教材、专著和相关文献，并从中得到了启发和教益，在此一并表示感谢！

　　本书是沈阳工业大学、沈阳科技学院、锦州医科大学、辽宁中医药大学杏林学院等多位教师辛勤耕耘的结晶。由于教材内容涉及多方面的知识，限于编者的学识水平，不妥和疏漏之处在所难免，恳请同行专家和读者批评指正。

编者

2021 年 5 月

目　录

第四章　热力学实验 / 105

第五章　动力学实验 / 131

第六章　电化学实验 / 151

第七章　表面化学与胶体化学实验 / **168**

第八章　物质物理性质测定实验 / **185**

附录 / **196**

第一章　绪论

第一节　物理化学实验的目的、要求和注意事项

物理化学实验是化学实验学科的一个重要分支，它是借助于物理学的原理、技术和仪器，利用数学运算工具来研究物系的物理性质、化学性质和化学反应规律的一门学科。物理化学是整个化学学科的理论基础，而物理化学实验则是通过严格的、定量的实验，将物理化学理论具体化、实践化，是对整个化学理论体系的实践检验。

一、物理化学实验的目的

1. 掌握物理化学的基本实验方法和技术

通过本课程的学习，掌握物理化学的基本实验方法和技术，比如温度测量、热化学测量、压力测量、电学测量、光学测量等方法和技术，以及常用实验仪器的使用方法。

2. 训练学生进行实验工作的综合能力

学生通过进行实验工作的综合训练可以独立完成实验方案的设计，实验条件的选择，实验方法的比较，相关信息的查询，实验现象的解释，实验数据的处理，实验结果的分析、归纳和总结，实验报告的撰写等。

3. 培养学生理论联系实际的能力

物理化学理论课的基本概念、公式和原理能够在实验课程中得到进一步巩固和加深，同时应注意运用物理化学理论来指导实验课程的学习。

4. 培养学生的创新思维、创新精神和创新能力

通过物理化学实验课程的学习培养学生具备坚实的实验基础和初步的研究能力，实现由学习知识技能到进行科学研究的初步转化，进一步培养学生较强的动手能力和综合分析的思维能力，为日后从事科学研究打下牢固基础的同时也要注重培养学生的求真、求实、勇于开拓创新的科学精神和优良品质。

二、物理化学实验的要求

为达到物理化学实验的教学目的，实现实验教学的预期目标，正确的学习态度和学习方

法是十分重要的。

1. 重视并充分做好预习

物理化学实验课程内容较难理解，因此要求学生实验前必须充分预习。

① 认真钻研并熟悉实验教材中的相关内容，观看实验教学视频。

② 明确实验目的，清楚实验需要解决的问题，理解实验原理，掌握实验方法。

③ 了解实验内容、步骤，熟悉基本操作、仪器使用和实验注意事项。

④ 查阅有关教材、参考书、手册，获得实验所需的相关化学反应方程式、常数等。

⑤ 写出预习报告（包括实验目的、实验原理、实验步骤、反应方程式、相关计算）。对于设计性实验，需要根据相关知识和原理写出实验的基本方案，保证实验顺利完成。

实践证明，充分的预习是实验成功的关键。因此，一定要坚持做好实验前的预习工作，确保实验安全，提高实验效率，圆满完成实验教学任务，达到预期的实验目的。

2. 认真并安全完成实验

① 按实验分组到指定的实验台，待指导教师讲解后，方可进行实验。

② 按照实验教材上的方法、步骤、试剂用量和操作规程科学地进行实验。

③ 实验过程中认真操作、仔细观察，并将实验现象和实验数据及时、如实地记录在报告册相应位置，确保实验结果的真实准确。

④ 实验过程中要保持注意力高度集中，积极思考，在规定的时间内完成规定的实验内容，达到实验教学要求。

⑤ 遇到问题首先要善于独立思考分析，力求自己解决；如果自己解决不了，可请教指导老师。

⑥ 实验过程中要注意培养自己严谨的科学态度和实事求是的工作作风，决不能弄虚作假，随意修改数据。

⑦ 严格遵守实验室的各项规则。

a. 实验过程中严禁打闹，严格遵守实验教学纪律，保持肃静。

b. 实验操作必须规范，正确使用仪器和设备，节约使用药品、水、电和煤气。

c. 保持实验室整洁、卫生和安全。实验后要认真清扫地面，清洗干净玻璃仪器，整理台面，关闭水、电、煤气、门窗，经指导教师允许后方可离开实验室。

3. 独立撰写实验报告

在实验室内做完物理化学实验，只是完成实验教学的一部分，余下更为重要的是分析实验现象，整理实验数据，将直接的感性认识提高到理性思维阶段，最终给出实验后获得的结论和收获的知识。实验报告是每次实验的记录、概括和总结，是对学生综合能力的考核，也是学生善于观察、勤于思考、正确判断的真实反映。

撰写实验报告的具体要求如下：

① 实验完毕，学生必须将原始记录交给指导老师签字，然后正确处理数据，书写实验报告。

② 要求每位参加实验的学生都要书写实验报告，以便及时总结和互相交流。

③ 物理化学实验报告一般应包括：实验目的、实验原理、实验仪器和实验条件、实验步骤、实验数据记录、实验结果处理、问题和讨论等部分。

实验目的应该用简单明了的文字说明所用实验方法及研究对象。

实验数据记录应尽可能以表格形式表示，每一项标题应该简单、准确，不要遗忘某些实验条件的记录，比如室温、大气压等。

实验结果处理是实验报告的核心及重要组成部分，是学生实验能力的综合体现。在实验结果处理中应写明计算公式，标明已知常数的数值，注意各物理量的数值和单位。如果计算结果较多，最好也用表格形式表示，有时也可以将实验数据和结果处理合并为一个表格。物理化学实验中作图必须用坐标纸，要端正地粘贴在实验报告上，同时注意标注清楚横纵坐标的物理量、单位以及图的名称。

问题和讨论部分需要分析实验可能的误差来源和解决措施以及对实验改进的建议等。

④ 书写实验报告时要求开动脑筋、认真钻研、细心计算、仔细撰写，切忌粗枝大叶、字迹潦草，千万不要伪造实验数据和结果。

通过撰写实验报告，达到加深理解实验内容、提高科技写作能力和培养严谨科学态度的目的。实验报告一定意义上也反映了一个学生的学习态度、实际的理论知识水平与综合能力。

三、物理化学实验的注意事项

① 提前进入实验室做好实验前的准备工作。首先签到、穿好实验服，然后检查实验所需的药品、仪器是否齐全，在指定位置进行实验。

② 未经老师允许不得乱动精密仪器，使用时要爱护仪器，如发现仪器损坏，应立即停止使用并报告指导老师，待仪器排除故障后方可继续使用。

③ 实验中必须遵守教学纪律，不迟到，不早退，不准大声喧哗，不得到处乱走，不允许影响他人实验，严禁打闹。

④ 实验台上的药品、仪器应整齐排列，实验中注意保持实验台面的清洁卫生。随时将实验中产生的废物、试纸、滤纸、火柴梗、碎玻璃等放入杂物杯中，实验结束后倒入垃圾箱。实验中产生的废液倒入专用的废液回收容器中，统一回收处理。

⑤ 按规定用量取用药品，取完药品后，必须及时盖好原瓶盖，放在指定地方的药品不得擅自拿走。

⑥ 实验时要集中精神，认真正确地进行操作，避免实验事故的发生。仔细观察实验现象，实事求是做好实验原始记录，认真思考实验中出现的问题。

⑦ 树立浪费可耻的意识，实验中注意节约水、电、药品、煤气等。

⑧ 实验后，要将所用仪器清洗干净并放回原处，有序存放。实验台面擦净，检查水、电、煤气是否安全关闭，经指导教师检查后方可离开实验室。

⑨ 如果实验中发生意外事故，不要惊慌失措，报告指导教师及时进行处理。

四、物理化学实验的成绩评定

实验教学是通过学生亲身体验实践获取知识、激发学生创造欲的过程。在这一过程中不仅要让学生"学会"，更重要的是要让学生"会学"，能够自己去发现问题并解决问题，从而优化实验过程。

实验成绩的评定是教学过程的重要环节，是检查教学效果、提高教学质量的重要措施。需明确的是实验结果绝不是成绩评定的唯一决定因素。物理化学实验成绩评定的主要考核依据如下：

① 对物理化学实验基础知识、实验原理的理解程度。

② 对物理化学实验基本操作、实验方法的掌握程度。

③ 预习报告的完成质量情况。

④ 实验报告的填写及处理情况。

a. 实验中原始数据的记录情况（及时性、正确性、真实性以及表格设计的合理性）。

b. 数据处理是否正确。

c. 实验报告书写的规范性及完整性。

⑤ 实验过程中表现出的综合能力、科学态度和科学精神。

第二节　物理化学实验的安全知识

在化学实验室中，经常接触到各种电器和化学药品，有发生诸如触电、中毒、着火、爆炸等各种事故的潜在危险，因此实验的安全知识是实验者必须首先掌握的内容，实验中力求避免事故的发生，学会应急处置办法。下面就物理化学实验所涉及的安全问题作简单介绍。

一、安全用电

人体通过 50Hz、1mA 的交流电就有感觉，达到 50mA 以上就有生命危险，而通过 100mA 以上的交流电会使肌肉强烈收缩。此外，用电不当，还会损坏仪器设备，甚至引发火灾。

1. 防止触电

① 所有电源裸露部分必须有绝缘装置，电器的金属外壳都应接上地线。

② 不能用潮湿的手接触电器，不得直接接触绝缘性能不好的电器。

③ 已损坏的接头、插座或绝缘不良的电线应及时更换。

④ 实验时，应先连接好电路，再接通电源；修理或安装仪器时，应首先切断电源，再行操作；实验结束后，先切断电源，再拆卸电路。

实验室安全的
重要性

⑤ 不能用验电笔试高压电。使用高压电源要有专门的防护措施。

⑥ 发生触电时，应迅速切断电源，再进行救护工作。

2. 防止发生火灾及短路

① 物理化学实验室内一般允许使用的最大电流负荷为 30A，而一般的实验台电源为 15A，当使用功率特别大的电器时，应先计算电流量，严格按规定安装保险丝，并且使用较粗的电线，使电线的安全通电荷量大于用电功率。

② 生锈的仪器或接触不良的地方应及时处理，以免产生火花，特别是在室内有煤气等易燃易爆物品时更要格外小心。

③ 如遇电线着火时，切勿用水或泡沫灭火器等导电液体灭火。应立即切断电源，并用沙、二氧化碳或四氯化碳灭火器灭火。

④ 为防止短路，电线中各接点要牢固，电路元件两端接头不能直接接触，以免发生烧坏仪器、触电、着火等事故。

3. 电器仪表的安全使用

① 使用实验仪器前，应当了解实验仪器所要求的电源是交流电还是直流电，是三相电还是单相电，电压的大小（如 380V、220V、6V），以及直流电器仪表的正极、负极。

② 仪表量程应大于待测量。待测量大小不明时，应从最大量程开始测量。

③ 开始实验之前，应先由指导教师检查线路，经指导教师同意后方可接通电源。

④ 在实验过程中，如发生不正常声响、局部温度升高或嗅到焦味，应立即切断电源，并报告实验指导教师进行检查。

二、安全使用化学药品

实验过程中，常常会用到易燃、易爆、有腐蚀性和有毒性的化学药品，因此进行化学实验之前一定要熟识使用化学药品的安全注意事项，以避免实验事故的发生。

① 一切易燃、易爆药品的实验操作都必须远离火源。

② 在实验室使用煤气、氢气等可燃气体时，要防止气体泄漏，用完后一定要关好气体阀门，并保持室内通风良好。

③ 严禁将强氧化剂与强还原剂放置在一起；久藏的乙醚使用前应除去其中可能产生的过氧化物。

④ 一切有毒或有刺激性药品的实验操作都必须在通风橱内进行。

⑤ 乙醚、乙醇和苯等有机易燃药品，安放和使用时必须远离明火，取用完毕后立即盖紧瓶塞和瓶盖放回原处。

⑥ 嗅闻气体时，鼻子不能直接对着瓶口，应用手轻拂气体，使少量气体扇向自己再嗅。

⑦ 浓酸、浓碱具有很强的腐蚀性，切勿溅在衣服、皮肤上，特别是勿溅在眼睛上。在稀释浓硫酸时，必须将浓硫酸慢慢注入水中，并且不断搅拌，切勿将水注入浓硫酸中。

⑧ 不知反应机理，没有相关知识储备时，不得随意混合各种化学药品。

⑨ 禁止在实验室内饮食、抽烟和打闹，防止有毒药品（氰化物、砷化物、汞化物、高价铬盐、钡盐和铅盐等）进入口内或接触伤口。

⑩ 实验过程中使用有毒药品更应特别注意，有毒废液必须进行统一回收，不得倒入水槽，以免与水槽中的残酸作用而产生有毒气体。

三、安全使用气体钢瓶

在物理化学实验中，经常要使用一些气体，例如在"燃烧热的测定"实验中要使用氧气。为了便于运输、贮藏和使用，通常将气体压缩成高压气体或液化气体，灌入耐压钢瓶内。当钢瓶受到撞击或遇高温时就会有发生爆炸的危险。另外，一些压缩气体有剧毒，一旦泄漏，也会造成严重后果，因此安全地使用气体钢瓶是十分重要的。

使用钢瓶必须注意下列事项：

① 在使用气体钢瓶前，要按照钢瓶外表油漆颜色、字样等正确识别气体种类，切勿误用以免造成事故。根据国标（GB 7144—1999）规定，各种钢瓶必须按照表 1-1 所示规定进行漆色、标注气体名称。

② 气体钢瓶在运输、贮存和使用时，注意勿使气体钢瓶与其他坚硬物体撞击，或曝晒在烈日下及靠近高温处，以免引起钢瓶爆炸。钢瓶应定期进行安全检查，如进水压试验、气

密性试验和壁厚测定等。

表 1-1　气体钢瓶外表颜色及字样

钢瓶名称	外表颜色	字样	字样颜色	横条颜色
氧气瓶	天蓝	氧	黑	—
氢气瓶	深绿	氢	红	红
氮气瓶	黑	氮	黄	棕
纯氩气瓶	灰	纯氩	绿	—
二氧化碳气瓶	黑	二氧化碳	黄	黄
氨气瓶	黄	氨	黑	—
氯气瓶	草绿	氯	白	白
氟氯烷瓶	铝白	氟氯烷	黑	—

③ 严禁油脂等有机物沾污氧气钢瓶，因为油脂遇到逸出的氧气有可能燃烧，如已有油脂沾污，则应立即用四氯化碳洗净。氢气、氧气或可燃性气体钢瓶严禁靠近明火。

④ 存放氢气钢瓶或其他可燃性气体钢瓶的房间应注意通风，以免漏出的氢气或可燃性气体与空气混合后遇到火种发生爆炸。室内的照明灯及电气通风装置均应防爆。

⑤ 原则上有毒气体（如液氯等）钢瓶应单独存放，严防有毒气体逸出，注意室内通风。最好在存放有毒气体钢瓶的室内设置毒气鉴定装置。

⑥ 若两种钢瓶中的气体接触后可能引起燃烧或爆炸，则这两种钢瓶不能存放在一起。如氢气瓶和氧气瓶、氢气瓶和氯气瓶等。

⑦ 气体钢瓶存放或使用时要固定好，防止滚动或跌倒。为确保安全，最好在钢瓶外面装置橡胶防震圈。液化气体钢瓶使用时一定要直立放置，禁止倒置使用。

⑧ 不能将钢瓶内的气体全部用完，要留下一些气体，以防止外界空气进入气体钢瓶。

⑨ 不同气体的气压表一般不能混用。如可燃性气体（如 H_2、C_2H_2 等）的钢瓶气门螺纹是反扣的，而不燃性或助燃气体（如 N_2、O_2）的钢瓶是正扣的。

气压表与钢瓶如图 1-1 所示。

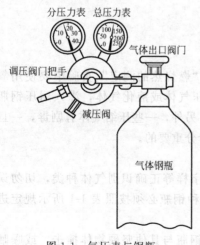

图 1-1　气压表与钢瓶

气压表设有总压力表和分压力表，分别指示钢瓶内总压力和用气压力。使用时将气压表和钢瓶连接好，将调压阀门逆时针旋至最松的位置上（即关闭减压阀），打开钢瓶气体出口阀门，总压力表即指示出钢瓶内气体的总压力，用肥皂水检查气压表与钢瓶连接处是否漏气，如不漏气，即可将调压阀门顺时针旋转（即打开减压阀），开启向系统送气，其压力由分压力表指示。用气完毕，先关闭气体出口阀门，再打开调压阀门让气体排空，使总压力表和分压力表指示都下降至零，再关闭调压阀门。应该特别强调一点，在打开气体出口阀门时，如果调压阀门没有关闭（即逆时针旋到最松位置上），调压阀门就会因高压气流的冲击而失灵，从而损坏气压表。

四、事故的处理

（1）割伤

若割伤，伤口不能用手抚摸，伤口内如果有异物，必须把异物挑出，然后涂上碘酒或贴上"创可贴"包扎，必要时送医院治疗。

（2）烫伤

若烫伤，不要用冷水洗涤伤处。伤处皮肤未破时，可涂擦烫伤膏；如果伤处皮肤已破，可涂些紫药水或 1% 高锰酸钾溶液。

（3）受强酸腐蚀

若皮肤受强酸腐蚀，立即用大量水冲洗，再用饱和碳酸氢钠溶液（或肥皂水）冲洗。

（4）受浓碱腐蚀

若皮肤受浓碱腐蚀，立即用大量水冲洗，再用 3%～5% 醋酸或硼酸饱和溶液冲洗，最后再用水冲洗。

（5）酸（或碱）溅入眼内

若酸（或碱）溅入眼内，应立即用大量水冲洗，再用 3%～5% 碳酸氢钠溶液（或 3% 硼酸溶液）冲洗，然后立即到医院治疗。

（6）溴烧伤

用乙醇或 10% $Na_2S_2O_3$ 溶液洗涤伤口，再用水冲洗干净，并涂敷甘油。

（7）汞洒落

使用汞时应避免泼洒在实验台或地面上，使用后的汞应收集在专用的回收容器中，切不可倒入下水道或垃圾箱内。

（8）吸入刺激性或有毒气体

如吸入氯气、氯化氢时，可吸入少量酒精和乙醚的混合蒸气解毒。因吸入硫化氢气体感到不适（如头晕、胸闷、恶心欲吐）时，应立即到室外呼吸新鲜空气。

（9）毒物进入口内

若毒物进入口内，可内服一杯含 5～10mL 稀硫酸铜溶液的温水，再用手指伸入喉咙处，促使呕吐，然后立即送医院治疗。

（10）若被磷火烧伤

若被磷火烧伤，应立即用纱布浸泡 5% 硫酸铜溶液敷在伤处 30min，清除磷的毒害后，再按一般烧伤的处理方法处置即可。

（11）触电

若发生触电，首先切断电源，然后在必要时进行人工呼吸，找医生救治。

（12）火灾

若发生火灾，要立即灭火，并采取措施防止火势进一步蔓延，然后根据起火的原因选择合适的方法灭火。

五、灭火方法

一切灭火的措施都是为了防止燃烧条件的相互结合和相互作用，破坏已经产生的燃烧条件。灭火的基本方法有冷却法、隔离法、窒息法、抑制法等。

1. 冷却法

① 将灭火剂直接喷射到燃烧物质上，降低燃烧物质的温度，使其低于物质的燃点之下，迫使燃烧停止。

② 将水浇在火源附近的物体上，夺取燃烧物质的热量，使其不受火焰辐射的威胁而形成新的火点。

消防安全知识

2. 隔离法

隔离法就是将火源处或周围的可燃物质进行隔离，或者转移到离火源较远的地方，使燃烧因缺少可燃物质而停止，使火灾不再蔓延。

具体可采用的方法如下：

① 为了防止燃烧的物体与其他易燃、可燃物质接触，应该迅速将其移开。

② 移走火源附近的可燃、易燃、易爆和助燃的物品。

③ 拆除与火源及燃烧区域接连的易燃设备，预测火势蔓延的路线，阻止火势进一步的蔓延。

④ 关闭可燃气体、液体管道的阀门，减少和阻止可燃物进入燃烧区。

⑤ 用强大水流截阻火势。

3. 窒息法

阻止空气流入燃烧区或用不燃物质冲淡空气，燃烧物会因为得不到足够的氧气而熄灭。例如用不燃或难以燃烧的物质覆盖在燃烧物上，封闭起火设备的孔洞等。

4. 抑制法

将灭火剂参与到燃烧反应的过程中去，燃烧过程中产生的游离基消失，而形成稳定分子或低活性的游离基，从而使燃烧反应终止。目前投入使用的1202、1211均属于这类灭火剂。

六、灭火器材的使用

1. 泡沫灭火器

泡沫灭火器是一个内装碳酸氢钠与发沫剂的混合溶液、玻璃瓶胆（或塑料胆）内装硫酸铝溶液的铁制容器。使用时将桶身倒转过来，两种溶液混合发生反应，产生含有二氧化碳气体的浓泡沫，体积膨胀 7~10 倍，一般能喷射 10m 左右。由于泡沫密度小，所以能覆盖在易燃液体的表面，泡沫灭火器对于扑灭油类火灾是比较好的。

2. 二氧化碳灭火器

二氧化碳是一种惰性气体，以液态灌入钢瓶中。液态的二氧化碳从灭火器口喷出后，迅速蒸发，变成固体雪花状的二氧化碳，又称干冰，其温度为 195K。二氧化碳是电的不良导体，适用于扑救带电（10kV 以下）设备的火灾。二氧化碳无腐蚀性，可以扑救重要文件档案、珍贵仪器设备的火灾，扑救油类火灾也有较好的效果。

3. 四氯化碳灭火器

四氯化碳灭火器的筒内装四氯化碳液体，使用时将喷嘴对准着火物，拧开梅花轮，四氯化碳液体因受到筒内气压作用从喷嘴喷出，一般能喷射 7m 左右。四氯化碳不导电，适于扑救电器设备，其他物质的火灾也可以扑救。由于四氯化碳有毒，在使用时为了防止中毒，不要站在下风向，要站在上风向或较高的地方。

4. 干粉灭火器

干粉灭火器是一种细微的粉末与二氧化碳的联合装置，靠二氧化碳气体作为推动力，将粉末喷出而扑灭火灾，是一种效能较好的灭火器。干粉（主要是碳酸氢钠等物质）是一种轻而细的粉末，所以能覆盖在燃烧物上，使之与空气隔绝而灭火。这种灭火剂无毒、无腐蚀，适用于扑救燃烧液体、档案资料和珍贵仪器的火灾，灭火效果较好。

5. 1211灭火器

1211灭火器是一种新型高效能液化气体灭火器。瓶体由薄钢板制成，瓶内装有压缩液化的1211灭火剂，瓶内以氮气为喷射动力。使用时将喷嘴对准着火点，拔掉铅封和安全销，用力紧压把，启开阀门，瓶内1211液体在氮气压力下由喷嘴喷出。1211适用于扑灭易燃液体、气体、精密仪器、文物档案、电器等火灾，灭火效果比二氧化碳高四倍多。

6. 高效环保型灭火器

（1）高效水系灭火器

这是一种采用洁净水和添加剂的环保型水系灭火剂，采用雾化喷头技术，灭火装置喷出的水雾雾滴极细，比表面积大，雾滴蒸发产生大量的水蒸气并吸收大量的热量，使火场周围环境温度迅速降低。

（2）高效阻燃灭火器

灭火器内装有预混型水成膜阻燃灭火剂，并以有压氮气为驱动力，灭火剂通过灭火器的泡沫喷嘴喷出，形成泡沫，泡沫会迅速释放出一种水膜从而在燃烧的油面上形成阻隔水膜层，并和泡沫层将整个油面封闭。阻隔水膜层和泡沫层，可以防止复燃。

第三节　物理化学实验室的环境污染控制

化学实验室会产生"三废"（废液、废气、废渣），科学和合理地解决"三废"的收集、处理和排放问题，是保障生命健康安全的需要，是环境保护和可持续发展的需要。不同化学反应涉及的反应物和产物不同，产生的"三废"中所含化学物质及其毒性也不同，数量也有较大差别。实验室产生的"三废"的排放必须遵守我国环境保护的有关规定。

一、废液的处理

化学实验室产生的废液绝不能直接排入下水道。必须分类接收，集中存放，定期处理。对于无机酸类废液，可先收集于陶瓷缸或塑料桶中，然后以过量的碳酸钠或氢氧化钙水溶液中和，或用废碱中和，中和后用大量水冲稀排放。对于氢氧化钠、氨水类废碱液，应用稀废酸中和后再用大量水冲稀排放。

实验室废弃物处理

对于含有毒金属的废液，如含汞、砷、锑、铋等离子的废液，含氟、含氰废液以及有机类废液，应用瓶分装，定期送至国家认可的化学废液废物处理专业部门进行安全处理。

二、废气的处理

有毒气体的排放，根据实际情况做如下处理：

① 做有少量有毒气体产生的实验，应在通风橱中进行，通过排风设备

绿色化学

把有毒废气排到室外，利用室外的大量空气来稀释有毒废气。

② 如果实验产生大量有毒气体，应该安装气体吸收装置来吸收这些气体。例如，产生的二氧化硫气体可以用氢氧化钠水溶液吸收后再排放。

三、废渣的处理

实验室产生的有害固体废渣虽然不多，但是绝不能将其与生活垃圾混倒。必须分类收集，定期送至国家认可的化学废液废物处理专业部门做安全处理。

第四节　物理化学实验中的误差分析

因外界条件的影响、仪器的优劣以及感官的限制，实验测得的数据只能达到一定的准确度。对于每一个实验的完成，如能事先了解测量所能达到的准确程度，并在实验后科学地分析和处理数据的误差，对提高实验水平有很大的帮助。首先，对于准确度的要求，在各种情况下是大不相同的。要把测量的准确度提高一点，对仪器药品的要求往往要大大提高，故不必要的提高会造成人力和物力的浪费；然而，过低的准确度又会大大降低测量的价值。因此，对于测量准确度的恰当要求是极其重要的。另外，了解误差的种类、起因和性质，就可帮助我们抓住提高准确度的关键，集中精力突破难点。通过对实验过程的误差分析，还可以帮我们挑选合适条件。可见，在测量过程中误差问题是十分重要的。如果缺乏误差的观念，实验者测量过程中将带有一定的盲目性，往往得不到合理的实验结果。

一、误差的分类

根据误差的性质和来源，测量误差一般可分为系统误差、过失误差和偶然误差。

1. 系统误差（恒定误差）

系统误差是指在相同条件下，多次测量同一物理量时，误差的绝对值和符号保持恒定，或在条件改变时，按某一确定规律变化的误差。系统误差产生的原因有：

① 实验方法方面的缺陷，例如使用了近似公式。

② 仪器与试剂的不良，如电表零点偏差、温度计刻度不准、药品纯度不高等。

③ 操作者的不良习惯，如观察视线偏高或偏低。

改变实验条件可以发现系统误差的存在，针对产生原因可采取措施将其消除。

2. 过失误差（粗差）

过失误差是一种明显歪曲实验结果的误差。它无规律可循，是由操作者读错、记错所致，只要加强责任心，此类误差可以避免。若发现有此种误差产生，所得数据应予以剔除。

3. 偶然误差（随机误差）

在实验时即使采用了完善的仪器，选择了恰当的方法，经过了精细的观测，仍会有一定的误差存在。这是由操作者感官的灵敏度有限或技巧不够熟练、仪器的准确度限制以及许多不能预料的其他因素对测量的影响所引起的。这类误差称为偶然误差。它在实验中总是存在的，无法完全避免，但它服从概率分布。偶然误差是可变的，有时大，有时小，有时正，有时负。但如果多次测量，便会发现数据的分布符合一般统计学规律。这种规律可用图 1-2 中的典型曲线表示，此曲线称为误差的正态分布曲线，此曲线的函数形式为式（1-1）或式（1-2）。

$$y = \frac{1}{\sqrt{2\pi}\,\sigma} e^{-\frac{x^2}{2\sigma^2}} \tag{1-1}$$

$$或 \quad y = \frac{h}{\sqrt{\pi}} e^{-h^2 x^2} \tag{1-2}$$

式中，h 称为精确度指数；σ 为标准偏差；h 与 σ 的关系为 $h = \frac{1}{\sqrt{2}\,\sigma}$。

由图 1-2 中的曲线可以看出：小误差比大误差出现机会多，故误差的概率与误差大小有关。个别特别大的误差出现的次数极少。

由于正态分布曲线与 y 轴对称，因此数值大小相同，符号相反的正、负误差出现的概率近于相等。如以 $\bar{x}$ 代表无限多次测量结果的平均值，在没有系统误差的情况下，它可以代表真值，σ 为无限多次测量所得标准偏差。由数理统计方法分析可以得出，误差在 $\pm 1\sigma$ 内出现的概率是 68.3%，在 $\pm 2\sigma$ 内出现的概率是 95.5%，在 $\pm 3\sigma$ 内出现的概率是 99.7%，可见

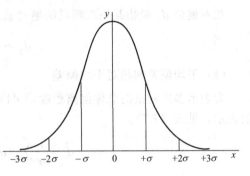

图 1-2　误差的正态分布曲线

误差超过 $\pm 3\sigma$ 的出现概率只有 0.3%。因此，如果多次重复测量中个别数据的误差之绝对值大于 3σ，则这个极端值可以舍去。偶然误差虽不能完全消除。但基于误差理论对多次测量结果进行统计处理，可以获得被测定的最佳代表值，并对测量精密度作出正确的评价。

二、准确度和精密度

准确度是指测量结果的准确性，即测量结果偏离真值的程度。而真值是指用已消除系统误差的实验手段和方法进行足够多次的测量所得的算术平均值或者文献手册中的公认值。

精密度是指测量结果的可重复性及测量值有效数字的位数。因此测量的准确度和精密度是有区别的，高精密度不一定能保证有高准确度，但高准确度必须有高精密度来保证。

三、误差和偏差的表达

1. 误差的表达

误差越小，分析结果的准确度越高。误差又分为绝对误差和相对误差。

绝对误差是测量值与真值之差。相对误差是指绝对误差在真值中所占百分数。它们分别表示如下：

$$绝对误差 = 测量值 - 真值 \tag{1-3}$$

$$相对误差 = \frac{绝对误差}{真值} \times 100\% \tag{1-4}$$

绝对误差的表示单位与被测者是相同的，而相对误差的量纲为1。因此不同物理量的相对误差可以相互比较。评定测定结果的准确度，采用相对误差更方便。

2. 偏差的表达

在实际工作中，真实值往往不知道，因而只能用多次测量的平均值代表分析的结果（即以平均值为"标准"），通常用精密度来说明分析结果的好坏。精密度的好坏用偏差来衡量。偏差是指个别测量结果与多次测量结果的平均值之间的差别。若偏差越小，则表明测量结果的精密度越好。

（1）绝对偏差和相对偏差

偏差也分为绝对偏差及相对偏差。

绝对偏差 d_i 是指某一次测量值与平均值的差异，见式（1-5）。

$$d_i = x_i - \overline{x} \tag{1-5}$$

相对偏差 d_r 是指某一次测量的绝对偏差占平均值的百分比，见式（1-6）。

$$d_r = \frac{d_i}{\overline{x}} \times 100\% \tag{1-6}$$

（2）平均偏差和相对平均偏差

为表示多次测量的总体偏离程度，可以用平均偏差 $\overline{d}$，即各次偏差的绝对值之和的平均值表示，见式（1-7）。

$$\overline{d} = \frac{1}{n} \sum_i^n |d_i| = \frac{1}{n} |x_i - \overline{x}| \tag{1-7}$$

平均偏差没有正、负号。平均偏差占平均值的百分数叫相对平均偏差 $\overline{d}_r$，见式（1-8）。

$$\overline{d}_r = \frac{\overline{d}}{\overline{x}} \times 100\% \tag{1-8}$$

（3）标准偏差和相对标准偏差

在偏差的表示中，用标准偏差更合理，因为将单次测定值的偏差平方后，能将较大的偏差显著地表现出来。标准偏差 s 计算公式见式（1-9）。

$$s = \sqrt{\frac{\sum_i^n d_i^2}{n-1}} = \sqrt{\frac{\sum_i^n (x_i - \overline{x})^2}{n-1}} \tag{1-9}$$

相对标准偏差 s_r 也称为变异系数，即标准偏差占平均值的百分数，计算公式为式（1-10）。

$$s_r = \frac{s}{\overline{x}} \times 100\% \tag{1-10}$$

四、误差分析

在物理化学实验数据的测定工作中，绝大多数是要对几个物理量进行测量，代入某种函数关系式，然后加以运算，才能得到所需的结果，这称为间接测量。在间接测量中每个直接测量值的准确度都会影响最后结果的准确性。例如在气体温度测量实验中，用理想气体状态方程式 $T = \dfrac{pV}{nR}$ 测定温度 T。因此，T 是各直接测定量 p、V 和 n 的函数。

通过误差分析，我们可以查明直接测量的误差对函数误差的影响情况，从而找出影响函数误差的主要来源，以便选择适当的实验方法，合理配置仪器，以寻求测量的有利条件，因此误差分析是鉴定实验质量的重要依据。

误差分析是对结果的最大可能误差来进行估计，因此对各直接测量的量只要预先知道其最大误差范围就够了。当系统误差已经校正，而操作控制又足够精密时，通常可用仪器读数精密度来表示测量误差范围。如 50mL 滴定管为 ± 0.02mL，电子天平为 ± 0.0002g，1/10 刻度的温度计为 ± 0.02℃ 等。

究竟如何具体分析每一步骤的测量误差对结果准确度的影响呢？这就是下面所要讨论的误差传递问题。

1. 平均误差与相对平均误差的传递

设有函数

$$N = f(u_1, u_2, \cdots, u_n) \tag{1-11}$$

N 由 $u_1, u_2, \cdots, u_n$ 各个直接测量值所决定。

现已知测量 $u_1, u_2, \cdots, u_n$ 时的平均误差分别为 $\Delta u_1, \Delta u_2, \cdots, \Delta u_n$，求 N 的平均误差 ΔN 为多少？

将式（1-11）全微分，得

$$dN = \left(\frac{\partial N}{\partial u_1}\right)_{u_2, u_3, \cdots} du_1 + \left(\frac{\partial N}{\partial u_2}\right)_{u_1, u_3, \cdots} du_2 + \cdots + \left(\frac{\partial N}{\partial u_n}\right)_{\cdots, u_{n-2}, u_{n-1}} du_n \tag{1-12}$$

设各自变量的平均误差 $\Delta u_1, \Delta u_2, \cdots, \Delta u_n$ 等足够小时，可代替它们的微分 $du_1, du_2, \cdots, du_n$，并考虑到在最不利的情况下是直接测量的正、负误差不能对消，从而引起误差的积累，故取其绝对值，则式（1-12）可改写成：

$$\Delta N = \left|\frac{\partial N}{\partial u_1}\right| |\Delta u_1| + \left|\frac{\partial N}{\partial u_2}\right| |\Delta u_2| + \cdots + \left|\frac{\partial N}{\partial u_n}\right| |\Delta u_n| \tag{1-13}$$

如将式（1-11）两边取对数，再求微分，然后将 $du_1, du_2, \cdots, du_n, dN$ 等分别换成 $\Delta u_1, \Delta u_2, \cdots, \Delta u_n, \Delta N$，则可直接得出相对平均误差表达式：

$$\frac{\Delta N}{N} = \frac{1}{f(u_1, u_2, \cdots, u_n)}\left[\left|\frac{\partial N}{\partial u_1}\right| |\Delta u_1| + \left|\frac{\partial N}{\partial u_2}\right| |\Delta u_2| + \cdots + \left|\frac{\partial N}{\partial u_n}\right| |\Delta u_n|\right] \tag{1-14}$$

式（1-13）、式（1-14）分别是计算最终结果的平均误差和相对平均误差的普遍公式。由此可见，应用微分法进行直接函数相对平均误差的计算是较为简便的。例如：

（1）加法

设

$$N = u_1 + u_2 + u_3 + \cdots \tag{1-15}$$

将式（1-15）取对数再微分，并用自变量的平均误差代替它们的微分得出最大相对平均误差。

$$\frac{\Delta N}{N} = \frac{|\Delta u_1| + |\Delta u_2| + |\Delta u_3| + \cdots}{u_1 + u_2 + u_3 + \cdots} \tag{1-16}$$

（2）减法

设

$$N = u_1 - u_2 - u_3 - \cdots \tag{1-17}$$

$$\frac{\Delta N}{N} = \frac{|\Delta u_1| + |\Delta u_2| + |\Delta u_3| + \cdots}{u_1 - u_2 - u_3 - \cdots} \tag{1-18}$$

（3）乘法

设

$$N = u_1 \cdot u_2 \cdot u_3 \tag{1-19}$$

$$\frac{\Delta N}{N} = \left|\frac{\Delta u_1}{u_1}\right| + \left|\frac{\Delta u_2}{u_2}\right| + \left|\frac{\Delta u_3}{u_3}\right| \tag{1-20}$$

（4）除法

设
$$N = \frac{u_1}{u_2} \tag{1-21}$$

$$\frac{\Delta N}{N} = \left| \frac{\Delta u_1}{u_1} \right| + \left| \frac{\Delta u_2}{u_2} \right| \tag{1-22}$$

（5）方次与根

设
$$N = u^n \tag{1-23}$$

$$\frac{\Delta N}{N} = n \left| \frac{\Delta u}{u} \right| \tag{1-24}$$

【例1-1】凝固点下降法测定萘摩尔质量的实验中，萘的摩尔质量按下式计算：

$$M_B = \frac{K_f m_B}{m_A \Delta T_f} = \frac{K_f m_B}{m_A (T_0 - T)}$$

式中，直接测量值为 m_B、m_A、T_0、T。所测实验数据和计算所得绝对误差如表1-2所示。

表1-2 凝固点下降法测定萘摩尔质量的实验数据和计算所得绝对误差

直接测量的物理量	实验数据		测量仪器	绝对误差
溶质质量 m_B	0.1472g		万分之一电子天平	$\Delta m_B = \pm 0.0002g$
溶剂质量 m_A	20g		托盘天平	$\Delta m_A = \pm 0.05g$
溶剂凝固点 T_0	5.801℃	均值 5.798℃	精密温差 测量仪	$\Delta T_{01} = 5.801 - 5.798 = +0.003℃$
	5.790℃			$\Delta T_{02} = 5.790 - 5.798 = -0.008℃$
	5.802℃			$\Delta T_{03} = 5.802 - 5.798 = +0.004℃$
溶液凝固点 T	5.500℃	均值 5.500℃	精密温差 测量仪	$\Delta T_1 = 5.500 - 5.500 = +0.000℃$
	5.504℃			$\Delta T_2 = 5.504 - 5.500 = +0.004℃$
	5.495℃			$\Delta T_3 = 5.495 - 5.500 = -0.005℃$

请估算测定萘的摩尔质量的最大相对误差。

$$\Delta \overline{T}_0 = \pm \frac{0.003 + 0.008 + 0.004}{3} = \pm 0.005℃$$

$$\Delta \overline{T} = \pm \frac{0.000 + 0.004 + 0.005}{3} = \pm 0.003℃$$

凝固点降低值为：

$$\Delta T_f = T_0 - T = (5.798 \pm 0.005)℃ - (5.500 \pm 0.003)℃ = (0.298 \pm 0.008)℃$$

计算相对误差：

$$\frac{\Delta(\Delta T_f)}{\Delta T_f} = \frac{\pm 0.008}{0.298} = \pm 0.027$$

$$\frac{\Delta m_B}{m_B} = \frac{\pm 0.0002}{0.1472} = \pm 0.0014$$

$$\frac{\Delta m_A}{m_A} = \frac{\pm 0.05}{20} = \pm 0.0025$$

则摩尔质量 M_B 的相对误差为：

$$\frac{\Delta M_B}{M_B} = \frac{\Delta m_B}{m_B} + \frac{\Delta m_A}{m_A} + \frac{\Delta(\Delta T_f)}{\Delta T_f} = \pm 0.031$$

$$M_B = \frac{5.12 \times 0.1472}{20 \times 0.298} g \cdot mol^{-1} = 127 g \cdot mol^{-1}$$

$$\Delta M_B = 127 g \cdot mol^{-1} \times (\pm 0.031) = \pm 3.9 g \cdot mol^{-1}$$

所以最终的结果为：

$$M_B = (127 \pm 4) g \cdot mol^{-1}$$

通过上述计算，测定萘的摩尔质量最大相对误差为 3.1%。最大误差来自温度差的测量。而温度差的平均相对误差则取决于测温的精密度和温差大小。测温精密度却受到温度计精度和操作技术条件的限制。

误差计算结果表明，由于溶剂用量较大，使用托盘天平其相对误差仍然不大；对溶质则因其用量少，则需要用电子天平称量。通过误差分析，上述实验的关键在于温度差的读数，因此需要采用精密温度测量装置，在实际操作中为避免过冷现象的出现影响温度读数，加入少量固体溶剂作为晶种，可以获得较好的结果。由此可见，计算各个测量数据的误差及其影响，可以指导我们选择正确的实验方法，选用精密度相当的仪器，抓住测量的关键，就会得到质量较高的实验结果。

2. 标准偏差的传递

设直接测量的量为 x 和 y，间接测量的量为 u，其函数关系为 $u = F(x, y)$，则 u 的标准偏差为

$$\sigma_u = \sqrt{\left(\frac{\partial u}{\partial x}\right)^2 \sigma_x^2 + \left(\frac{\partial u}{\partial y}\right)^2 \sigma_y^2} \tag{1-25}$$

部分函数的标准偏差列入表 1-3。

表 1-3 不同函数关系间接测量结果的绝对标准偏差和相对标准偏差

函数关系	绝对标准偏差	相对标准偏差
$u = x \pm y$	$\pm \sqrt{\sigma_x^2 + \sigma_y^2}$	$\pm \frac{1}{\|x \pm y\|} \sqrt{\sigma_x^2 + \sigma_y^2}$
$u = xy$	$\pm \sqrt{y^2 \sigma_x^2 + x^2 \sigma_y^2}$	$\pm \sqrt{\frac{\sigma_x^2}{x^2} + \frac{\sigma_y^2}{y^2}}$
$u = \frac{x}{y}$	$\pm \frac{1}{y} \sqrt{\sigma_x^2 + \frac{x^2}{y^2} \sigma_y^2}$	$\pm \sqrt{\frac{\sigma_x^2}{x^2} + \frac{\sigma_y^2}{y^2}}$
$u = x^n$	$\pm n x^{n-1} \sigma_y^2$	$\pm \frac{n}{x} \sigma_x$
$u = \ln x$	$\pm \frac{\sigma_x}{x}$	$\pm \frac{\sigma_x}{x \ln x}$

【例 1-2】溶质的摩尔质量 M 可由溶液的沸点升高值 ΔT_b 测定。用精密温差测量仪测得纯苯的沸点为 (2.975 ± 0.003)℃，以苯为溶剂、萘为溶质，溶液中含苯 (87.0 ± 0.1)g（以 m_A 表示），含萘 (1.054 ± 0.001)g（以 m_B 表示），溶液的沸点为 (3.210 ± 0.003)℃，试由下列公式计算萘的摩尔质量并估算其标准偏差。

$$M = 2.53 \times \frac{1000 m_B}{m_A \Delta T_b}$$

$$\Delta T_b = 3.210 - 2.975 = 0.235℃$$

由函数标准偏差的公式，可得

$$\sigma_M = \sqrt{\left(\frac{\partial M}{\partial m_B}\right)^2 \sigma_B^2 + \left(\frac{\partial M}{\partial m_A}\right)^2 \sigma_A^2 + \left(\frac{\partial M}{\partial \Delta T_b}\right)^2 \sigma_{\Delta T_b}^2}$$

$$\frac{\partial M}{\partial m_B} = \frac{2.53 \times 1000}{m_A \Delta T_b} = \frac{2.53 \times 1000}{87.0 \times 0.235} = 124$$

$$\frac{\partial M}{\partial m_A} = \frac{2.53 \times 1000 m_B}{\Delta T_b}\left(\frac{1}{m_A^2}\right) = \frac{2.53 \times 1000 \times 1.054}{0.235 \times 87.0^2} = 1.50$$

$$\frac{\partial M}{\partial \Delta T_b} = \frac{2.53 \times 1000 m_B}{m_A}\left(\frac{1}{(\Delta T_b)^2}\right) = \frac{2.53 \times 1000 \times 1.054}{87.0 \times 0.235^2} = 555$$

$$\sigma_M = \sqrt{124^2 \times 0.001^2 + 1.50^2 \times 0.1^2 + 555^2 \times (0.003^2 + 0.003^2)} = \pm 2.4$$

$$M = 2.53 \times \frac{1000 \times 1.054}{87.0 \times 0.235} = 130 \text{g} \cdot \text{mol}^{-1}$$

萘的摩尔质量最后应表示为：

$$M = (130 \pm 2)\text{g} \cdot \text{mol}^{-1}$$

第五节　物理化学实验数据的记录与表达

在物理化学实验中，为了得到准确的实验结果，不仅要准确地测量各种数据，而且还要正确地记录和计算数据。对任一物理量的测量，其数据不仅表示该物理量的大小，而且还反映了测量的准确度。任何测量的准确度都是有限的，我们只能以一定的近似值来表示这些测量结果。因此，测量结果数值计算的准确度不应超过测量值的准确度。如果任意地将近似值保留过多的位数，反而会歪曲测量结果的真实性。

一、实验记录及数据处理中的有效数字

所谓有效数字是指从不为零的最高数字算起实际能测量的数字。在有效数字表示时，通常保留的最后一位数字是不确定的，即估计数字，一般有效数字的最后一位数字有 ± 1 个单位的误差。由于有效数字位数与测量仪器的精度有关，实验数据中任何数据的位数都不能随意增减。

1. 有效数字的记录

（1）记录数据和计算结果时究竟应该保留几位有效数字，要根据使用仪器的准确度来决定，所保留的有效数字中只有最后一位是可疑的数字。例如，用电子天平称量某物质为 0.2501g，由于电子天平可称量至 0.0001g，因此该物质的质量为 (0.2501 ± 0.0001)g，不能记录为 0.250g 或者 0.25010g。又如滴定管的读数应保留到小数点后第二位，如某一读数正确记录应为 28.30mL，不能记为 28.3mL，滴定管读数能估计到 ± 0.01mL。因此任何超过或低于仪器精确限度的读数都是不恰当的。

（2）在确定有效数字时，要注意"0"，紧接小数点后的 0 仅用来确定小数点的位置，并不作为有效数字。例如 0.00015g 中小数点后三个 0 都不是有效数字。而 0.150g 中的小数点后的 0 是有效数字，至于 350mm 中的 0 就很难说是不是有效数字，最好用指数来表示，以

10 的方次前面的数字表示。如写成 $3.5\times10^2\,\text{mm}$，则表示有效数字为两位；写成 $3.50\times10^2\,\text{mm}$，则有效数字为三位；其余类推。

（3）在运算时舍去多余数字时，采用"四舍六入五成双"的原则。即欲保留的末位有效数字其后面第一位数字小于 4 时，则舍去；若大于等于 6，则在前一位加上 1；若等于 5 时，如前一位数字为奇数，则加上 1（即成"双"），如前一位数字为偶数，则舍弃不计。例如，对 27.0235 取四位有效数字时，结果为 27.02；取五位有效数字时，结果为 27.024。但是将 27.015 与 27.025 取为四位有效数字时，则都为 27.02。

2. 有效数字的运算

（1）加减运算时，计算结果有效数字末位的位置应与各项中绝对误差最大的那项相同。或者说，保留各小数点后的数字位数应与最小者相同。例如，13.75、0.0084、1.642 三个数据相加，若各数末位都有 ±1 个单位的误差，则 13.75 的绝对误差 ±0.01 为最大的，也就是小数点后位数最少的是 13.75 这个数，所以计算结果的有效数字的末位应在小数点后第二位。例如：

$$
\begin{array}{r}
13.75\\
0.0084\\
+)\ 1.642\\
\hline
15.4004
\end{array}
$$

最后结果应为 15.40。

（2）在乘除法运算中，计算结果的有效数字的位数决定于运算数据中相对误差最大者，即与各数据中有效数字位数最少的相同，而与小数点的位置无关。例如：$2.3\times0.524=1.2$。

（3）若第一位有效数字等于 8 或大于 8 时，则有效数字位数可多计 1 位。例如，9.12 实际上虽然只有三位有效数字，但在计算有效数字时，可作四位有效数字计算。又如，$1.751\times0.0191\div91$ 中 91 的有效数字最低，但由于首位是 9，故把它看成三位有效数字，其余各数都保留三位有效数字。因此上式计算结果为 3.68×10^{-4}，保留三位有效数字。

（4）在比较复杂的计算中，要按先加减后乘除的方法。计算中间各步可保留各数值位数较以上规则多一位，以免由于多次四舍六入引起误差的积累，对计算结果带来较大影响。但最后结果仍只保留其应有的位数。

例如：$\left[\dfrac{0.663\times(78.24+5.5)}{881-851}\right]^2=\left[\dfrac{0.663\times83.7}{30}\right]^2=3.4$

（5）在所有计算式中，常数 π、e 及乘子（如 $\sqrt{2}$）和一些取自手册的常数，可无限制地按需要取有效数字的位数。例如当计算式中有效数字最低者二位，则上述常数可取二位或三位有效数字。

（6）在对数计算中，所取对数位数（对数首数除外）应与真数的有效数字相同。

① 真数有几位有效数字，则其对数的尾数也应有几位有效数字。例如：

$$\lg317.2=2.5013;\quad \lg7.1\times10^{28}=28.85$$

② 对数的尾数有几位有效数字，则其反对数也应有几位有效数字。例如：

$$0.652=\lg4.49$$

（7）在整理最后结果时，要按测量的误差进行化整，表示误差的有效数字一般只取一位，至多也不超过二位，如 1.45 ± 0.01。当误差第一位数为 8 或 9 时，只需保留一位。

任何一个物理量的数据，其有效数字的最后一位，在位数上应与误差的最后一位相对应。例如，测量结果为 1223.78 ± 0.054，化整记为 1223.78 ± 0.05。又如，测量结果为 14356 ± 86，化整记为 $(1.436 \pm 0.009) \times 10^4$。

（8）计算平均值时，若为四个数或超过四个数求平均值时，则平均值的有效数字位数可增加一位。

二、实验数据的表达方法

实验数据的表达，主要有三种方法：列表法、图解法和方程式法。

1. 列表法

在物理化学实验中，用表格来表示实验结果是指自变量与因变量一个一个地对应着排列起来，以便从表格上能清楚而迅速地看出两者的关系。作表格时，应注意以下几点：

① 尽量采用三线表。表上所列项目应当简明、完整，又能恰当说明问题。

② 表中每一行的开始，应标明物理量的名称和计量单位，习惯上用"/"将物理量与计量单位隔开。如，时间/s。

③ 每行记录的数据应与测量精度一致，须正确使用有效数字。

④ 用指数来表示数据中小数点的位置时，为简便起见，可以将指数放在物理量名称旁，但此时指数上的正、负号要易号。

例如：液体饱和蒸气压测量实验的原始数据列于表 1-4 中。

表 1-4　液体饱和蒸气压测量实验数据

温度 t/℃	20.0	24.0	28.0	32.0	36.0
蒸气压 p/kPa	5.89	7.42	9.27	11.61	14.40

将表 1-4 进行数据处理（要求：摄氏温度 t 换算成热力学温度 T 的倒数 $1/T$；蒸气压取 p 自然对数 $\ln(p/\text{kPa})$ 后的结果列于表 1-5。

表 1-5　液体饱和蒸气压测量实验数据处理结果

$\dfrac{1}{T}$/(10^{-3}K^{-1})	3.41	3.37	3.32	3.28	3.23
$\ln(p/\text{kPa})$	1.77	2.00	2.23	2.45	2.67

2. 图解法

列表法虽然简单，但不能反映出自变量和因变量之间连续变化的规律性。而利用图解法可以直观显示出变量间的依赖关系。其优点是能直接显示出数据的特点、数据变化的规律，并能利用图形作进一步的处理，求得斜率、截距、内插值、外推值及切线等。

（1）作图的步骤及规则

作图使用的工具是铅笔、直尺和曲线尺，坐标纸为直角坐标纸（此外还有半对数坐标、对数坐标和三角坐标）。要做出偏差小而又光滑的曲线图形，须遵循以下步骤。

① 坐标轴比例尺的选择：实验中最常用的为分度值相同的直角坐标纸（每厘米分 10 小格）。用直角坐标纸时，通常以横坐标为自变量，纵坐标表示因变量；横、纵坐标原点的读数不一定从 0 开始，应视实验具体要求的数据范围而定；图纸中每一小格所对应的数值应便于读数。

坐标轴比例尺的选择要适宜。选择时要注意以下几点：

ⅰ.最好能表示出全部有效数字。为了使由图形求出物理量的准确度与测量的准确度一致，图上的最小分度值与实验值的分度值应一致。

ⅱ.每一格所对应的数值应便于计算，便于迅速读出。

ⅲ.要能使数据的点分散开，全图占满纸面且布局匀称，而不要使图很小或只偏于一角。

ⅳ.若所作图形是直线，应使直线与横坐标的夹角在45°左右，角度勿太大或太小。

② 坐标轴的绘制：选定比例后，应画上坐标轴，在轴旁标明该轴所表示变量的名称和计量单位。按规定坐标轴的标记应以纯数形式表达，如温度 T/K，时间 t/s。纵坐标每隔一定距离应标出该处变量应有的数值，以便作图和读数。

③ 实验点的表示：根据实验数值在坐标纸上标出各点，可用△、x、O、▲等符号标示清楚（这些符号的面积应近似地表明测量的误差范围）。这样作出曲线后各点位置仍能很清楚，切不可只点一小"·"，以致作出曲线后看不出各数据点的位置。

④ 曲线的绘制：标出各点后，即可连接成线。曲线或直线不必通过所有各点，但最好通过尽可能多的实验点，且应使曲线以外的实验点尽可能均匀、对称地分布在曲线两侧，如图1-3所示。有的点偏离太大连接曲线时可不予考虑。切勿为了让曲线全部通过实验点而做出"折线"。

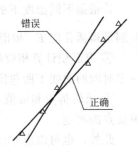

图1-3 线的描绘示意图

⑤ 写图名：写上清楚完备的图名及坐标轴的比例尺。图上除图名、比例尺、曲线、坐标轴外，一般不再写其他的文字及作其他辅助线，以免使主要部分反而不清楚。数据也不要写在图上，但在报告上应有相应的完整数据。

（2）作图法求直线斜率和在曲线上作切线

① 求斜率：对直线求其斜率，必须在线上取两个点的坐标值代入算出。为了减小误差，所取两点不宜相隔太近。计算时应注意的是两点坐标差之比，不是纵、横坐标长度之比，因为纵横坐标的比例尺可能不同，若以线段长度求斜率，将得出错误的结果。

② 曲线上作切线：在曲线上作切线通常有两种方法：镜像法和平行线段法。

a.镜像法：取一平面镜，使其垂直于图面，并通过曲线上待作切线的点 P（如图1-4），然后让镜子绕 P 点转动，注意观察镜中曲线的影像，当镜子转到某一位置，使得曲线与其影像刚好平滑地连为一条曲线时，过 P 点沿镜子作一直线即为 P 点的法线，过 P 点再作法线的垂线，就是曲线上 P 点的切线。若无镜子，可用玻璃棒代替，方法相同。

b.平行线段法：如图1-5，在选择的曲线段上作两条平行线 AB 及 CD，然后连接 AB 和 CD 的中点 PQ 并延长相交曲线于 O 点，过 O 点作 AB、CD 的平行线 EF，则 EF 就是曲线上 O 点的切线。

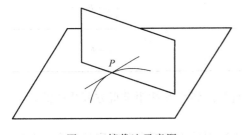

图1-4 镜像法示意图

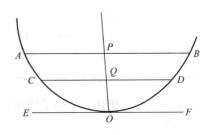

图1-5 平行线段法示意图

（3）图解法的应用

① 求内插值：根据实验所得的数据，作出函数间相互关系的曲线，然后找出与某函数相应的物理量的数值。例如在溶解热的测定中，根据不同浓度时的积分溶解热曲线，可以直接找出某一种盐溶解在不同体积的水中时所放出的热量。

② 求外推值：在某些情况下，测量数据间的线性关系可用于外推至测量范围以外，求某一函数的极限值，此种方法称为外推法。例如，强电解质溶液的极限摩尔电导率 Λ_m^{∞} 的值不能由实验直接测定，但可用 Λ_m 与 $\sqrt{c}$ 的线性关系外推至 $c \to 0$ 而求得。

③ 作切线求函数的微商：从曲线的斜率求函数的微商在数据处理中是经常应用的。例如，利用积分溶解热的曲线作切线，从其斜率求出某一指定浓度下的微分稀释热。

④ 求经验方程式：如反应速率常数 k 与活化能 E_a 的关系式即 Arrhenius 方程：

$$k = A e^{-E_a/RT} \tag{1-26}$$

若根据不同温度下的值，作 $\ln k$-$\dfrac{1}{T}$ 的关系图，则可得一条直线，由直线的斜率和截距可分别求得活化能 E_a 和指前因子 A 的数值。

⑤ 求面积计算相应的物理量：例如在求电荷量时，只要以电流和时间作图，求出相应一定时间的曲线下所包围的面积即得电荷量数值。

⑥ 求转折点和极值：这是图解法最大的优点之一，在许多情况下都可以应用。如最低恒沸点的测定。

此外，也可以应用计算机中的 Origin、Excel 软件处理实验数据作出图形（参见本章第六节内容）。

3. 方程式法

列表法和图解法使用起来总不如数学方程式简便。使用数学方程式的重要意义还在于它为使用电子计算机创造了条件。

在某些情况下可根据理论或经验来确定数学模型。有时则先将实验数据在坐标纸上描绘成曲线，再将其与有关公式的典型曲线相对照来选择适当的函数式。为了检验所选函数式的正确性，通常采用直线化检验法。所谓直线化就是将函数 $y = f(x)$ 转换成线性函数。要达到这个目的，可选择新的变量 $X = \phi(x, y)$ 和 $Y = \psi(x, y)$ 来代替变量 x 和 y，以便得出直线方程式 $Y = A + BX$。表 1-6 列出了几个常见的例子。

表 1-6　一些函数的直线化结果

方程式	变换	直线化后的方程式
$y = a e^{bx}$	$Y = \ln y$	$Y = \ln a + bx$
$y = a x^b$	$Y = \ln y, X = \ln x$	$Y = \ln a + bX$
$y = \dfrac{1}{a + bx}$	$Y = \dfrac{1}{y}$	$Y = a + bx$
$y = \dfrac{x}{a + bx}$	$Y = \dfrac{x}{y}$	$Y = a + bx$

将函数直线化后，除了作图方便以外，还容易由直线的斜率和截距求得方程式中的系数和常数。

作图法求直线方程的系数和常数最为简单，适用于数据较少且不十分精密的场合，在物化实验中用得很多。现以处理下列数据为例加以说明。

x：1.00；3.00；5.00；8.00；10.0；15.0；20.0

y：5.4；10.5；15.3；23.2；28.1；40.4；52.8

用上列数据作出图 1-6，其函数关系用下列直线方程表示：

$$y = mx + b$$

从直线上取距离较远的两个点的坐标值用来计算直线的斜率和截距。

$$m = \frac{\Delta y}{\Delta x} = \frac{y_2 - y_1}{x_2 - x_1}$$

$$m = \frac{y_2 - y_1}{x_2 - x_1} = \frac{47.8 - 13.0}{18.0 - 4.0} = 2.49$$

$$b' = y_1 - mx_1 = 3.04$$

$$b'' = y_2 - mx_2 = 2.98$$

$$b = \frac{b' + b''}{2} = 3.01$$

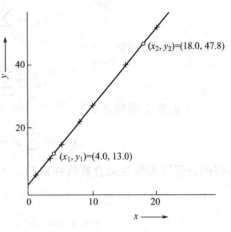

图 1-6　y-x 的函数关系

当然，b 也可以利用公式

$$b = \frac{y_1 x_2 - y_2 x_1}{x_2 - x_1}$$

计算得到，或者从直线与纵轴的交点直接读出。

将 m 及 b 代入直线方程，即得：

$$y = 2.49x + 3.01$$

还可以利用平均法来求 m、b 值。

将测得的 n 组数据分别代入直线方程式，则得 n 个直线方程：

$$y_1 = mx_1 + b$$

$$y_2 = mx_2 + b$$

$$\vdots$$

$$y_n = mx_n + b$$

将这些方程分成两组，分别将各组的 x、y 值累加起来，得到两个方程：

$$\sum_{i=1}^{k} y_i = m \sum_{i=1}^{k} x_i + kb$$

$$\sum_{i=k+1}^{n} y_i = m \sum_{i=k+1}^{n} x_i + (n-k)b$$

解此联立方程，可得 m、b 值。

用最小二乘法处理数据能使实验数据与数学方程实现最佳拟合。这时实验数据点同直线（或曲线）的偏差的平方和为最小。由于各偏差的平方和为正数，因此平方和为最小即意味着正负偏差均很小，显然也就是最佳拟合。

对于 (x_i, y_i) $(i = 1, 2, \cdots, n)$ 表示的 n 组数据，线性方程 $y = mx + b$ 中的回归数据可以通过最小二乘法计算得到。

$$b = \overline{y} - m\overline{x}$$

$$\overline{x} = \frac{1}{n} \sum_{i=1}^{n} x_i, \quad \overline{y} = \frac{1}{n} \sum_{i=1}^{n} y_i$$

$$m = \frac{s_{xy}}{s_{xx}} \tag{1-27}$$

其中 x 的离差平方和

$$s_{xx} = \sum_{i=1}^{n} x_i^2 - \frac{1}{n}\left(\sum_{i=1}^{n} x_i\right)^2 \tag{1-28}$$

y 的离差平方和

$$s_{yy} = \sum_{i=1}^{n} y_i^2 - \frac{1}{n}\left(\sum_{i=1}^{n} y_i\right)^2 \tag{1-29}$$

x，y 的离差乘积之和

$$s_{xy} = \sum_{i=1}^{n} x_i y_i - \frac{1}{n}\left(\sum_{i=1}^{n} x_i\right)\left(\sum_{i=1}^{n} y_i\right) \tag{1-30}$$

得到的方程即为线性拟合或线性回归。由此得出的 y 值称为最佳值。

第六节　物理化学实验数据处理技术

在物理化学实验中经常会遇到不同类型的实验数据，要从这些数据中找到有用的化学信息，得到可靠的结论，就必须对实验数据进行认真的整理和必要的分析与检验。目前，化学、数学分析软件的应用为数据处理带来便利的同时也提高了分析数据的可靠程度。用于图形处理的软件非常多，部分已经商业化，如 Excel、Matlab、Material Studio、Origin、Sas、Spss 等。其中 Excel 和 Origin 两种软件因其简单实用，故在物理化学实验数据的处理中被广泛使用。

一、用 Excel 处理实验数据

Excel 软件应用广泛，方便直观，易于学习和掌握，尤其在线性拟合方面使用快捷简便。下面以"液体饱和蒸气压的测定"实验数据的拟合过程为例，说明 Excel 软件线性拟合的具体操作步骤。

Excel 处理
实验数据

① 启动 Excel 软件，输入表 1-7 实验数据。

表 1-7　不同温度下乙醇的饱和蒸气压

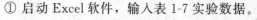

温度 $t/℃$	76.64	75.35	75.07	73.44	72.36	71.29	70.87	69.23
$\Delta p/\mathrm{kPa}$	0.00	4.91	6.60	12.95	15.72	19.16	20.89	25.80
p/kPa	97.13	92.22	90.53	84.18	81.41	77.97	76.24	71.33
温度 $t/℃$	67.51	65.69	63.57	61.70	59.22	56.86	53.85	50.51
$\Delta p/\mathrm{kPa}$	30.14	35.46	41.00	45.56	50.10	54.94	60.20	65.49
p/kPa	66.99	61.67	56.13	51.57	47.03	42.19	36.93	31.64

② 在 Excel 软件中可非常方便地通过已输入数据计算目标数据并自动填充（图 1-7）。例如，输入 E 列数据可进行如下操作：选中"E2"单元格，在"fx"中输入"＝D2＋273.15"；然后点击"E2"单元格，把鼠标移动到"E2"单元格的右下角直到光标变为"＋"时，按住鼠标左键并向该列下方拖动，这样就自动计算并输入了 E 列各单元的数据，其中 E2＝D2＋273.15，E3＝D3＋273.15…。数据的小数位数可在格式菜单中选择单元格后的弹出窗口中调整。

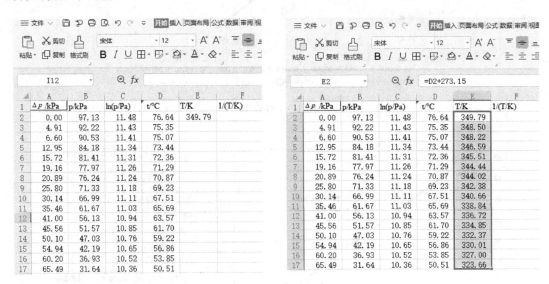

图 1-7　数据的输入

③ 在 Excel 表格上选定数据单元格，Excel 文档菜单选项中，选择插入选项，点击"XY 散点图"，点击第一个图标，Excel 表内完成显示散点图。如图 1-8 所示。

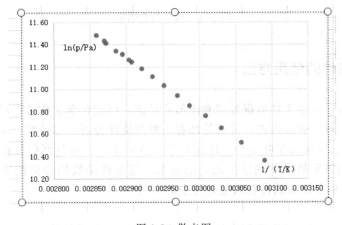

图 1-8　散点图

④ 点击 Excel 文件菜单选项，选择"图表"，选择最后一项"添加趋势线"，如图 1-9 所示。

⑤ 点击"图表"中的蓝色点，Excel 表显示右侧菜单栏，选择"显示公式""显示 R 方值"选项，拟合结果如图 1-10 所示。

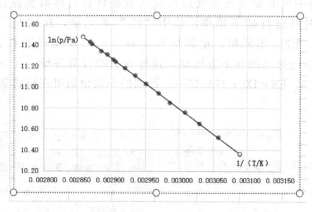

图 1-9　线点图

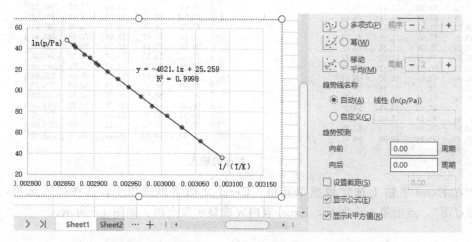

图 1-10　线性拟合结果

二、 Origin 软件的使用方法

Origin 软件由于其强大的数据处理和图形化功能，已被化学工作者广泛应用。它的主要功能和用途包括：对实验数据进行常规处理和一般的统计分析，如计数、排序、求平均值和标准偏差、t 检验、快速傅里叶变换、比较两列均值的差异、进行回归分析等。此外，还可应用数据作图，用图形显示不同数据之间的关系，用多种函数拟合曲线等。下面以 Origin 9.1 软件为例，简单介绍该软件在数据处理中的应用。

1. 安装

对购买的 Origin 9.1 或更新版本软件包，解压缩后，找到序列号文件（一般名称为 serial、serial number 或 sn 等），以写字板或记事本方式打开，拷贝其中的序列号。找到 setup.exe 文件，双击打开，根据文件运行提示，选择安装程序的位置、粘贴序列号，安装好程序。

在桌面"开始"菜单→"所有程序""MicrocalOrigin 9.1"中找到"Origin 9.1pro"单击打开程序。或找到程序的安装位置，在桌面添加文件运行的快捷方式，然后双击快捷方式，即可打开该程序。

2. 数据界面介绍

（1）数据表名称及属性

打开 Origin 9.1 程序后可看到如图 1-11 所示的界面，其中包含名称为"Book1"的数据表。

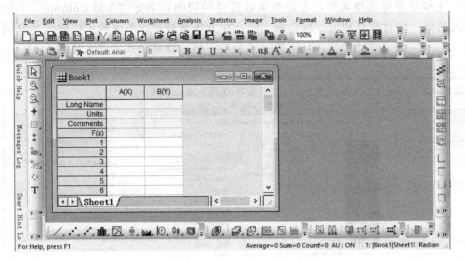

Origin 软件
处理实验数据

图 1-11　Origin 9.1 软件运行后的界面显示

右击示意为"Book1"的区域，再点击"Rename"可更改数据表的名称。数据表暂时不编辑时，最好"最小化"内部窗口，而不要"关闭"，以免将该数据表删除。

将所需处理的数据分栏目输入图 1-11 中示为 A(X)、B(Y) 的表格中，注意横行各数据的对应关系；如表格栏目不够，可点击工具栏中图标 添加列。也可如下图所示，通过点击右键，单击 Add New Column 选项添加表格栏目；如果更改对应坐标、栏目名称、表格宽度、栏目注释等，双击 A(X)、B(Y) 等区域进行相关的操作即可，操作界面如图 1-12 所示。

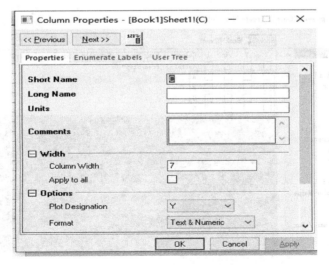

图 1-12　编辑或更改数据名称及注释

（2）使用公式在数据表中输入数值

右击 A(X)、B(Y) 等灰色区域，可完成该列的拷贝、剪切、删除、作图、数值排序、数值统计，在该列左边添加一列，设置该列数值等操作。例如右击后点击"Set Column Values"，在出现的对话框中可设置该列的数值，可输入一个数据，亦可为一个公式，如对 D(Y) 列设置公式 Col(B)＋Col(C)，则表示 D(Y) 列为 B(Y) 列和 C(Y) 列加和。公式方框上方"F(x)"下拉菜单可选择函数，左边有函数符号的说明；下方"Add Column"下拉菜单可选择加入的列。注意括号和加、减、乘、除、次方等符号要以英文输入法输入，分别为"（ ）""＋""－""＊""/""^"，且不能有多余的空格。计算公式的输入见图1-13。

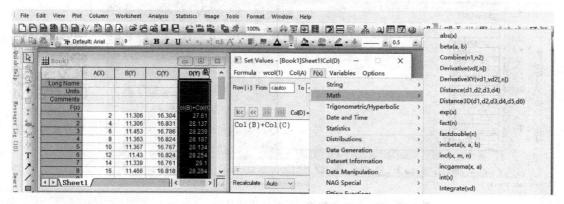

图 1-13　计算公式的输入

（3）用数据表中的数据作图

在不选中任何数据栏目的情况下，点击工具栏中的"Plot"，可用数据作图，其中"Line""Scatter""Line＋Symbol"分别对应线图、点图、线点图。如点击"Line＋Symbol"，出现对话框，选择 X 轴坐标、Y 轴坐标对应的数据。

例如，以"Book1"数据表中的 A(X) 列和 B(Y) 列分别为 X 轴和 Y 轴，根据需要单击"Plot"，选择"Line""Scatter""Line＋Symbol"中的一种模式，单击后在对话框中对应的数据栏勾选相应的坐标轴，如果有多个曲线，依次勾选对应数据即可，参见图1-14。

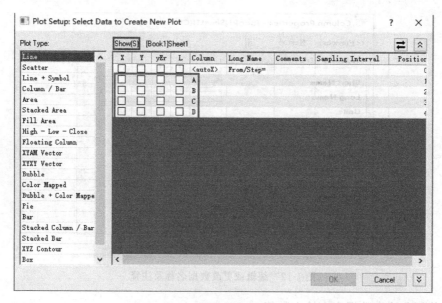

图 1-14　勾选数据作图

3. 画图界面介绍

（1）图的名称和层

延续上面的操作，可得到一个名为"Graph1"的图，如图 1-15 所示。同样，图的名称也可以更改，不使用时最小化而不要关闭。

图 1-15 所作的图的左上角显示"1"，表示该图片目前有一层，右击"1"右侧区域，左击出现的"New Layer（Axes）"→"（Linked）：Right Y"可在图中右侧添加一纵坐标；此时图片左上角出现 ▯ 2，表示有两层坐标，其中以黑色出现的数字，表示正在被编辑的层，想要编辑某一层，需先左击代表该层的数字。

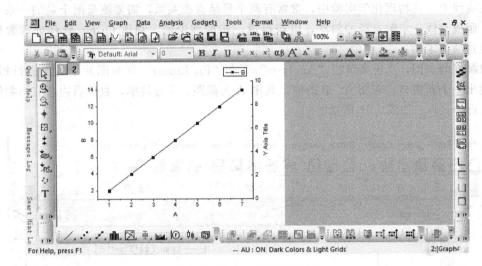

图 1-15　Origin 中的图片窗口

如果想在添加的层中再作一条曲线，可点击菜单栏"Graph"→"Add Plot to Layer"按提示继续作图即可。

（2）改变图中坐标轴的名称

双击图中的"A"，跳出对话框，可修改 X 轴名称。如若输入"t/min"，可先输入"t/min"，再选中"t"后点击对话框中图标 I；如输入希腊字母，可先输入相应英文字母，再选中该字母，点击 αβ 图标；其他如加粗、上标、下标等类似 Word 中的操作都可在工具栏中找到对应的图标。同样的方法，可改变 Y 轴名称。

（3）改变图中点、线的显示方式

双击图中的点，跳出对话框，可修改点、线的状态。比如点击对话框中"Line"栏目下"Connect"，下拉菜单，选择"B-Spline"或"Spline"，并取消右侧"Gap to Symbol"选择框中的"√"，可将图中的线改成平滑连贯的曲线。另可修改线的形状（实线、虚线等）颜色、粗细等。点击"Symbol"栏目，可修改符号的形状、颜色、大小等。

（4）修改坐标轴的属性

双击坐标轴区域，在跳出的对话框中选择"Scale"选项卡，可输入坐标的起始和末端值；可改变数据排列的方式，如线性、对数方式等；另更改右侧"Major Ticks"以及"Minor Ticks"文本框中的数值，可改变坐标轴上显示数值的疏密。如在对话框中选择"Title & Format"选项卡，可改变坐标轴的粗细、颜色、分节点的长短、分节点向图的内侧还是外侧等。在对话框中选择"Tick Labels"选项卡，改变下方"Point"右侧的数值，可调整坐标轴上数值字号的大小；改变"Format"下拉菜单的选项，可更改坐标轴上数值的显示方式（工程方式或科学记数法），对于较大或较小的数值，Origin 默认使用的是工程数据表达，此时应将"Format"右侧下拉菜单更改成"Scientific 1E3"即可。

（5）线性拟合

Origin 除可将数据转换成图片外，还可对所画的图进行处理，如积分、微分、拟合等，相关功能可在网络上搜索资料自行学习，亦可参考 Origin 程序的使用书籍，或 Origin 程序中自带的"Help"栏的内容。本节仅介绍经常使用的线性拟合的方法。

所谓线性拟合，是指所画图中的一系列点可能在一条直线上，但又不严格在一条直线上，这时需要画一条直线，满足离所有的点都尽量地近，且这些点均匀地分布在直线的两侧或就在直线上。在物理化学实验中，常常有两个量呈直线关系，需要测量两个量的一系列对应值，画成直线，求解直线的斜率，以获得进一步的理论值。利用 Origin 软件处理数据可以满足这项要求。

对画好的点图，点击菜单栏"Analysis"下方"Fit Linear"可对图片中的点进行拟合，同时跳出一个新窗口，告知 A、B 的值，其中 A 为截距、B 为斜率，数值后边还有该数值的误差（即 error）。如图 1-16 所示。

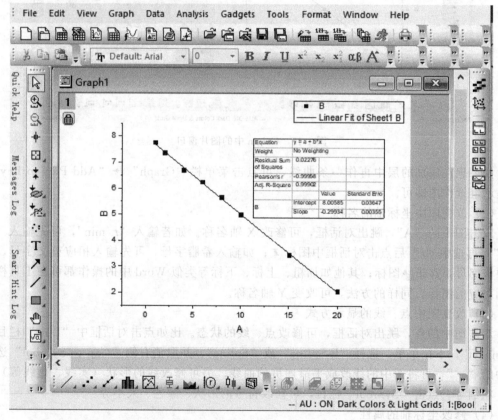

图 1-16　线性拟合窗口

（6）作切线

下载插件 Tangent.opk，把该插件拖到打开的 Origin 程序（只能是 Origin 7.5 以上版本）界面上，会出现如图 1-17 所示的新图标。点击左面的图标，在曲线上找到需要做切线的点，选中该点后单击 Enter 键就会出现切线，同时得到切线的斜率，如图 1-17 所示。

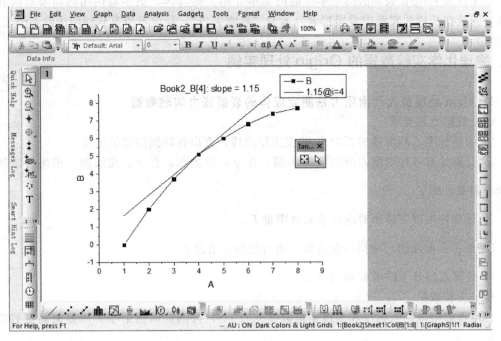

图 1-17　在 Origin 软件中做切线插件图标

（7）打印图片

如果直接点击"File"下方的"Print"选项，将会得到占满一整页纸的大图，这在实验报告书写中是不必要的。为达到理想效果，可进行如下操作：右击图片窗口右侧的灰色区域，再左击显示出的"Copy Page"拷贝图片（如图 1-18 所示），再粘贴到 Word 文件中，该文件中可以调整图片的大小、横纵比例等，然后再打印。这样，一张 A4 的纸可以同时打印 3～4 张图，剪开粘贴到实验报告中相应位置，既美观又环保。

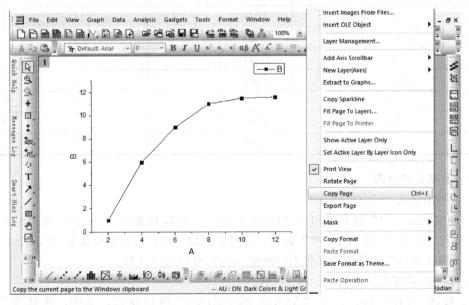

图 1-18　图片复制操作界面

以上仅为 Origin 表和图的基本功能的简单介绍。更具体、更丰富的用途需要查阅相关资料，并且在长期的实践中慢慢摸索。所谓"熟能生巧"，是学习所有软件用法的必经之途。

三、物理化学实验数据的 Origin 处理实例

1. Origin 处理最大气泡压力法测定液体的表面张力实验数据

（1）数据处理要求

① 绘制标准乙醇溶液的折射率-浓度工作曲线，查出各待测溶液的浓度。

② 分别计算各种浓度乙醇溶液的 γ 值，作 γ-c 曲线图，在 γ-c 曲线图上求出各浓度值的相应斜率，即 $\dfrac{\mathrm{d}\gamma}{\mathrm{d}c}$。

③ 计算各浓度溶液所对应的表面吸附量 Γ。

④ 作 $\dfrac{c}{\Gamma}$-c 曲线图，应得一条直线，由直线斜率求出 Γ_∞。

⑤ 计算乙醇分子的横截面积 S_0。

（2）实验数据

标准乙醇溶液的折射率和浓度测定数据见表 1-8，待测溶液折射率和压差值测定数据见表 1-9。

表 1-8　标准乙醇溶液的浓度和折射率测定数据记录表

标准溶液浓度/mol·L^{-1}	1.0535	2.1114	3.0582	4.4485	5.7937	6.3979	7.5026	8.5997
折射率	1.3343	1.3376	1.3415	1.3458	1.3502	1.3520	1.3555	1.3570

表 1-9　待测溶液的折射率及压力差测定数据记录表

乙醇水溶液	折射率	实际浓度	Δp/kPa	γ/N·m^{-1}	$\dfrac{\mathrm{d}\gamma}{\mathrm{d}c}$	Γ/mol·m^{-2}	$\dfrac{c}{\Gamma}$
去离子水	—	—	0.480				
1	1.3350		0.370				
2	1.3382		0.326				
3	1.3405		0.274				
4	1.3460		0.258				
5	1.3495		0.224				
6	1.3522		0.186				
7	1.3575		0.180				

（3）数据处理过程

① 数据的录入

打开"Origin 9.1"软件，出现"Book1"窗口。在数据表中"A（X）"和"B（Y）"两列分别录入"浓度 c"和"折射率"数据，并写出列的名称。选择菜单命令"File/Save Project as"，保存名称为"液体表面张力的测定 . opj"的 Origin 文件。

② 折射率-浓度工作曲线的绘制

ⅰ. 按住"Ctrl"键，点击"A（X）"和"C（Y）"两列顶部，选中，选择菜单命令"Plot/Symbol/Scatter"或者点击窗口左下角 ⬚ 按钮，绘制散点图，如图 1-19 所示。

ⅱ. 在"Graph1"的窗口中，选择菜单命令"Analysis/Fitting/Linear Fit"，在弹出的"Linear Fit"对话框中点击"OK"按钮，即在 Graph1 中生成拟合的直线及拟合结果分析表格，显示拟合直线方程的斜率、截距、相关系数等参数。在 Graph1 空白处点击鼠标右键，选择"Add Text"命令或者点击窗口左侧工具栏按 **T** 钮，在图中添加拟合直线方程和相关系数"R"信息，如图 1-20 所示。

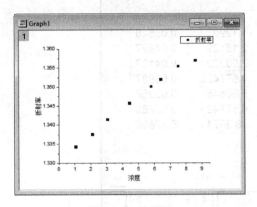

图 1-19　散点图

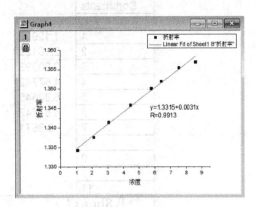

图 1-20　线性拟合

③ 待测乙醇溶液实际浓度的计算与输入

ⅰ. 选择菜单命令"Windows/Book1"，将窗口切换至 Book1，选择菜单命令"Column/Add new columns"或者窗口上侧工具栏 ⊞快捷键，在数据表中增加两列，写上这两列名称浓度和折射率。

ⅱ. 选择菜单命令"Set as/X"将增加的"C（Y2）"定义为 X，然后在"D（Y2）"列录入表 1-9 中测定的折射率值。

ⅲ. 选中"C（X2）"列，选择菜单命令"Column/Set column values"或者右键选择命令"Set column values"，在弹出的"Set Values"对话框中录入由［Column（D）］计算浓度的计算公式（由图 1-20 的直线方程可以得到），如图 1-21 所示，点击"OK"按钮，则在"C（X2）"列自动输入计算后的实际浓度值。

④ 表面张力 γ 的计算与输入

ⅰ. 选择菜单命令"File/New/Worksheet"，新建一个工作表 Book2，将 Book1 中的"C（X2）"列的浓度值复制到 Book2 的"A（X）"列，在 Book2 的"B（Y）"列录入 Book2 中的 Δp 值数据，写上列名称，如图 1-22 所示。

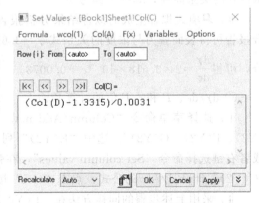

图 1-21　"Set Values"对话框

ⅱ. 选择菜单命令"Column/Add new columns"，在 Book2 中增加两列，选择菜单命令"Set as/X"将"C（Y）"列定义为 X，然后将"A（X1）"的浓度值复制到"C（X2）"列。选中"D（Y2）"列，选择菜单命令"Column/Set column values"或者右键选择命令"Set column values"，在弹出的"Set Values"对话框中录入由 Δp 值［B（Y1）列］计算表面张力 γ 的公式，点击"OK"按钮，得到的数据如图 1-22 所示。

Book2	A(X1)	B(Y1)	C(X2)	D(Y2)
Long Name	C	Δp	C	γ
Units				
Comments				
F(x)				)*1000*1.499/
1	1.12903	0.37	1.12903	0.05546
2	2.16129	0.326	2.16129	0.04887
3	2.90323	0.274	2.90323	0.04107
4	4.67742	0.258	4.67742	0.03867
5	5.80645	0.224	5.80645	0.03358
6	6.67742	0.186	6.67742	0.02788
7	8.3871	0.18	8.3871	0.02698
8				
9				
10				
11				

Sheet1

图 1-22 待测乙醇溶液实际浓度与 Δp 值的录入及表面张力值的计算录入

⑤ 多项式拟合处理

ⅰ. 选中 Book2 中的“A(X)，B(Y)”两列数据，选择菜单命令“Plot/Symbol”或者点击按钮，绘制散点图。然后选择菜单命令“Analysis/Fitting/Polynomial Fit”，打开“Polynomial Fit”多项式拟合对话框，如图 1-23 所示。选择“Polynomial Order”下拉菜单选项“2”，也就是将多项式拟合级数设置为 2，点击“OK”按钮，得到表面张力 γ 与乙醇浓度 c 的关系曲线，如图 1-24 所示。

ⅱ. 多项式拟合生成的拟合结果分析报告自动保存在 Book2 中，如图 1-25 所示。由拟合报告可得表面张力与浓度的关系式 $\gamma=3.618\times10^{-4}c^2-0.0073c+0.062$，对该式进行微分，可得 $\frac{d\gamma}{dc}=2\times3.618\times10^{-4}c-0.0073$。

⑥ $d\gamma/dc$、Γ 和 c/Γ 值的计算和输入

ⅰ. 选择菜单命令“Column/Add new columns”，在 Book2 中增加 3 列，分别为“E(Y2)、F(Y2)、G(Y2)”。选中“E(Y2)”列，选择菜单命令“Column/Set column values”或者右键选择命令“Set column values”，在弹出的“Set Values”对话框中录入由浓度 c 值 [C(Y2)] 计算 $d\gamma/dc$ 的公式，点击“OK”按钮。

ⅱ. 采用上述步骤的同样方法在“F(Y2)”和“G(Y2)”列计算 Γ 和 c/Γ 值，得到的数据如图 1-26 所示。

⑦ $\frac{c}{\Gamma}$-c 拟合直线

ⅰ. 选中“C(Y2)”列和“G(Y2)”列的浓度 c 和 $\frac{c}{\Gamma}$ 数据，选择菜单命令“Plot/Symbol”或者点击按钮，绘制散点图。选择菜单命令“Analysis/Fitting/Linear Fit”，在弹出的“Linear Fit”对话框中点击“OK”按钮，即在 Graph6 中生成拟合的直线及拟合结果分析表格，显示有拟合直线方程的斜率、截距、相关系数等参数，如图 1-27 所示。

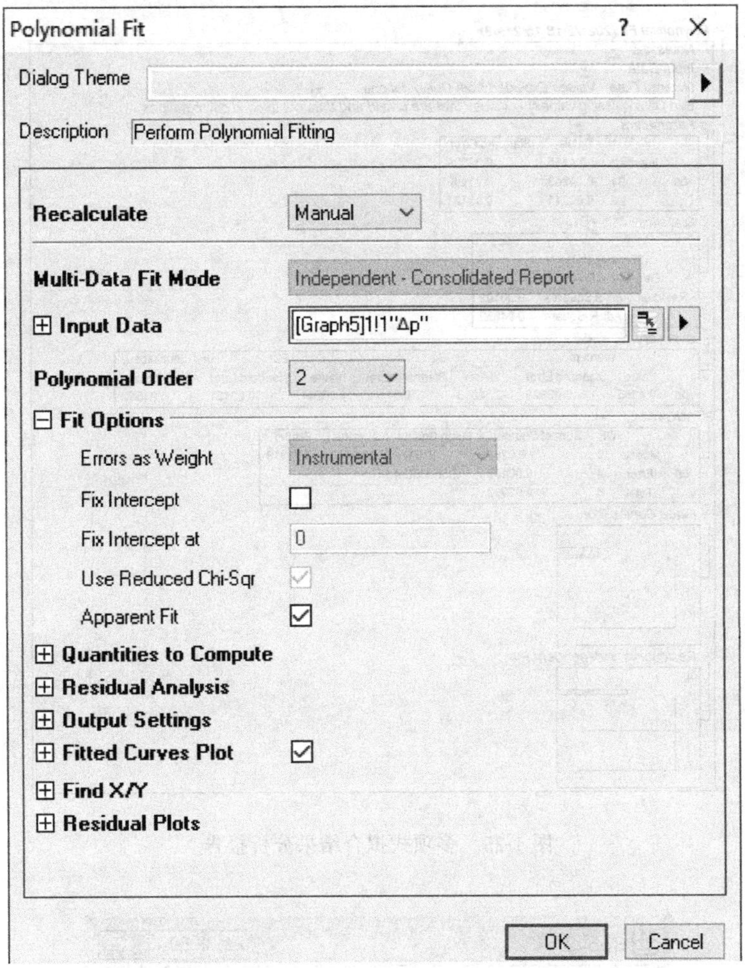

Polynomial Fit ? ×

Dialog Theme ▶

Description Perform Polynomial Fitting

Recalculate Manual ▼

Multi-Data Fit Mode Independent - Consolidated Report ▼

⊞ Input Data [Graph5]1!1"Δp" ▶

Polynomial Order 2 ▼

⊟ Fit Options
　Errors as Weight Instrumental ▼
　Fix Intercept ☐
　Fix Intercept at 0
　Use Reduced Chi-Sqr ☑
　Apparent Fit ☑
⊞ Quantities to Compute
⊞ Residual Analysis
⊞ Output Settings
⊞ Fitted Curves Plot ☑
⊞ Find X/Y
⊞ Residual Plots

OK　Cancel

图 1-23　"Polynomial Fit" 多项式拟合对话框图

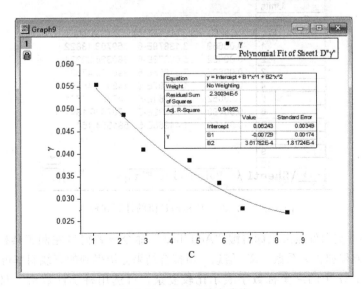

图 1-24　多项式拟合曲线

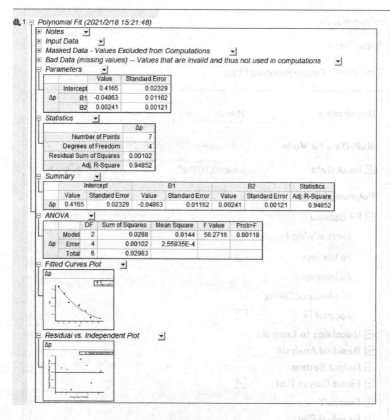

Polynomial Fit (2021/2/18 15:21:48)

Notes

Input Data

Masked Data - Values Excluded from Computations

Bad Data (missing values) -- Values that are invalid and thus not used in computations

Parameters

		Value	Standard Error
Δp	Intercept	0.4165	0.02329
	B1	-0.04863	0.01162
	B2	0.00241	0.00121

Statistics

	Δp
Number of Points	7
Degrees of Freedom	4
Residual Sum of Squares	0.00102
Adj. R-Square	0.94852

Summary

	Intercept		B1		B2		Statistics
	Value	Standard Error	Value	Standard Error	Value	Standard Error	Adj. R-Square
Δp	0.4165	0.02329	-0.04863	0.01162	0.00241	0.00121	0.94852

ANOVA

		DF	Sum of Squares	Mean Square	F Value	Prob>F
Δp	Model	2	0.0288	0.0144	56.2716	0.00118
	Error	4	0.00102	2.55935E-4		
	Total	6	0.02983			

Fitted Curves Plot

Residual vs. Independent Plot

图 1-25　多项式拟合结果分析报告

Book2

	E(Y2)	F(Y2)	G(Y2)
Long Name	dγ/ dc	Γ	c/Γ
Units			
Comments			
F(x)	362*Col(C)-	/(8.314*298.15)	Col(C)/Col(F)
1	-0.00689	3.13879E-6	359703.18822
2	-0.00652	5.68273E-6	380326.22324
3	-0.00625	7.31895E-6	396672.47625
4	-0.00561	1.05797E-5	442111.45561
5	-0.0052	1.21761E-5	476873.4771
6	-0.00488	1.31532E-5	507666.1344
7	-0.00426	1.44268E-5	581354.15418
8			
9			
10			

Sheet1　Polynomial Fit

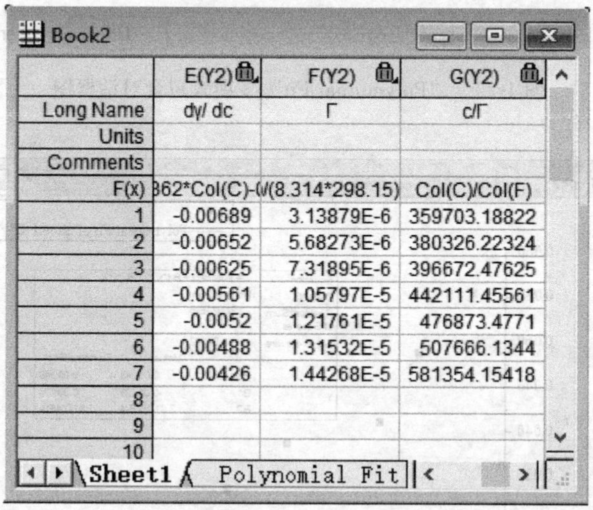

图 1-26　$d\gamma/dc$、Γ 和 c/Γ 值的计算和输入

ⅱ. 在 Graph6 空白处点击鼠标右键“Add Text”命令或者窗口左侧工具栏 **T** 按钮，在图中添加拟合直线方程和相关系数“R”信息。由拟合结果分析得到的直线斜率可求得 Γ_∞ 值。

ⅲ. 由于图 1-27 中的纵坐标数字表示比较复杂，可选用科学计数法。双击左边数字坐标，打开“Axis Dialog”对话框，在“Y Axis/Tick Labels/Left”选项卡中的“Display”

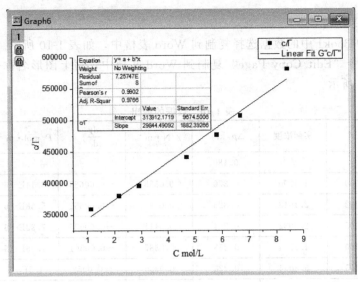

图 1-27 $\dfrac{c}{\Gamma}\sim c$ 拟合直线

下拉选项中选择科学计数法（Scentific：10⁻³），如图 1-28 所示。

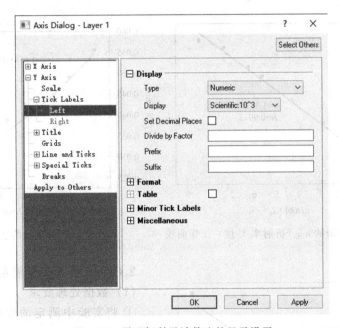

图 1-28 纵坐标科学计数法的显示设置

⑧ 图形和曲线的显示设置

ⅰ．选择菜单命令"Format/Plot Properties"，打开"Plot Details-Plot Properties"对话框，在"Line"选项卡中的"Width"下拉菜单中，选"4"使曲线变粗，点击"OK"按钮。

ⅱ．双击左边或底边坐标轴，在打开的"Axis Dialog"对话框中对坐标轴的显示进行设置，包括坐标轴的范围、坐标间隔值、坐标轴线条的粗细等。

ⅲ．双击坐标名称，在打开的"Object Properties"对话框中，对坐标名称的字体大小等进行设置修改。

（4）数据结果的导出

将 Origin 中 Book1 中的数据选择复制到 Word 表格中，如表 1-10 所示。将绘制的图形通过选择菜单命令"Edit/Copy Page"复制到 Word 文档中，写上图形名称等，如图 1-29、图 1-30、图 1-31 所示。

表 1-10　数据的输出

乙醇水溶液	折射率	实际浓度	$\Delta p / \text{kPa}$	$\gamma / \text{N} \cdot \text{m}^{-1}$	$\dfrac{\text{d}\gamma}{\text{d}c}$	$\Gamma / \text{mol} \cdot \text{m}^{-2}$	$\dfrac{c}{\Gamma}$
去离子水	/	/	0.480				
1	1.3350	1.1290	0.370	0.0555	−0.00689	3.14E−6	3.59703E+5
2	1.3382	2.1613	0.326	0.0489	−0.00652	5.68E−6	3.80326E+5
3	1.3405	2.9032	0.274	0.0411	−0.00625	7.32E−6	3.96672E+5
4	1.3460	4.6774	0.258	0.0387	−0.00561	1.06E−5	4.42111E+5
5	1.3495	5.8064	0.224	0.0336	−0.0052	1.2E−5	4.76873E+5
6	1.3522	6.6774	0.186	0.0279	−0.00488	1.32E−5	5.07666E+5
7	1.3575	8.3871	0.180	0.0270	−0.00426	1.44E−5	5.81354E+5

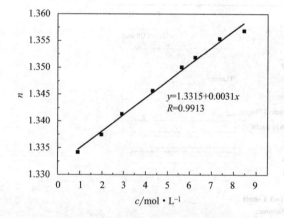

图 1-29　标准乙醇溶液的 n-c（折射率-浓度）工作曲线

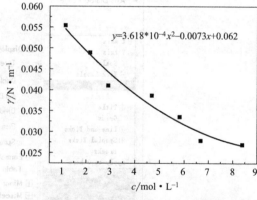

图 1-30　乙醇溶液的 γ-c 关系曲线

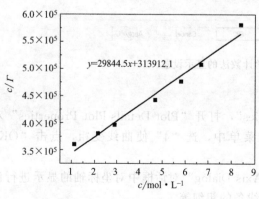

图 1-31　$\dfrac{c}{\Gamma}$-c 拟合直线

2. Origin 处理二元液系相图实验数据

（1）数据处理要求

① 将实验中测定的原始数据记录在报告册表格中。

② 用 Origin 软件绘制工作曲线，即环己烷-乙醇标准溶液的折射率与组成的关系曲线。根据工作曲线确定各测定溶液的气相和液相的平衡组成。

③ 用 Origin 软件绘制环己烷-乙醇二元液系的气-液平衡相图，并从图中确定恒沸混合物的最低恒沸点和组成。

（2）实验数据

环己烷-乙醇标准溶液的组成、折射率数据见表 1-11，再将实验中测得的不同组成的环己烷-乙醇溶液的沸点和气液相折射率数据记录于表 1-12。

表 1-11　环己烷-乙醇标准溶液的组成和折射率数据

$x_{环己烷}$	0	0.10	0.20	0.30	0.40
折射率	1.3590	1.3604	1.3689	1.3774	1.3867
$x_{环己烷}$	0.50	0.60	0.70	0.80	0.90
折射率	1.3933	1.4000	1.4108	1.4161	1.4229

表 1-12　不同组成的环己烷-乙醇溶液的沸点和气液相折射率

$x_{环己烷}$	沸点/℃	气相折射率 (n_g)	气相组成 (x_g)	液相折射率 (n_l)	液相组成 (x_l)
0	75.00	1.3590		1.3590	
0.05	73.38	1.3708		1.3603	
0.15	71.58	1.3763		1.3627	
0.30	69.11	1.3848		1.3643	
0.45	62.22	1.3975		1.3844	
0.55	61.65	1.3990		1.3857	
0.65	61.55	1.4011		1.4038	
0.80	66.35	1.4059		1.4208	
0.95	76.94	1.4235		1.4232	
1.00	77.00	1.4236		1.4235	

（3）数据处理过程

① 环己烷-乙醇标准溶液的组成和折射率数据的录入

打开"Origin 9.1"软件，出现"Book1"窗口。在"A(X)"和"B(Y)"两列分别录入组成 $x_{环己烷}$ 和折射率数据，写出列名称，如图 1-32 所示。点击菜单"File/Save Project as"，另存为"二元液系相图 .opj"的 Origin 文件。

② 折射率- $x_{环己烷}$ 的工作曲线

ⅰ. 点击选中 Book1 中的"A(X)"和"B(Y)"两列数据，选择菜单命令"Plot/Symbol/Scatter"或者点击窗口左下角 按钮，绘制散点图。

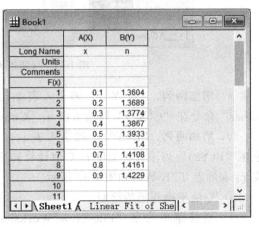

图 1-32　$x_{环己烷}$ 和折射率数据的录入

ⅱ. 在"Graph1"的窗口中，选择菜单命令"Analysis/Fitting/Linear Fit"，在弹出的"Linear Fit"对话框中点击"OK"按钮，即在 Graph1 中生成拟合的直线及拟合结果分析表格，显示有拟合直线方程的斜率、截距、相关系数等参数，在 Graph1 空白处点击鼠标右键，选择"Add Text"命令或者点击窗口左侧工具栏 T 按钮，在图中添加拟合直线方程和

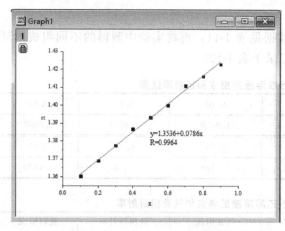

图 1-33 折射率-$x_{环己烷}$ 的工作曲线

相关系数 "R" 信息，如图 1-33 所示。

③ 气相组成、液相组成和沸点数据的计算与输入

ⅰ. 选择菜单命令 "File/New/Worksheet"，新建一个工作表 Book2，"B(Y)" 列录入表 1-12 中的气相组成数据，写上列名称。

ⅱ. 选中 Book2 的 "A(X)" 列，选择菜单命令 "Column/Set column values" 或者右键选择 "Set column values" 命令，在弹出的 "Set Values" 对话框中 "Col(C) =" 处录入由气相折射率 n_g [Column(B)] 计算气相组成 x_g 的计算公式，点击 "OK" 按钮，如图 1-34 所示。

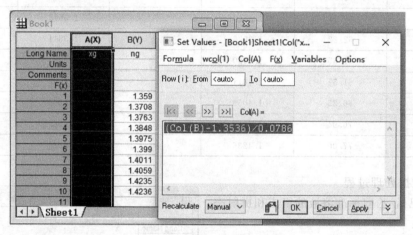

图 1-34 气相组成数据的计算与输入

ⅲ. 增加两列，"D(Y2)" 列录入表 1-12 中的液相折射率 n_1 数据。选择 "Set column values" 命令在 "C(X2)" 列输入由 n_1 [Column(D)] 计算得到的液相组成 x_1 数据。

ⅳ. 增加两列，"E(Y2)" 列录入表 1-12 中的沸点数据。选择 "Set column values" 命令在 "F(Y2)" 列输入将温度 $t/℃$ 值计算转换为 T/K 值。计算得到的气相组成 x_g、液相组成 x_1 和沸点 T/K 数据如图 1-35 所示。

④ 气-液平衡相图的绘制

ⅰ. 选择菜单命令 "File/New/Worksheet"，新建一个工作表 Book3，选择菜单命令 "Column/Add Columns" 添加两列。选中所有列，选择菜单命令 "Column/Set as/XY" 或者右键命令 "Set as/XY"，将 Book2 中的气相组成 x_g 和液相组成 x_1 数据分别复制到 Book3 中的 "A(X1)" 和 "C(X2)" 两列中，写上列名称；将 Book2 中的 T/K 数据复制到 Book3 中的 "B(Y1)" 和 "D(Y2)" 两列中，写上列名称，如图 1-36 所示。

ⅱ. 选中 Book3 中的 4 列数据，选择菜单命令 "Plot/Line + Symbol" 或者点击窗口底侧工具栏 按钮，绘制线点图，如图 1-37 所示。

	A(X1)	B(Y1)	C(X2)	D(Y2)	E(Y2)	F(Y2)
Long Name	xg	ng	x1	n1	t	T
Units						
Comments						
F(x)	B)-1.3536)/0		D)-1.3536)/0			ol(E)+273.1
1	0.21883	1.3708	0.08524	1.3603	73.38	346.53
2	0.2888	1.3763	0.11578	1.3627	71.58	344.73
3	0.39695	1.3848	0.13613	1.3643	69.11	342.26
4	0.55852	1.3975	0.39186	1.3844	62.22	335.37
5	0.57761	1.399	0.4084	1.3857	61.65	334.8
6	0.60433	1.4011	0.63868	1.4038	61.55	334.7
7	0.66539	1.4059	0.85496	1.4208	66.35	339.5
8	0.88931	1.4235	0.8855	1.4232	76.94	350.09
9	0.89059	1.4236	0.88931	1.4235	77	350.15
10						
11						

图 1-35　气相组成、液相组成和沸点数据的计算与输入

	A(X1)	B(Y1)	C(X2)	D(Y2)
Long Name	xg	T/K	x1	T/K
Units				
Comments				
F(x)				
1	0.0687	348.15	0.0687	348.15
2	0.21883	346.53	0.08524	346.53
3	0.2888	344.73	0.11578	344.73
4	0.39695	342.26	0.13613	342.26
5	0.55852	335.37	0.39186	335.37
6	0.57761	334.8	0.4084	334.8
7	0.60433	334.7	0.63868	334.7
8	0.66539	339.5	0.85496	339.5
9	0.88931	350.09	0.8855	350.09
10	0.89059	350.15	0.88931	350.15
11				

图 1-36　Book3 中数据的录入

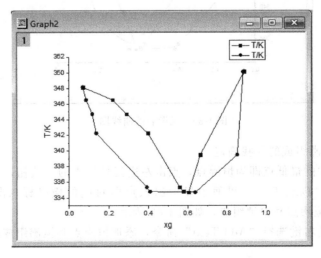

图 1-37　线点图

ⅲ．选择菜单命令"Format/Plot Properties"，打开"Plot Details-Plot Properties"对话框，如图 1-38 所示。在"Line"选项卡中的"Connect"下拉菜单中，选"B-Spline"使曲线光滑，所得曲线如图 1-39 所示。

图 1-38　"Plot Details-Plot Properties"对话框

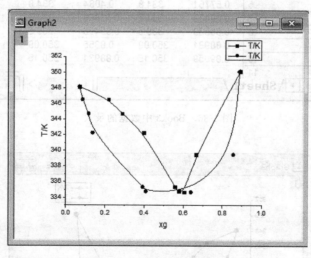

图 1-39　光滑后的曲线图

⑤ 恒沸点和恒沸组成的寻找确定

ⅰ．平衡相图中的最低点即为恒沸点，点击左边工具栏中的 ✦ 按钮，然后点击选中曲线图中最低点，则在"Data Play"界面中显示出该点所对应的横坐标（温度值）和纵坐标（组成值），也就是恒沸点和恒沸组成，如图 1-40 所示。

ⅱ．图形空白处右键选择"Add Text"命令，添加恒沸点和恒沸组成以及各个相区的名称等。

⑥ 图形和曲线的显示设置

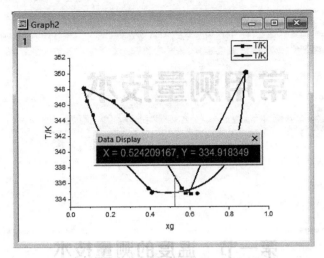

图 1-40　恒沸点和恒沸组成的寻找确定

ⅰ. 选择菜单命令 "Format/Plot Properties"，打开 "Plot Details-Plot Properties" 对话框，在 "Line" 选项卡中的 "Width" 下拉菜单中，选 "4" 使曲线变粗，点击 "OK" 按钮。

ⅱ. 双击左边或底边坐标轴，在打开的 "Axis Dialog" 对话框中对坐标轴的显示进行设置，包括坐标轴的范围、坐标间隔值、坐标轴线条的粗细等。

ⅲ. 双击坐标名称，在打开的 "Object Properties" 对话框中，对坐标名称的字体大小等进行设置修改。

（4）数据结果的导出

将 Origin 中绘制的图形 Graph1 和 Graph2 通过菜单命令 "Edit/Copy Page" 复制到 Word 文档中，写上图形名称，如图 1-41、图 1-42 所示。

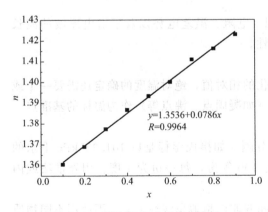

图 1-41　折射率-组成工作曲线图

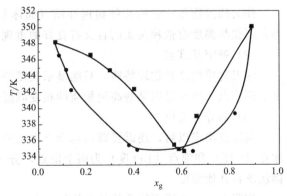

图 1-42　环己烷-乙醇二元液系的气-液平衡相图

第二章 常用测量技术

第一节 温度的测量技术

温度是表征物体冷热程度的物理量。它只能通过物体随温度变化的某些特性来间接测量，而用来量度物体温度数值的标尺叫温标。它规定了温度的读数起点（零点）和测量温度的基本单位。

一、温标

1. 温标的确定

确定一种温标，需要满足以下三个条件：

（1）选择测温物质

作为测温物质，它的某种物理性质（如体积、电阻、温差电势以及辐射电磁波的波长等）不仅与温度有依赖关系而且又有良好的重现性。

（2）确定基准点

测温物质的某种物理特性，只能显示温度变化的相对值。绝对温度的确定还需要一个或多个固定点。通常是以某些高纯物质的相变温度（如凝固点、沸点等）作为温标的基准点。

（3）划分温度值

基准点确定以后，还需要确定基准点之间的分隔，如摄氏温标是以 101.325kPa 下水的冰点（0 度）和沸点（100 度）为两个定点，分为 100 等份，每一份为 1 度。用外推法或内插法求得其他温度。

实际上，一般所用物质的某种特性与温度之间并非严格地呈线性关系，因此用不同物质做的温度计测量同一物体时，所显示的温度往往不完全相同。

2. 温标的种类

目前国际上用得较多的温标有华氏温标、摄氏温标、热力学温标和国际温标。

（1）摄氏温标（℃）规定

在 101.325kPa 下，冰的熔点为 0 度，水的沸点为 100 度，中间划分 100 等份，每等份为摄氏 1 度，符号为℃。

（2）华氏温标（℉）规定

在 101.325kPa 下，冰的熔点为 32 度，水的沸点为 212 度，中间划分 180 等份，每等份为华氏 1 度，符号为℉。

（3）热力学温标（T）规定

分子运动停止时的温度为绝对零度。热力学温标与通常习惯使用的摄氏温度分度值相同，只是差一个常数，换算关系为 $T/K = 273.15 + t/℃$。热力学温标又称开尔文温标或绝对温标。

（4）国际温标

由于热力学温标装置太复杂，因此为了实用上的准确和方便，1927 年第 7 届国际计量大会决定采用国际温标，这是一个国际协议性温标，它与热力学温标相接近。根据第 18 届国际计量大会（CGPM）及第 77 届国际计量委员会（CIPM）的决议，自 1990 年 1 月 1 日开始，国际上正式采用"1990 年国际温标（以下简称 ITS-90）"，我国自 1994 年 1 月 1 日起全面实施 ITS-90 国际温标。

ITS-90 国际温标的温度的单位、通则、定义介绍如下：

① 温度的单位：热力学温度（符号为 T）是基本的物理量。其单位为开尔文（符号为 K），定义为水三相点的热力学温度的 1/273.16。由于在以前的温标定义中，使用了与 273.15 K（冰点）的差值来表示温度，因此现在仍保留这一方法。ITS-90 定义国际开尔文温度（符号为 T_{90}）和国际摄氏温度（符号为 t_{90}）。T_{90} 和 t_{90} 之间的关系与 T 和 t 一样，即 $t_{90}/℃ = T_{90}/K - 273.15$，它们的单位及符号与热力学温度 T 和摄氏温度 t 一样。

② 国际温标 ITS-90 的通则：ITS-90 是由 0.65K 向上，到普朗克辐射定律使用单色辐射实际可测量的最高温度。ITS-90 是这样制订的，即在全量程中任何温度的 T_{90} 值非常接近于温标采纳时 T 的最佳估计值，与直接测量热力学温度相比，T_{90} 的测量要方便得多，并且更为精密和具有很高的复现性。同时对 ITS-90 的定义中的一些问题作了一些概括性说明。

③ ITS-90 的定义：第一温区为 0.65 K 到 5.00 K 之间，T_{90} 由 ^{3}He 和 ^{4}He 的蒸气压与温度的关系式来定义；第二温区为 3.0K 到氖三相点（24.5661K）之间，T_{90} 是用氦气体温度计来定义；第三温区为平衡氢三相点（13.8033K）到银的凝固点（961.78℃）之间，T_{90} 是由铂电阻温度计来定义，它使用一组规定的定义固定点和规定的参考函数以及内插温度的偏差函数来分度，银的凝固点（961.78℃）以上的温区，T_{90} 是按普朗克辐射定律来定义的，复现仪器为光学高温计。

二、温度计

温度计是测量温度的仪器。按照测温方式的不同，温度计可分为接触式温度计和非接触式温度计。接触式温度计根据体积、热电势、电阻等与温度有关的函数关系制成，测量时必须使温度计触及被测体系并与被测体系达到热平衡；非接触式温度计是利用电磁辐射的波长或强度与温度的关系制成的温度计，这类温度计的特点是没有滞后现象，不干扰被测体系。下面分别介绍水银温度计、贝克曼温度计、电子贝克曼温度计、电阻温度计、热电偶温度计、双金属温度计、集成温度计等。

1. 水银温度计

水银温度计是实验室常用的温度计。它以水银作为测温物质，测温原理是基于不同温度时水银体积变化与玻璃体积变化之差来反映温度的高低。它的优点是结构简单、价格低廉、直接读数、使用方便和测量范围广。水银温度计适用范围为 235.15～633.15K（水银的熔点为 234.45K，沸点为 629.85K），如果用石英玻璃作管壁，充入氮气或氩气，最高使用温度可达到 1073.15K。常用的水银温度计刻度间隔有 2K、1K、0.5K、0.2K、0.1K 等，与温度计的量程范围有关，可根据测定精度选用。水银温度计的缺点是易损坏，且损坏后无法修理。

（1）水银温度计的种类和使用范围

① 普通水银温度计：一般使用，有 −5～105℃、150℃、250℃、360℃等，每分度 1℃ 或 0.5℃。

② 精密温度计：供量热学使用，有 9～15℃、12～18℃、15～21℃、18～24℃、20～30℃等，每分度 0.01℃。

③ 测温差的贝克曼温度计：是一种移液式的内标温度计，测量范围 −20～150℃，专用于测量温差。

④ 电接点温度计（导电表，电接触温度计）：可以在某一温度点上接通或断开，与电子继电器等装置配套，可以用来控制温度。

⑤ 分段温度计（成套温度计）：从 −10～220℃，共有 23 支。每支温度范围 10℃，每分度 0.1℃；另外有 −40～400℃，每隔 50℃ 1 支，每分度 0.1℃。

（2）温度计的校正

温度计长期使用后，温度计玻璃的性质有所改变，其形状和体积也发生变化，测温时会因温度计的玻璃各部分受热不均而使指示的温度发生偏差，所以在精密测量前要对水银温度计进行校正。

① 零点校正：通常以纯物质的熔点或沸点等相变点作为标准进行校正。另外也可以用标准水银温度计为标准，与待校正的温度计同时测定某一体系的温度，将对应值一一记录，作出校正曲线进行校正。标准水银温度计由多支温度计组成，各支温度计的测量范围不同，交叉组成 -10～360℃范围，每支都经过计量部门的鉴定，读数准确。

② 露茎校正：水银温度计有"全浸"和"非全浸"两种。非全浸式水银温度计常刻有校正时浸入量的刻度，在使用时若室温和浸入量均与校正时一致，所示温度是正确的。全浸式水银温度计使用时应当全部浸入被测体系中，如不能全部浸没，露出部分与体系温度不同，必须进行校正。称为露茎校正。校正方法如图 2-1 所示，校正公式为（2-1）：

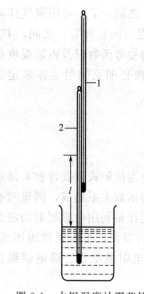

$$\Delta t = \frac{kl}{1-kl}(t_{测} - t_{环}) \qquad (2-1)$$

式中，l 为测量温度计水银柱露在空气中的长度（以刻度数表示）；$t_{测}$ 为测量温度计的读数；$t_{环}$ 为附在测量温度计上的辅助温度计的读数（辅助温度计的水银球应置于测量温度计露在空气部分的水银柱中间为宜）；k 为水银对于玻璃的相对膨胀系数。使用摄氏温标时，$k = 0.00016 = 1.6 \times 10^{-4}$，式中 kl 远远小于1，所以可以得到式(2-2)。

$$\Delta t = kl(t_{测} - t_{环}) \qquad (2-2)$$

利用式(2-3) 可得到校正后的温度 $t_{校}$，即

$$t_{校} = t_{测} + \Delta t \qquad (2-3)$$

图 2-1　水银温度计露茎校正
1—辅助温度计；2—测量温度计

2. 贝克曼温度计

贝克曼温度计是精确测量温差的温度计。

（1）贝克曼温度计的特点

① 它的最小刻度为 0.01℃，估读到 0.002℃；还有一种最小刻度为 0.002℃，测量精度较高。

② 一般只有 5℃ 量程，而 0.002℃ 最小刻度的量程只有 1℃。

③ 其结构（见图 2-2）与普通温度计不同，在它的毛细管上端，加装了一个水银贮管，用来调节水银球中的水银量。因此虽然量程只有 5℃，却可以在不同范围内使用。一般可以在 -6~120℃ 使用。

④ 由于水银球中的水银量是可变的，因此水银柱的刻度值不是温度的绝对值，只是在量程范围内的温度变化值。

（2）使用方法

这里介绍两种温度量程的调解方法。

① 恒温浴调解法：首先确定所使用的温度范围。例如测量水溶液凝固点的降低需要能读出 -5~1℃ 之间的温度读数；测量水溶液沸点的升高则希望能读出 99~105℃ 之间的温度读数；至于燃烧热的测定，则室温时水银柱示值在 2~3℃ 之间最为适宜。

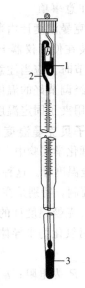

图 2-2　贝克曼温度计的构造

1—水银贮槽；2—毛细管；3—水银球

根据使用范围，估计当水银柱升至毛细管末端弯头处的温度值。对于一般的贝克曼温度计，水银柱由刻度最高处上升至毛细管末端，还需要升高 2℃ 左右。根据这个估计值来调节水银球中的水银量。例如测定水的凝固点降低时，最高温度读数拟调节至 1℃，那么毛细管末端弯头处的温度应相当于 3℃。

另用一恒温浴，将其调至毛细管末端弯头所应达到的温度，把贝克曼温度计置于该恒温浴中，恒温 5 min 以上。

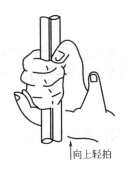

↑向上轻拍

图 2-3　产生震动力的操作

取出温度计，用右手紧握它的中部，使其近乎垂直，用左手轻击右手小臂，具体操作示意可参见图 2-3 产生震动力的操作。这时水银即可在弯头处断开。温度计从恒温浴中取出后，由于温度差异，水银体积会迅速变化，因此，这一调节步骤要求迅速、轻快，但不必慌乱，以免造成失误。

将调节好的温度计置于预测温度的恒温浴中，观察其读数值，并估计量程是否符合要求。若偏差过大，则应按上述步骤重新调节。

② 标尺调解法：对操作比较熟练的人可采用此法。该法是直接利用贝克曼温度计上部的温度标尺，而不必另外用恒温浴来调节，其操作步骤如下：

首先估计最高使用温度值。将温度计倒置，使水银球和毛细管中的水银缓缓注入毛细管末端的球部，再把温度计慢慢倾斜，使贮槽中的水银与之相连接。

若估计值高于室温，可用温水，或倒置温度计利用重力作用，让水银流入水银贮槽，当温度标尺处的水银面到达所需温度时，用左手轻击右手小臂，使水银柱在弯头处断开；若估计值低于室温，可将温度计浸入较低的恒温浴中，让水银面下降至温度标尺上的读数正好到达所需温度的估计值，同法使水银柱断开。

将调节好的温度计置于预测温度的恒温浴中，观察其读数值，并估计量程是否符合要求。若偏差过大，则应按上述步骤重新调节。

（3）注意事项

① 贝克曼温度计由薄玻璃组成，比一般水银温度计长得多，易被损坏，一般只能放置三处：安装在使用仪器上、放在温度计盒内、握在手中。不准随意放置在其他地方。

② 调节时，应当注意防止骤冷或骤热，还应避免重击。

③ 已经调节好的温度计，注意不要使毛细管中水银再与水银贮槽中水银相连接。

④ 使用夹子固定温度计时，必须垫有橡胶垫，不能用铁夹直接夹温度计。

3. 电子贝克曼温度计（数字精密温度温差仪）

在物理化学实验中，对系统的温差进行精确测量时（如燃烧热的测定），以往使用的都是水银贝克曼温度计。这种水银玻璃仪器虽然原理简单、形象直观，但使用时易破损，且不能实现自动化控制，特别是在使用前的调节比较麻烦，近年来逐渐被电子贝克曼温度计所取代。

电子贝克曼温度计的温度传感器（热电偶）通常采用的是对温度极为敏感的热敏电阻。它是由金属氧化物半导体材料制成的，其电阻与温度的关系为式(2-4)。

$$R = Ae^{-B/t} \tag{2-4}$$

式中，R 为电阻；t 为摄氏温度；A、B 分别为与材料有关的参数。通过温度的变化，转换成电性能变化，测量电性能变化便可测出温度的变化。

数字精密温度温差仪是目前常用的电子贝克曼温度计，该仪器采用了全集成电路设计，可同时测量系统的温度和温差，且具有高精度、测量范围宽和操作简单等优点。此外，它还具有可调报时、读数保持、基温自动选择、读数采零及超量程显示等功能，并配有 RS-232C 通信出口，可实现温度和温差检测与控制的自动化。

4. 电阻温度计

热电阻是中低温区最常用的一种温度检测器。它的主要特点是测量精度高、性能稳定。其中铂热电阻的测量精确度是最高的，它不仅广泛应用于工业测温，而且被制成标准的基准仪。

（1）热电阻测温原理及材料

热电阻测温是基于金属导体的电阻值随温度的增加而增加这一特性来进行温度测量的。热电阻大都由纯金属材料制成，目前应用最多的是铂和铜，此外，现在已开始采用铁、镍、锰和铑等材料制造热电阻。

（2）热电阻测温系统的组成

热电阻测温系统一般由热电阻、连接导线和显示仪表等组成。必须注意以下两点：

① 热电阻和显示仪表的分度号必须一致。

② 为了消除连接导线电阻变化的影响，必须采用三线制接法。

5. 热电偶温度计

热电偶是工业上最常用的温度检测元件之一。

（1）热电偶温度计特点

① 测量精度高：热电偶可直接与被测对象接触，不受中间介质影响。

② 测量范围广：常用的热电偶从 $-50 \sim 1600{}^{\circ}\text{C}$ 均可连续测量，某些特殊热电偶最低可

测量－269℃（如金铁镍铬），最高可达 2800℃（如钨铼）。

③ 构造简单，使用方便：热电偶通常是由两种不同的金属丝组成，而且不受大小和开头的限制，外有保护套管，用起来非常方便。

（2）热电偶测温基本原理

将两种不同材料的导体或半导体 A 和 B 焊接起来，构成一个闭合回路。如果将它的两个接点分别置于温度各为 T 及 T_0 的热源中，则在其回路内就会产生电动势，这种现象称为热电效应。热电偶就是利用热电效应来工作的。

（3）热电偶的种类

常用热电偶可分为标准热电偶和非标准热电偶两大类。

① 标准热电偶：它是指国家标准规定了其热电势与温度的关系、允许误差，并有统一的标准分度表的热电偶，它有与其配套的显示仪表可供选用。

② 非标准热电偶：在使用范围或数量级上均不及标准热电偶，一般也没有统一的分度表，主要用于某些特殊场合的测量。

我国从 1988 年 1 月 1 日起，热电偶和热电阻全部按 IEC 国际标准生产，并指定 S、B、E、K、R、J、T 七种标准热电偶为我国统一设计型热电偶。

（4）热电偶冷端的温度补偿

由于热电偶的材料一般都比较贵重（特别是采用贵金属时），而测温点到仪表的距离都很远，为了节省热电偶材料，降低成本，通常采用补偿导线把热电偶的冷端（自由端）延伸到温度比较稳定的控制室内，并连接到仪表端子上。必须指出，热电偶补偿导线的作用只起延伸热电偶，使热电偶的冷端移动到控制室的仪表端子上，它本身并不能消除冷端温度变化对测温的影响，不起补偿作用。因此，还需采用其他修正方法来补偿冷端温度不等于 0℃ 时对测温的影响。在使用热电偶补偿导线时必须注意型号相配，极性不能接错，补偿导线与热电偶连接端的温度不能超过 100℃。

6. 双金属温度计

双金属温度计是利用不同金属膨胀系数不同的原理制成的温度计。双金属片在不同的温度时会有不同的弯曲度，若把这个弯曲度指示出来就能显示温度。双金属温度计的探杆里，有双金属片缠成螺旋的零件，随着温度的变化发生形变，弯曲后表盘里的齿轮带动指针，指针则随之指在刻度盘上的不同位置，从刻度盘上的读数，便可知其温度，从而指示温度。

7. 集成温度计

随着集成技术和传感技术的飞速发展，人们已能在一块极小的半导体芯片上集成包括敏感器件、信号放大电路、温度补偿电路、基准电源电路等在内的各个单元。这是所谓的敏感集成温度计，它使传感器和集成电路成功地融为一体，并且极大地提高了测温的性能。它是目前测温的发展方向，是实现测温智能化、小型化（微型化）、多功能化的重要途径，同时也提高了灵敏度。与传统的热电阻、热电偶、半导体 PN 结等温度传感器相比，集成温度计具有体积小、热容量小、线性度好、重复性、输出信号大且规范化等优点。其中尤以其线性度好及输出信号大且规范化、标准化，是其他温度计无法比拟的。

集成温度计的输出形式可分为电压型和电流型两大类。其中电压型的温度系数几乎都是 $10mV \cdot ℃^{-1}$，电流型的温度系数则为 $10\mu A \cdot ℃^{-1}$。此外，它还具有相当于绝对零度时输出电量为零的特性，因而可以利用这个特性根据它的输出电量的大小直接换算，而得到绝对温度值。

集成温度计的测温范围通常为 $50 \sim 150℃$，而这个温度范围恰恰是最常见、最有用的。因此，它广泛应用于仪器仪表、航天航空、农业、科研、医疗监护、工业、交通、通信、化工、环保、气象等领域。

三、温度计的选择

依据不同的使用目的，如何选择合适类型的温度计，一般可以参考以下内容：

① 在一般实验中，最常用的是水银温度计，用来测量物理或化学变化的温度，如熔点、沸点、反应温度等。

② 贝克曼温度计用来测量温度的变化，在物理化学实验中是经常使用的。目前大多使用电子贝克曼温度计即数字精密温度温差仪。

③ 非常精确地测量微小温差，常使用多对串联的热电偶温度计、温差电阻温度计和热敏电阻温度计。

④ 在水银温度计适用的温度范围以外，可使用电阻温度计或热电偶温度计，在更高温度时使用辐射温度计。

⑤ 如果需要很低的热容和快速的温度响应，水银温度计是不适用的，可采用热敏电阻温度计或热电偶温度计。

第二节　压力的测量技术

压力是描述系统状态的重要参数之一，许多物理化学性质，如蒸气压、沸点、熔点等，都与压力密切相关。在研究化学热力学和动力学中，压力是一个十分重要的参数，因此，正确掌握压力测量的方法和技术是十分重要的。

一、压力的概述

1. 压力的定义和单位

工程上把垂直均匀作用在物体单位面积上的力称为压力。而物理学中则把垂直作用在物体单位面积上的力称为压强。在国际单位制中，计量压力量值的单位为"牛顿·米$^{-2}$"，它就是"帕斯卡"，其表示的符号是 Pa，简称"帕"，物理概念就是 1N（牛顿）的力作用于 1m^2（平方米）的面积上所形成的压强（即压力）。

在工程和科学研究中常用的压力单位还有以下几种：标准（物理）大气压、工程大气压、毫米水柱和毫米汞柱。各种压力单位可以按照定义互相换算，见表 2-1。压力单位"帕斯卡"是国际上正式规定的单位，而其他单位如"标准大气压"和"巴"两个压力单位暂时保留与"帕"一起使用。

表 2-1　压力单位名称表

压力单位名称	符号	单位	说明	和"帕"的关系
帕斯卡	Pa	牛顿·米$^{-2}$ （N·m^{-2}）	1 牛顿＝1 千克·米·秒$^{-1}$ ＝10^5 达因	—

压力单位名称	符号	单位	说明	和"帕"的关系
标准大气压 （物理大气压）	atm	mmHg	在标准状态下,760mmHg 高对底面积的静压力 Hg 的密度 $\rho = 13595.1 \text{kg} \cdot \text{m}^{-3}$ 重力加速度 $g = 9.80665 \text{m} \cdot \text{s}^{-2}$	$1\text{atm} = 1.01325 \times 10^5 \text{Pa}$
毫米汞柱 （托）	Torr		温度 $t = 0℃$ 的纯汞柱 1mm 高对底面积的静压力	$1\text{mmHg} = 1.333224 \times 10^2 \text{Pa}$
巴	bar	10^6 达因·厘米$^{-2}$ (dyn·cm^{-2})	—	$1\text{bar} = 10^5 \text{Pa}$
毫米水柱		mmH_2O	温度为 $t = 4℃$ 时的纯水	$1\text{mmH}_2\text{O} = 9.806383 \text{Pa}$

2. 压力的习惯表示方式

为便于在不同场合表示压力的数值，习惯上使用不同的压力表示方式。

（1）绝对压力（p）

绝对压力是指实际存在的压力，又叫总压力。

（2）相对压力（$p_{表}$）

相对压力是指和大气压力（p_0）相比较得出的压力。即绝对压力与用测压仪表测量时的大气压力的差值，见式(2-5)，也称为表压力。

$$p_{表} = p - p_0 \tag{2-5}$$

（3）正压力

当绝对压力高于大气压力时，表压力大于 0，此时为正压力，简称压力。

（4）负压力

当绝对压力低于大气压力时，表压力小于 0，此时为负压力，简称负压，又名"真空"。负压力的绝对值就是真空度。

（5）差压力

当任意两个压力 p_1 和 p_2 相比较，其差值称为差压力，简称压差。

实际上测压仪表大部分都是测压差的，因为它们都是将被测压力与大气压力相比较而测出的两个压力之差值，以此来确定被测压力的大小。

二、常用测压仪表

测定大气压力的仪器称为气压计。气压计的种类很多，下面主要介绍福廷式气压计和数字压力计。

1. 福廷式气压计

福廷式气压计是一种真空汞压力计，以汞柱来平衡大气压力，然后以汞柱的高度表示大气压力的大小，其结构如图 2-4 所示。仪器外部是一个黄铜

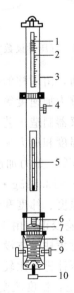

图 2-4　福廷式气压计

1—游标尺；2—黄铜标尺；
3—黄铜管；4—游标调节旋钮；
5—温度计；6—零点象牙针；7—汞槽；
8—羚羊皮袋；9—定位螺丝；10—汞面调节螺丝

管，内部是一端封闭装有汞的玻璃管。玻璃管封闭的一端向上，管中汞面上部为真空，下端插在汞槽内，汞槽底部由一只羚羊皮袋封住。羚羊皮可使空气由皮孔进入，而汞不能溢出。皮袋下部由汞面调节螺丝支撑，调整螺丝可调节槽内汞面的高低。汞槽顶盖处有一个倒置的象牙针，其尖部位置是黄铜标尺的零点。黄铜外管上方开有一个长方形小窗，以观察汞柱高低。在小窗边有标尺和游标尺，其中游标尺调节旋钮可以调节游标位置，便于读数。气压计必须垂直安装牢固，实验室已经把位置固定妥当，使用前不必再调。

大气压力计的黄铜标尺常见有高度（cm）及压力（HPa）两种标度方式。我国1954年以后的气象观测和记录都是用HPa作为单位。大气压力一般取4位有效数字，当以HPa作单位时，取1位小数。

（1）仪器使用方法

① 旋转汞面调节螺丝，使汞面缓慢上升至象牙尖部与其刚好相接。

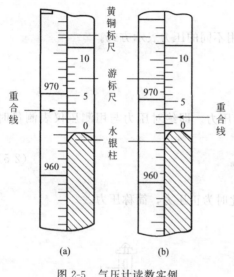

图 2-5　气压计读数实例

② 调节游标调节旋钮先使其下端零刻度线位置比汞端面稍高，然后缓慢往下调，直到游标底边与水银柱弯月面顶点相切。

③ 离游标尺零刻度线对应的黄铜标尺刻度为大气压力读数的整数部分。其小数部分用游标尺来读取，即从游标尺上找出与黄铜标尺上某一刻度线重合的刻度线，它的刻度值就是大气压力的小数部分。图 2-5 中（a）图所示气压计读数为965.3HPa，（b）图为966.2HPa。

④ 读取温度计的温度示数，准确到0.1℃。记下气压计的仪器误差。

⑤ 观察结束后，应将汞槽水银下降离开象牙针尖2～3mm。

（2）仪器校正

福廷式气压计的工作原理是汞柱产生的压力与大气压力平衡，由汞柱的高低来读出大气压力的数值。汞柱高低产生的压力值受仪器制造工艺、温度和重力加速度等多方面影响，所以气压计的读数必须经过校准后才能用于精度要求高的场合。仪器制造工艺带来的误差是仪器误差，每台福廷式气压计出厂时都配有仪器误差校正卡。而温度和重力加速度产生的误差随使用条件和地点不同无法统一消除。物理学上规定以温度为0℃，重力加速度 $g = 9.80665 \mathrm{m \cdot s^{-2}}$ 条件下的汞柱为标准来度量大气压力，此时汞的密度 $\rho = 13.595 \mathrm{g \cdot cm^{-3}}$。凡是不符合上述规定所读的大气压力值在精度要求高的场合必须进行温度、纬度和海拔高度的校正。

① 仪器误差校正：由于仪器制造工艺不够完善造成的误差称为仪器误差。比如福廷式气压计在生产时汞柱上方没有完全形成真空，存在残余气体，对读数有一定影响，在出厂时将其与标准气压计进行比较，将误差记录在校正卡上以备使用过程中作读数校正。

② 温度校正：温度改变引起水银密度的变化和黄铜管的热胀冷缩都对读数有影响，但影响方向不同。由于黄铜管的膨胀系数比水银的小，所以考虑误差正负时只须根据水银体的胀缩对读数影响判断即可。当温度高于0℃时，温度升高水银体积变大产生误差使读数偏大，温度校正应该是读数减去温度校正值；相反，温度低于0℃时，读数应加上温度校正值。

福廷式气压计温度校正值 $\Delta_t p$ 可用式(2-6)计算。

$$\Delta_t p = p - p_0 = \frac{pt(\alpha - \beta)}{1 + \alpha t} \tag{2-6}$$

式中，p 为气压计读数；p_0 为校正到0℃后的压力值；t 为气压计的温度（℃）；α 为水银的膨胀系数，$\alpha = (181792 + 0.175t + 0.035116t^2) \times 10^{-9}{℃}^{-1}$，$t/℃ \in [0, 36]$ 时一般取 $\alpha = 1.818 \times 10^{-4}{℃}^{-1}$；黄铜的体膨胀系数 β 为 $1.84 \times 10^{-5}{℃}^{-1}$。

③ 纬度和海拔高度的校正：物理学上规定用汞压力计来测大气压时，是以纬度45°的海平面上重力加速度为基准的。重力加速度 g 随海拔高度 H 和纬度 φ 而改变，因此实验室要求在较精确的场合对福廷式气压计的读数做完温度校正后还应进行纬度和海拔的校正。

经过纬度和海拔校正后的压力值 p_g，可用式(2-7)计算。

$$p_g = p_0(1 - 2.66 \times 10^{-3}\cos 2\varphi - 3.14 \times 10^{-7}H) \tag{2-7}$$

所以，

$$\Delta_\varphi p = 2.66 \times 10^{-3} p_0 \cos 2\varphi \tag{2-8}$$

$$\Delta_H p = 3.14 \times 10^{-7} p_0 H \tag{2-9}$$

2. 数字压力计

以往实验室经常使用 U 形管水银压力计测量从真空到环境大气压这一区间的压力。虽然这种方法直观、原理简单，但由于水银的毒害及不便于远距离观测和自动记录，因此这种压力计已被数字压力计所取代。数字压力计具有体积小、精确度高、操作简单、便于远距离观测和能够实现自动记录等优点，目前已得到广泛的应用。

物理化学实验中常用的数字式气压计按功能分类如表2-2所示。

表 2-2　DP-A 数字式气压计分类

型号	测量范围/kPa	分辨率/kPa	主要用途
DP-AF	0~101.3	0.01	可测负压及真空
DP-AG	101.3±30	0.01	测绝对压力或 实时显示大气压力
DP-AYW(S)	101.3±30	0.01	显示实验室环境压力及温度（湿度） 数据，壁挂式，具有万年历功能
DP-AW	0~10	0.001	检测微小压差

DP-A 数字式气压计的面板功能如图2-6所示。

（1）工作原理

精密数字压力计（低真空力计）的压力传感器是利用半导体材料受到外界压力应变时引起电阻变化的原理制成的。压力传感器主要是由波形管、应变梁和半导体应变片组成。应变片粘贴于应变梁的两侧，组成如图2-7所示的惠斯登电桥。在桥路 AB 端输入适当电压后，调节零点电位器 R，使电桥平衡，这时传感器内的压力与外压相等，压力差为零。当接入负压系统后，负压经波形管产生一个应力，使应变梁发生形变，粘贴在应变梁上的应变片受力后，电阻值发生变化，电桥失

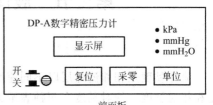

图 2-6　DP-A 数字式气压计的面板示意图

去平衡。若对电桥加一恒定的电压，则从 CD 端输出一个对应于所加压力的电压信号，从而达到测量压力的目的。

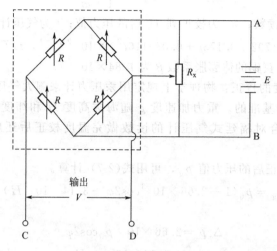

图 2-7　传感器电桥线路

（2）使用方法

① 接通电源，按下电源开关，预热 5min 即可正常工作。

② 当接通电源，单位键初始状态为 kPa 的指示灯亮，显示以 kPa 为计量单位的压力数值；按一下单位键，mmHg 指示灯亮，则显示以 mmHg 为计量单位的压力数值。通常情况下选择 kPa 为压力单位。

③ 当系统与外界大气相通时，按一下"采零"键，使仪表自动扣除传感器零压力值（零点漂移），显示为"00.00"，此数值表示此时系统和外界大气压力差为零。当系统内压力降低时，则显示负压力数值，将外界压力加上该负压力数值即为系统内的实际压力数值。

④ 本仪器采用中央处理器（CPU）进行非线性补偿，电网扰脉冲可能会出现程序错误造成死机，此时应按复位键，程序从头开始。注意：一般情况下，不会出现错误，故平时不应按此键。

⑤ 当实验结束后，将被测压力泄压为"00.00"，电源开关置于关闭位置。

第三节　液体黏度和密度的测量技术

流体黏度是相邻流体层以不同速度运动时所存在内摩擦力的一种量度。黏度分为绝对黏度和相对黏度。绝对黏度有两种表示方法：动力黏度和运动黏度。动力黏度是指当单位面积的流层以单位速度相对于单位距离的流层流出时所需的切向力，用希腊字母 η 表示动力黏度（通常称黏度），其单位是 Pa·s。运动黏度是液体的动力黏度与同温度下该液体的密度 ρ 之比，用符号 ν 表示，其单位是 $m^2 \cdot s^{-1}$。相对黏度是某液体黏度与标准液体黏度之比，其量纲为 1。

化学实验室常用玻璃毛细管黏度计测定液体黏度。毛细管黏度计包括乌氏黏度计和奥氏黏度计。图 2-8 和图 2-9 分别为乌氏黏度计和奥氏黏度计示意图。这两种黏度计测定都比较精确，使用方便，分别可用于测定高聚物的分子量和液体黏度。

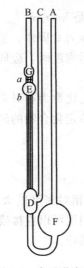

图 2-8　乌氏黏度计

A—宽管；B—主管；C—支管；D—悬挂水平贮器；
E—测定球；F—贮器；G—缓冲球；a，b—环形测定线

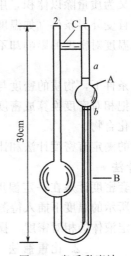

图 2-9　奥氏黏度计

A—测定球；B—毛细管；
C—加固用的玻棒；a，b—环形测定线

一、玻璃毛细管黏度计的测定原理

测定黏度时，通常测定一定体积的流体流经一定长度垂直的毛细管所需的时间，然后根据 Poiseuille 公式计算其黏度：

$$\eta = \pi r^4 pt/(8Vl) \tag{2-10}$$

式中，V 为时间 t 内流经毛细管的液体体积；p 为管两端的压力差；r 为毛细管半径；l 为毛细管长度。

直接由实验测定液体的绝对黏度是比较困难的。通常先测定待测液体对标准液体（如水）的相对黏度，已知标准液体的黏度就可以算出待测液体的绝对黏度。

假设相同体积的待测液体和水，分别流经同一根玻璃毛细管黏度计，则有：

$$\eta_{待测} = \pi r^4 p_1 t_1/(8Vl) \tag{2-11}$$

$$\eta_{水} = \pi r^4 p_2 t_2/(8Vl) \tag{2-12}$$

两式相比得式(2-13)：

$$\frac{\eta_{待测}}{\eta_{水}} = \frac{p_1 t_1}{p_2 t_2} = \frac{hg\rho_1 t_1}{hg\rho_2 t_2} = \frac{\rho_1 t_1}{\rho_2 t_2} \tag{2-13}$$

式中，h 为液体流经毛细管的高度；ρ_1 为待测液体的密度；ρ_2 为水的密度；t_1、t_2 分别为待测液体和水流经高度为 h 的毛细管所需时间。

因此，用同一根玻璃毛细管黏度计，在相同的条件下，两种液体的黏度比即等于它们的密度与流经时间的乘积比。若将水作为已知黏度的标准液体（其黏度和密度可查），则可通过式(2-13)计算出待测液体的绝对黏度。

二、液体密度的测定原理

密度的定义为质量除以体积，用字母 ρ 表示，其单位是 $kg \cdot m^{-3}$。物质的密度与物质的本性有关，且受外界条件（如温度、压力等）的影响。压力对固体、液体密度的影响可以忽略不计，但温度对密度的影响却不能忽略。因此，在表示密度时，应同时标明其所对应的温度。

在一定的条件下，物质的密度与某种参考物质的密度之比称为相对密度。通过参考物质的密度，可以把相对密度换算成密度。密度的测定可用于鉴定化合物的纯度、区别组成相似而密度不同的化合物。

液体密度的测定有密度计法和比重瓶法。

1. 密度计法

市售的成套密度计是在一定温度下标度的，根据液体相对密度的大小，选择一支密度计，在密度计所示的温度下插入待测液体中，从液面处的刻度可以直接读出该液体的相对密度。密度计测定液体的相对密度，操作简单方便，但不够精确。

2. 比重瓶法

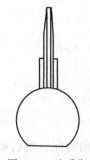

图 2-10 比重瓶

比重瓶法是准确测定液体密度的方法。图 2-10 为比重瓶。我们知道液体质量 m 可表示为：

$$m = \rho V \tag{2-14}$$

利用比重瓶法测定液体密度是一种间接测定方法。通过测定未知液体对标准液体（如水）的相对密度，因标准液体密度已知，即可算出被测液体的密度。

设两种液体分别装入同一比重瓶中，且装入的体积相同，则有：

$$\rho_1 = \frac{m_1}{V} \tag{2-15}$$

$$\rho_2 = \frac{m_2}{V} \tag{2-16}$$

m_1、m_2 分别为待测液体和标准液体的质量，实际操作时分别称量两种液体与干燥比重瓶（其质量为 m_0，注含瓶塞）的质量为 m'_1 和 m'_2，则

$$m_1 = m'_1 - m_0; \quad m_2 = m'_2 - m_0$$

故：
$$\frac{\rho_1}{\rho_2} = \frac{m'_1 - m_0}{m'_2 - m_0} \tag{2-17}$$

以水为标准液体，利用式(2-17)就可求出待测液的密度。

第四节　电化学测量技术

在物理化学实验中，电化学测量涉及的范围很广，比如溶液电导、离子迁移数、电离度、热力学函数、反应速率常数、活度系数及超电势等实验参数都直接或间接地与电化学测

量相关联。在非平衡条件下，电势的测定常用于定性与定量分析、扩散系数的测定以及电极反应动力学与机理的研究等。电化学测量技术内容丰富多彩，除了传统的电化学研究方法外，目前利用光、电、声、磁、辐射等实验技术来研究电极表面，已逐渐形成一个非传统的电化学研究方法的新领域。

一、电导及电导率

电导是电阻的倒数。电导值的测量，实际上是通过电阻值的测量再经换算得到的。测定溶液电导时，离子在电极上会发生放电，产生极化。为防止电解产物的产生，测量时要使用频率足够高的交流电，使用镀有铂黑的电极减少超电势，并且用零点法使电导的最后读数是在零电流时记取，这也是超电势为零的位置。

在实验中，往往关注更多的参数是电导率。

$$\kappa = G \frac{l}{A} \tag{2-18}$$

式中，l 为测定电解质溶液时两电极之间的距离，m；A 为电极面积，m^2；G 为电导，S（西门子）；κ 为电导率，它指面积为 $1m^2$、两电极相距 $1m$ 时溶液的电导，$S \cdot m^{-1}$。

电解质溶液的摩尔电导率 Λ_m，是指把含有 $1mol$ 电解质的溶液置于相距为 $1m$ 的两个电极之间的电导。若溶液浓度为 $c(mol \cdot L^{-1})$，则含有 $1mol$ 电解质的溶液的体积为 $(10^{-3}/c) \, m^3$。则摩尔电导率的单位为 $S \cdot m^2 \cdot mol^{-1}$。

$$\Lambda_m = \kappa \times \frac{10^{-3}}{c} \tag{2-19}$$

若用同一仪器依次测定一系列液体的电导，由于电极面积（A）与电极间距离（l）保持不变，则相对电导就等于相对电导率。

二、电导测量及仪器

测定电解质溶液的电导时，可用交流电桥法，其简单工作原理如图 2-11 所示。

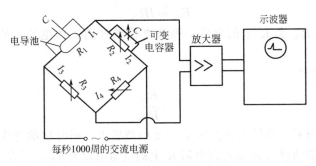

图 2-11　交流电桥装置示意图

将待测溶液装入具有两个固定的镀有铂黑的铂电极的电导池中，电导池内溶液电阻为：

$$R_x = \frac{R_2}{R_1} \cdot R_3 \tag{2-20}$$

因为电导池的作用相当于一个电容器，故电桥电路就包含一个可变电容 C，调节电容 C 来平衡电导池的容抗，将电导池接在电桥的一臂，以 $1000Hz$ 的振荡器作为交流电源，以示波器作为零电流指示器（不能用直流检流计），在寻找零点的过程中，电桥输出信号，十分微弱，因此示波器前加一个放大器，得到 R_x 后，即可换算成电导。

三、原电池电动势的测量

原电池电动势（E）是指当外电流（I）为零时两电极间的电势差。而有外电流时，这两电极间的电势差称为电池电压（U）。

$$U = E - IR \tag{2-21}$$

因此，电池电动势的测量必须在可逆条件下进行，否则所得电动势没有热力学价值。所谓可逆条件，即电池反应是可逆的，测量时电池几乎没有电流通过。电池反应可逆，就是指两个电极反应的正逆反应速率相等，则电极电势是该反应的平衡电势，它的数值与参与平衡的电极反应的各溶液活度之间关系完全由该反应的能斯特方程决定。为此目的，测量装置中设计了一个方向相反而数值与待测电动势几乎相等的外加电动势来对消待测电动势，这种测定电动势方法称为对消法。

1. 测量基本原理

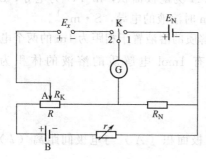

图 2-12　对消法测电动势基本原理线路图

对消法测电动势的基本原理如图 2-12 所示。在线路图中，E_N 是标准电池，它的电动势值是已经精确知道的。E_x 为被测电动势，G 是灵敏检流计，用来作示零仪表。R_N 为标准电池的补偿电阻，其大小是根据工作电流来选择的。R 是被测电动势之补偿电阻，由已知电阻值的各进位盘组成，因此，通过它可以调节不同的电阻值使其电压降与 E_x 相对消。r 是调节工作电流的变阻器，B 是作为电源用的电池，K 为转换开关。

下面以图 2-12 说明对未知电动势 E_x 的测量过程。

① 先将开关 K 合在 1 的位置上，然后调节 R，使检流计 G 指示零点，这时有下列关系：

$$E_N = IR_N \tag{2-22}$$

式中，I 是流过 R_N 和 R 上的电流，称为电位差计的工作电流；E_N 是标准电池的电动势。

由（2-22）式可得

$$I = \frac{E_N}{R_N} \tag{2-23}$$

② 工作电流调好后，将转换开关 K 合至 2 的位置上，同时移动滑线电阻 A，再次使检流计 G 指零，此时滑动触头 A 在可调电阻 R 上的电阻值设为 R_K，则有

$$E_x = IR_K \tag{2-24}$$

因为此时的工作电流 I 就是前面所调节的数值，因此有

$$E_x = \frac{E_N}{R_N} R_K \tag{2-25}$$

所以当标准电池电动势 E_N 和标准电池电动势的补偿电阻 R_N 的数值确定时，只要正确读出 R_K 的值，就能正确测出未知电动势 E_x。

应用对消法测量电动势有下列优点：

① 当被测电动势和测量回路的相应电势在电路中完全对消时，测量回路与被测量回路之间无电流通过，所以测量线路不消耗被测量线路的能量，这样被测量线路的电动势不会因为接入电位差计而发生任何变化。

② 不需要测出线路中所流过电流 I 的数值，而只需测得 R_K 与 R_N 的值就可以了。

③ 测量结果的准确性依赖于标准电池电动势 E_N 及被测电动势之补偿电阻 R_K 与标准电池电动势补偿电阻 R_N 之比值的准确性。由于标准电池及电阻 R_K、R_N 都可以制成达到较高的精度，另外还可以采用高灵敏度的检流计，因而可使测量结果极为准确。

2. 液体接界电势与盐桥

（1）液体接界电势

当原电池含有两种电解质界面时，便产生一种称为液体接界电势的电动势，它干扰电池电动势的测定。常用"盐桥"来减小液体接界电势。盐桥是在玻璃管中灌注盐桥溶液，把管插入两个互相不接触的溶液，使其导通。

（2）盐桥溶液

盐桥溶液中含有高浓度的盐溶液，甚至是饱和溶液，当饱和的盐溶液与另一种较稀溶液相接界时，主要是盐桥溶液向稀溶液扩散，因此减小了液接电势。选择盐桥溶液中的盐必须考虑盐溶液中的阳离子、阴离子的迁移速率，以迁移速率接近为宜，通常采用氯化钾溶液。盐桥溶液还要不与两端电池溶液发生反应，如果实验中使用硝酸银溶液，为避免生成 $AgCl$ 沉淀，盐桥溶液就不能用氯化钾溶液，而选择硝酸铵溶液较为合适，因为硝酸铵中阳离子、阴离子的迁移速率比较接近。盐桥溶液中常加入琼脂作为胶凝剂。由于琼脂含有高蛋白，所以盐桥溶液需新鲜配制。

3. 电极与电极制备

原电池是由两个半电池所组成，每一个半电池中有一个电极和相应的溶液组成。原电池的电动势则是组成原电池的两个半电池的电极电势的代数和。通过被测电极与参比电极组成电池，测此电池电动势，然后根据参比电极的电极电势从而求出被测电极的电极电势，因此在测量电动势过程中需注意参比电极的选择。

（1）第一类电极

第一类电极的特点是电极直接与它的离子溶液相接触，参与反应的物质存在于两个相中，电极只有一个相界面。如气体电极、金属电极。

① 氢电极：氢电极是氢气与其离子组成的电极，把镀有铂黑的铂片浸入 $a_{H^+}=1$ 的溶液中，并通以 $p_{H_2}=100kPa$ 的干燥氢气不断冲击到铂电极上，由此构成了标准氢电极：

$$H^+(a_{H^+}=1) \mid H_2(p=100kPa) \mid Pt(s)$$

国际上统一规定标准氢电极的电极电势为零。氢电极的结构如图 2-13 所示。

任何电极都可以与标准氢电极组成电池，但是氢电极对氢气纯度要求高，操作比较复杂，氢离子活度必须十分精确，而且氢电极也十分敏感，受外界干扰也大，用起来十分不方便。

② 金属电极：金属电极的结构简单，只要将金属浸入含有该金属离子的溶液中就构成了半电池。例如银电极，$Ag^+(a) \mid Ag(s)$，就属于金属电极。银电极的电极反应为：$Ag^+(a)+e^- \longrightarrow Ag(s)$。

银电极的制备如下：购买商品银电极（或银棒）。首先将镀银电极表面用丙酮溶液洗去油污，或用细砂纸打磨光亮然后用蒸馏水冲洗干净，按图 2-14 接好线路，在电流密度为 3～

$5mA \cdot cm^{-2}$ 时，镀银半小时，得到银白色紧密银层的镀银电极，用蒸馏水冲洗干净，即可作为银电极使用。

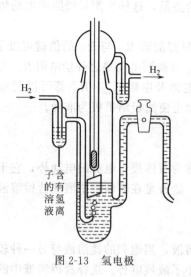

图 2-13 氢电极

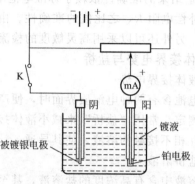

图 2-14 电极镀银过程示意图

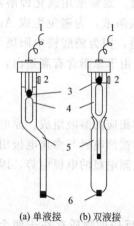

(a) 单液接　(b) 双液接

图 2-15 甘汞电极

1—导线；2—加液口；3—汞；
4—甘汞；5—KCl 溶液；6—素瓷塞

多孔玻璃与指示电极相连。

（2）第二类电极

第二类电极包括金属-难溶盐电极和金属-难溶氧化物电极，这类电极的特点是参与反应的物质存在于三个相中，电极有两个相界面。甘汞电极、银-氯化银电极都属于这类电极，也是常用的参比电极。

① 甘汞电极：甘汞电极结构简单、性能比较稳定。目前，作为商品出售的甘汞电极有单液接和双液接两种，它们的结构如图 2-15 所示。

甘汞电极是以甘汞（Hg_2Cl_2）饱和的一定浓度的 KCl 溶液为电解液的汞电极，其电极反应为：

$$Hg_2Cl_2(s) + 2e^- \Longrightarrow 2Hg(l) + 2Cl^-(a_{Cl^-})$$

甘汞电极的电极电势随温度和氯化钾的浓度变化而变化，表 2-3 列出了不同氯化钾浓度下甘汞电极的电极电势与温度的关系。其中，在 25℃饱和 KCl 溶液中的甘汞电极是最常用的，此时电极称为饱和甘汞电极（SCE），其尾端的烧结素瓷塞或多孔玻璃与指示电极相连。

表 2-3　不同 KCl 浓度下甘汞电极的电极电势与温度的关系

KCl 浓度/mol · L^{-1}	电极电势/V
饱和	$0.2412 - 7.6 \times 10^{-4}(t/℃ - 25)$
1.0	$0.2801 - 2.4 \times 10^{-4}(t/℃ - 25)$
0.1	$0.3337 - 7.0 \times 10^{-4}(t/℃ - 25)$

甘汞电极在实验室也可自制：在一个干净的研钵中放入一定量的甘汞（Hg_2Cl_2）、数滴

汞与少量饱和 KCl 溶液，仔细研磨后得到白色的糊状物（在研磨过程中，如发现汞粒消失，应再加一点汞；如果汞粒不消失，则再加一些甘汞，以保证汞和甘汞饱和）。随后在此糊状物中加入饱和 KCl 溶液，搅拌均匀呈悬浊液。将此悬浊液小心倾入电极容器（图 2-16）中，待糊状物沉淀在汞面上后，打开活塞 8，用虹吸法使上层饱和 KCl 溶液充满 U 形支管，再关闭活塞 8，即制成饱和甘汞电极。

② 银-氯化银电极：银-氯化银电极与甘汞电极相似，都属于金属-金属难溶盐的电极。它是实验室中另一种常用的参比电极。其电极反应如下：

$$AgCl(s) + e^- \longrightarrow Ag(s) + Cl^- (a_{Cl^-})$$

银-氯化银电极的电极电势决定于温度与氯离子活度。表 2-4 列出了 25℃ 不同浓度 KCl 溶液的银-氯化银电极的电极电势。

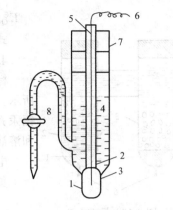

图 2-16　自制饱和甘汞电极
1—汞；2—玻璃管；3—甘汞糊状物；
4—饱和 KCl 溶液；5—铂丝；
6—导线；7—橡皮塞；8—活塞

表 2-4　25℃ 时银-氯化银电极的电极电势（相对于 SHE）

KCl 溶液浓度/mol·L^{-1}	电极电势/V
0.1	0.2815
1.0	0.2224
饱和	0.2000

制备银-氯化银电极的方法很多。较简便的方法是取一根洁净的银丝与一根铂丝，插入 $0.1mol·L^{-1}$ 盐酸溶液中，外接直流电源和可调电阻进行电镀。控制电流密度 $5mA·cm^{-2}$，通电时间约 5min，在作为阳极的银丝表面即镀上一层 AgCl。用去离子水洗净，为防止 AgCl 层因干燥而剥落，可将其浸在适当浓度的 KCl 溶液中，保存待用。

银-氯化银电极的电极电势在高温下较甘汞电极稳定。但 AgCl 是光敏性物质，见光易分解，故应避免强光照射。当银的黑色微粒析出时，氯化银将略呈紫黑色。

（3）第三类电极

第三类电极又称为氧化还原电极。当然任何电极上发生的反应都是氧化还原反应，这里特指的是参加氧化还原的物质都在溶液这一个相中，电极极板（通常为铂）只起输送电子的作用，不参加电极反应，电极只有一个相界面。

醌氢醌是等物质的量醌与对苯二酚组成的化合物。由它组成的电极是一种对氢离子可逆的氧化还原电极，醌氢醌在水中溶解度很小并且部分分解。

$$C_6H_4O_2 \cdot C_6H_4(OH)_2 \Longrightarrow C_6H_4O_2 + C_6H_4(OH)_2$$
$$\text{（醌氢醌）} \qquad\qquad \text{（醌）} \qquad \text{（氢醌）}$$

将少量醌氢醌放入含有 H^+ 的待测溶液中并插入一支惰性电极，并使之成为过饱和溶液，由此就形成一支醌氢醌电极。

电极反应如下：$C_6H_4O_2 + 2H^+ + 2e^- \longrightarrow C_6H_4(OH)_2$

则该电极的电极电势表示为：

$$E_{Q \cdot QH_2} = E^{\ominus}_{Q \cdot QH_2} - \frac{RT}{F}\ln\frac{1}{a_{H^+}} \tag{2-26}$$

醌氢醌标准电极电势与温度 t 的关系式：

$$E^{\ominus}_{Q \cdot QH_2} = 0.6990 - 0.00074(t/^\circ\text{C} - 25) \tag{2-27}$$

式中，t 为实验温度，$^\circ\text{C}$。

4. 标准电池

标准电池是电化学实验中基本校验仪器之一，其构造如图 2-17 所示。该标准电池由一支 H 型管构成，负极为含镉（12.5%Cd）的镉汞齐，正极为汞和硫酸亚汞的糊状物，两电极之间盛以 $CdSO_4$ 饱和溶液，管的顶端加以密封。

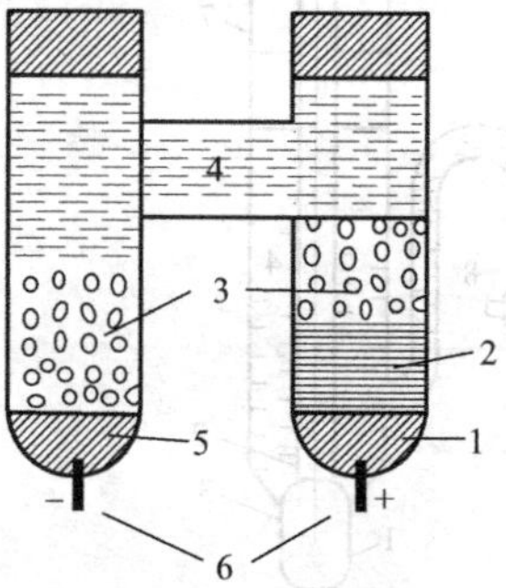

电池反应如下：

负极：$Cd(汞齐) \longrightarrow Cd^{2+} + 2e^-$

图 2-17　标准电池

1—汞；2—硫酸亚汞；
3—硫酸镉晶体；4—硫酸镉饱
和溶液；5—镉汞齐；6—铂丝

$$Cd^{2+} + SO_4^{2-} + \frac{8}{3}H_2O \longrightarrow CdSO_4 \cdot \frac{8}{3}H_2O \ (s)$$

正极：$Hg_2SO_4(s) + 2e^- \longrightarrow 2Hg(l) + SO_4^{2-}$

电池反应：$Cd(汞齐) + Hg_2SO_4 + \frac{8}{3}H_2O \longrightarrow 2Hg(l) + CdSO_4 \cdot \frac{8}{3}H_2O$

其电池符号为：

$$(-)Cd(Hg)(12.5\%Cd) | CdSO_4 \cdot \frac{8}{3}H_2O(s) | CdSO_4(饱和溶液) | Hg_2SO_4(糊状) | Hg(l)(+)$$

严格按照规定配方和工艺制成的饱和标准电池在 20℃ 时电池电动势为 1.0186V，在其他温度下可按式(2-28) 计算其电池电动势：

$$E_t = [1.0186 - 4.06 \times 10^{-5}(t/^\circ\text{C} - 20) - 9.5 \times 10^{-7}(t/^\circ\text{C} - 20)^2] \text{ V} \tag{2-28}$$

式中，t 为实验温度，$^\circ\text{C}$。

使用标准电池时，注意以下几个方面：

① 使用温度 4～40℃。

② 正负极不能接错。

③ 不能振荡，不能倒置，携取要平稳。

④ 不能用万用表直接测量标准电池。

⑤ 标准电池只是校验器，不能作为电源使用，测量时间必须短暂。间歇按键，以免电流过大，损坏电池。

⑥ 必须按照规定时间进行计量校正。

5. 电位差计

电位差计是电学测量的基本仪器。它是根据对消法原理设计的一种用途广泛的平衡式电压测量仪器。电位差计的内部线路虽较为复杂，但只需按照对消法原理，分别理清校正回路及测量回路特有的元件，再进行线路分析，就可以了解它的设计及工作原理了。电位差计的型号很多，根据被测系统的内阻大小及实验精度的要求，可分别选择适用的高阻或低阻直流电位差计。

电子电位差计是一种自动平衡显示仪表，可以自动测量和记录各种直流输出的电量。它同各种手动的直流电位差计一样，是根据对消法原理进行工作的，只不过它能自动地、连续地进行测量。电子电位差计多采用自动平衡检测电路。其工作原理是：待测电压 E_x 与标准稳压电源在电位差计的滑线电阻上提供的一个标准参考电压反向串接，这两者经比较后，若其代数和不为零（即未被标准参考电压补偿）时，将产生一个失衡的电压信号经放大器放大后驱动可逆电机转动，其旋转方向决定于失衡电压的极性。电机的转动将带动滑线电阻的触头（电刷）和显示记录系统的记录笔移动，直至待测电压被标准参考电压相补偿时，失衡电压为零，可逆电机即停止转动，从而显示并记录下被测电压值 E_x。而记录纸又同时被另一个同步电机匀速地拖动，因此电子电位差计可以把电压随时间的变化曲线自动地描绘下来。电子电位差计的使用方法及注意事项，可详见仪器使用说明书。

6. 数字电压表

许多物理量如电压、电阻、电流、温度、压力、化学成分及含量等，都可通过适当的传感器转换为直流电压，然后用数字电压表测量。因此数字电压表在近代测量技术中已获得广泛的应用。数字电压表是把电子技术、计算技术和自动化技术与精密电化学测技术结合在一起的新型精密仪表。它的输入阻抗高（大于 $10\mathrm{M}\Omega$），因此几乎是在不消耗被测系统能量（电流）的条件下进行测量的，其效果与直流电位差计相似。数字电压表测量速度快，测量准确度高，分辨能力强，视差小，用四位或五位数字电压表已能满足实验室一般测量要求。许多数字电压表还备有输出插座，可供打印、自动记录或遥控测量。因此实验工作者都乐于使用，在一般测量中，它有取代电位差计之势。

第五节　光学测量技术

光与物质相互作用时可以观察到各种光学现象，如光的反射、透射、色散、折射、散射、旋光以及物质因受激发而辐射出各种波段的光等。分析研究这些光学现象，可以提供原子、分子、晶体等物质结构方面的大量信息。近年来随着科学技术的发展，光直接以能量的形式参与化学反应，开拓了一个全新的光化学领域，因此各种光学特性的测量和各种光源的获得已成为化学实验技术中十分重要的一部分。下面介绍一些常用的光学测量技术。

一、折射率的测定

1. 物质的折射率与物质浓度的关系

折射率是物质的重要物理常数之一，测定物质的折射率可以定量地求出该物质的浓度或纯度。许多纯的有机物具有一定的折射率，如果纯物质中含有杂质，其折射率会偏离纯物质的折射率。杂质越多，则偏离越大。纯物质溶解在溶剂中，其折射率也发生变化，如：蔗糖溶解在水中，其浓度越大，折射率越大；异丙醇溶解在环己烷中，浓度越大其折射率越小。折射率的变化与溶液的浓度、测定温度、溶剂、溶质的性质以及它们的折射率等因素有关。一般情况下，当其他条件固定时，如果溶质的折射率小于溶剂的折射率时，浓度越大，折射率越小。反之亦然。通过测定物质的折射率，可以测定该物质的浓度，其方法如下：

① 制备一系列已知浓度的标准样品，分别测定各浓度标准样品的折射率。

② 以折射率 n_λ^t 对浓度 c 作图，得到 n_λ^t-c 工作曲线。

③ 测定未知浓度样品的折射率，在工作曲线上可以查得未知浓度样品的浓度。

用折射率测定样品的浓度，所需样品量少、操作简单方便、测定结果准确。

2. 阿贝折射仪

实验室常用的阿贝折射仪，既可以测定液体物质的折射率，也可以测定固体物质的折射率。

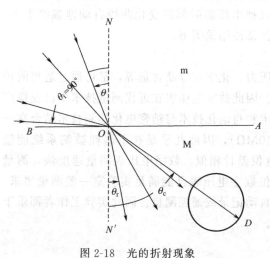

图 2-18　光的折射现象

（1）基本原理

当光线从一种介质 m 射入另一介质 M 时，光的传播速度发生变化，光的传播方向（除非光线与两介质的界面垂直）也会改变，这种现象称为光的折射现象。光线方向的改变是用入射角 θ_i 和折射角 θ_r 来量度的。光的折射现象如图 2-18 所示。

根据光折射定律，

$$\frac{\sin\theta_i}{\sin\theta_r} = \frac{v_m}{v_M} \qquad (2\text{-}29)$$

把光的传播速度比值 $\dfrac{v_m}{v_M}$ 称为介质 M 的折射率（相对介质 m）。

$$n' = \frac{v_m}{v_M} \qquad (2\text{-}30)$$

若 m 是真空，则 $v_m = c$（真空中的光速）

$$n = \frac{c}{v_M} = \frac{\sin\theta_i}{\sin\theta_r} \qquad (2\text{-}31)$$

测定折射率时，一般都是光从空气射入液体介质中，而 $\dfrac{c}{v_{空气}} = 1.00027$（空气的折射率），因此，通常用在空气中测得的折射率作为该介质的折射率。

$$n = \frac{v_{空气}}{v_{液体}} = \frac{\sin\theta_i}{\sin\theta_r} \qquad (2\text{-}32)$$

折射率与入射光波长及测定时介质的温度有关，故表示为 n_λ^t。例如 n_D^{20} 表示以钠光的 D 线（波长 $\lambda = 589.3\text{nm}$）在 20℃时测定的折射率。对于一个化合物，当 λ、t 都固定时，它的折射率是一个常数。

由于光在空气中的速度接近于真空中的速度，而光在任何介质中的速度均小于光速，所以所有介质的折射率都大于 1。从前面的式子也可看出 $\theta_i > \theta_r$。

当入射角 $\theta_i = 90°$ 时，折射角最大，称为临界角 θ_c。

如果 θ_i 从 $0° \sim 90°$ 都有入射的单色光，那么折射角 θ_r 从 $0°$ 到临界角 θ_c 也都有折射光，即角 $N'OD$ 区是亮的，而 DOA 区是暗的；OD 是明暗两区的分界线。从这分界线的位置可以测出临界角 θ_c。若 $\theta_i = 90°$，则 $\theta_r = \theta_c$，

$$n = \frac{\sin90°}{\sin\theta_c} = \frac{1}{\sin\theta_c} \qquad (2\text{-}33)$$

因此只要测出临界角，即可求得介质的折射率。

在实验室里，一般用阿贝折射仪来测定折射率。在折射仪上所刻的读数不是临界角读数，而是已计算好的折射率，故可直接读取。由于仪器上有消色散棱镜装置，所以可直接使用日光作光源，其测得的数值与钠光的 D 线所测得结果相同。

一般手册和教材中化合物的折射率是在钠光线 20℃下测定的值 n_D^{20}，它可作为标准值。

在温度 t 时测定的折射率 n'_{obs}。可通过下式换算成标准值 n_D^{20}：

$$n_D^{20} = n'_{obs} + 0.00045(t/℃ - 20)$$（2-34）

式中，t 为实验温度，℃。通常大气压的变化对折射率影响不大，只是在精密测定时才予以考虑。

（2）阿贝折射仪

阿贝折射仪现有两种形式：一种为双目镜，其结构如图 2-19 所示；另一种为单目镜，其结构如图 2-20 所示。

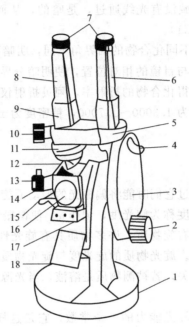

图 2-19　双目阿贝折射仪结构

1—底座；2—棱镜转动手轮；3—圆盘组（内有刻度盘）；4—小反光镜；5—支架；6—读数镜筒；

7—目镜；8—望远镜筒；9—示值调节螺丝；10—阿米西棱镜手轮；11—色散值刻度圈；12—棱镜锁紧扳手；

13—棱镜组；14—温度计座；15—恒温器接头；16—保护罩；17—主轴；18—反光镜

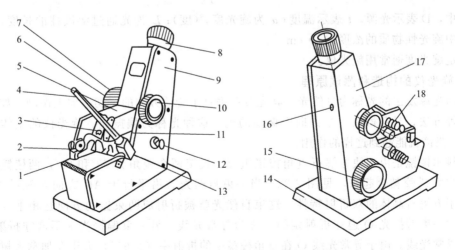

图 2-20　单目阿贝折射仪结构

1—反射镜；2—转轴；3—遮光板；4—温度计；5—进光棱镜；6—色散调节手轮；7—色散值刻度圈；

8—目镜；9—盖板；10—手轮；11—折射棱镜；12—照明刻度盘聚光灯；13—温度计座；

14—仪器的支承座；15—折射率刻度调节手轮；16—校正螺钉；17—壳体；18—恒温器接头

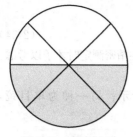

图 2-21　测定样品
折射率的正确视野

它们的主要部分都由两块棱镜组成，上面一块是光滑的，下面一块是磨砂的。测定时，将被测液体滴入磨砂棱镜，然后将两块棱镜叠合关紧。光线由反射镜入射到磨砂棱镜，产生漫射，以0°～90°不同入射角进入液体层，再到达光滑棱镜，光滑棱镜的折射率很高（约1.85），大于液体的折射率，其折射角小于入射角，这是在临界角以内的区域有光线通过，是明亮的，而临界角以外的区域没有光线通过，是暗的，从而形成了半明半暗的图像（见图2-21）。

不同化合物的临界角不同，明暗两区的位置也不同。在目镜中刻上一十字交叉线，改变棱镜与目镜的相对位置，使明暗分界线正好与十字叉线重合，通过测定其相对位置并换算，可测得化合物的折射率，阿贝折射仪标尺上的刻度就是经过换算后的折射率。阿贝折射仪的量程是1.3000～1.7000，精密度为±0.0001。

二、旋光度的测定

某些物质在平面偏振光通过它们时能将偏振光的振动面旋转过一个角度，物质的这种性质称为旋光性，旋转转过的角度称为旋光度，记作α。使偏振光的振动面向左旋的物质称为左旋物质，向右旋的物质称为右旋物质。许多物质具有旋光性，如石英晶体，酒石酸晶体、蔗糖、葡萄糖、果糖等的溶液。旋光物质的旋光度与旋光物质的性质、测定温度、光经过物质的厚度、光源波长等因素有关，若被测物质是溶液，当光源波长、温度、厚度恒定时，其旋光度与溶液的浓度成正比。

比旋光度是度量旋光物质旋光能力的一个常数。它是这样规定的：以钠光 D 线作为光源，样品管长度为10cm，温度为20℃，浓度为每立方厘米中含有1g旋光物质时所产生的旋光度，即为该物质的比旋光度，通常用符号 $[\alpha]_D^t$ 表达。

$$[\alpha]_D^t = \frac{\alpha}{Lc} \tag{2-35}$$

式中，D 表示光源；t 表示温度；α 为旋光度，°（度）；L 为光通过溶液柱的长度，dm；c 为溶液中旋光性物质的浓度，g·cm^{-3}。

测定旋光度通常用旋光仪。

1. 旋光仪的构造和测试原理

普通光源发出的光称为自然光，其光波在垂直于传播方向的一切方向上振动，如果我们借助某种方法，只获得在一个方向上振动的光，这种光称为偏振光。旋光仪的主体尼科尔（Nicol）棱镜就能起到这样的作用。

尼科尔棱镜是由两块方解石直角棱镜组成。棱镜两个锐角为 68°和 22°，两棱镜的直角边用加拿大树胶黏合起来，见图2-22。当一束自然光 S 沿平行于 AC 方向入射到端面 AB 后，由于方解石晶体的双折射特性，这束自然光就被折射成两束振动方向互相垂直的偏振光。其中一束偏振光 O 遵守折射定律，称为寻常光线。另一束偏振光 e 不遵守折射定律，称为非寻常光线。由于寻常光线 O 在直角棱镜中的折射率（1.658）大于在加拿大树胶中的折射率（1.550），因此寻常光线 O 在第一块直角棱镜与加拿大树胶交界面上发生全反射，为棱镜涂黑的表面所吸收。非寻常光线 e 在直角棱镜中的折射率（1.516）小于在加拿大树胶中的折射率而不产生全反射现象，故能透过树胶和第二块棱镜，从端面 CD 射出，从而获得一束单一的平面偏振光。在旋光仪中，用于产生偏振光的棱镜称为起偏镜。

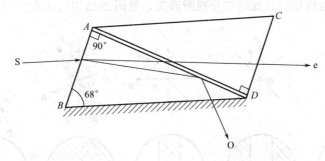

图 2-22　尼科尔棱镜的起偏原理图

在旋光仪中还设计了第二个尼科尔棱镜，其作用是检查偏振光经旋光物质后，其振动方向偏转的角度大小，称为检偏镜。它和旋光仪的刻度盘装在同一轴上，能随之一起转动。若一束光线经过起偏镜后，所得到的偏振光沿 OA 方向振动（见图 2-23）。由于检偏镜只允许沿某一方向振动的偏振光通过，设图 2-23 中的 OB 为检偏镜所允许通过的偏振光的振动方向。OA 和 OB 间的夹角为 θ，振幅为 E 的沿 OA 方向振动的偏振光可分解为相互垂直的两束平面偏振光，振幅分别为 $E\cos\theta$ 和 $E\sin\theta$，其中只有与 OB 相重合的分量 $E\cos\theta$ 可以通过检偏镜，而与 OB 垂直的分量 $E\sin\theta$ 则不能通过。由于光的强度 I 正比于光振幅的平方，显然，当 $\theta=0°$ 时，$E\cos\theta=E$，透过检偏镜的光最强；当 $\theta=90°$ 时，$E\cos\theta=0$，此时没有偏振光通过检偏镜。旋光仪就是利用透光的强弱来测定旋光物质的旋光度的。

在旋光仪中，起偏镜是固定的，如果调节检偏镜使得 $\theta=90°$，则检偏镜前观察到的视场呈黑暗。如果在起偏镜和检偏镜之间放一盛有旋光性物质的样品管，由于物质的旋光作用，使 OA 偏转一个角度 α（见图 2-24），这样在 OB 方向上就有一个分量，所以视场不呈黑暗。当旋转检偏镜时，刻度盘随同转动，其旋转的角度可从刻度盘上读出。

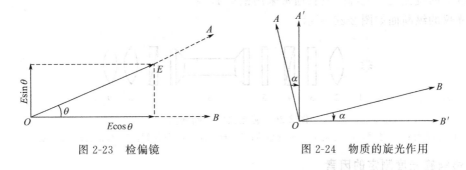

图 2-23　检偏镜　　　　　　图 2-24　物质的旋光作用

由于人们的视力对鉴别两次全黑相同是比较困难的，会引入较大的误差，一般可差 $4°\sim6°$，因此设计了一种三分视野（也有二分视野）来提高测量的准确度。三分视野的装置和原理如下：在起偏镜后的中部装一狭长的石英片，其宽度约为视野的 1/3。由于石英片具有旋光性，从石英片中透过的那一部分偏振光被旋转了一个角度 ϕ，ϕ 为"半暗角"。如果 OA 和 OB 开始是重合的，此时从望远镜视野中将看到透过石英的那部分光稍暗，两旁的光很强。见图 2-25(a)，图中 OA' 是透过石英片后偏振光的振动方向。旋转检偏镜使 OB 与 OA' 垂直，则 OA' 方向上振动的偏振光不能透过检偏镜，因此，视野中央是黑暗的，而石英片两边的偏振光 OA 由于在 OB 方向上有一个分量 ON，因而视野两边稍亮，见图 2-25(b)。同理，调节 OB 与 OA 垂直，则视野两边黑暗，中间稍亮，见图 2-25(c)。如果调节 OB 与

半暗角的分角线 PP' 垂直或重合，则 OA 与 OA' 在 OB 上的分量 ON 和 ON' 相等，因此，视野中三个区内明暗程度相同，此时三分视野消失，见图 2-25(d)、(e)。

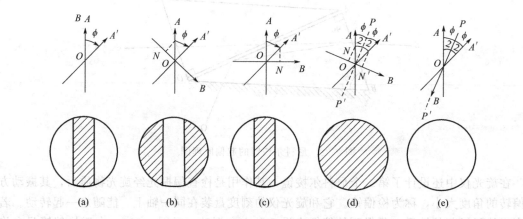

图 2-25　旋光仪的测量原理图

根据三分视野的概念，可用如下方法来测定物质的旋光度：在样品管中充满无旋光性的蒸馏水，调节检偏镜的角度（OB 与 PP' 垂直）使三分视野消失，将此时的角度读数作为零点，再在样品管中换以被测试样，由于 OA 与 OA' 方向的偏振光都被转了一个角度 α，必须使检偏镜也相应地旋转一个角度 α，才能使 OB 与 PP' 重新垂直，三分视野再次消失，这个 α 即为被测物质的旋光度。

应当指出，如将 OB 再顺时针转过 $90°$，使 OB 与 PP' 重合，此时三分视野虽然也消失，但因整个视野太亮，不利于判断三分视野是否消失，所以总是选取 OB 与 PP' 垂直的情况作为旋光度的标准。

旋光度与温度有关，若在旋光仪的样品管外，装置一恒温夹套，通以恒温水，则可测量指定温度下的旋光度。光源的波长通常采用钠灯 D 线。

旋光仪的纵断面如图 2-26 所示。

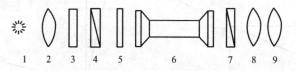

图 2-26　旋光仪的纵断面图

1—钠光灯；2—透镜；3—滤光片；4—起偏镜；5—石英片；6—样品管；7—检偏镜；8,9—望远镜

2. 影响旋光度测定的因素

（1）溶剂的影响

旋光物质的旋光度主要取决于物质本身的构型。另外，与光线透过物质的厚度、测定时所用光的波长及温度有关。若被测物质是溶液，则影响因素还包括物质的浓度，溶剂可能也有一定的影响，因此在不同的条件下，旋光物质旋光度的测定结果往往不一样。由于旋光度与溶剂关，故测定比旋光度时，应说明使用什么溶剂。如不特别说明，则认为以水为溶剂。

（2）温度的影响

温度升高会使旋光管长度增加，降低了液体的密度。温度的变化还可能引起分子间缔合与解离，使分子本身旋光度发生改变。一般来说，温度效应的表达式如下：

$$[\alpha]_\lambda^t = [\alpha]_D^{20} + Z(t/℃ - 20) \tag{2-36}$$

式中，Z 为温度系数；t 为测定时的温度。

各种物质的 Z 值不同，一般均在 $-0.04\sim-0.01\ ℃^{-1}$ 之间。因此测定时必须恒温，在旋管上装恒温夹套，与超级恒温槽配套使用。

（3）浓度的影响

在固定的实验条件下，旋光物质的旋光度通常与旋光物质的浓度成正比，而视比旋光度为常数。但是旋光度和溶液的浓度之间并非严格地呈线性关系，所以旋光物质的比旋光度严格来说并非常数。在给出 $[\alpha]_\lambda^t$ 时，必须说明测定旋光物质的浓度。在精密的测定中，比旋光度和浓度之间的关系一般可用拜奥特（Biot）提出的三个方程式之一表示：

$$[\alpha]_\lambda^t = A + Bc \tag{2-37}$$

$$[\alpha]_\lambda^t = A + Bc + Cc^2 \tag{2-38}$$

$$[\alpha]_\lambda^t = A + \frac{Bc}{C+c} \tag{2-39}$$

式中，c 为溶液的浓度；A、B、C 为常数。式（2-37）表明比旋光度与浓度的关系为一条直线，式（2-38）则为一条抛物线，式（2-39）则为双曲线。常数 A、B、C 可从不同浓度的几次测定中加以确定。

（4）旋光管长度的影响

旋光度与旋光管的长度成正比。旋光管一般有 10cm、20cm、22cm 三种长度。使用 10cm 长的旋光管计算比旋光度比较方便，但对旋光能力较弱或者较稀的溶液，为了提高准确度、降低读数的相对误差，可用 20cm 或 22cm 的旋光管。

三、吸光度的测定

1. 吸光度与浓度的关系

当溶液中的物质在光的照射下，原子和分子中的电子吸收光的能量，发生能级跃迁。物质对光的吸收具有选择性，不同的物质有各自的吸收光带，所以一束光通过某一物质时，只有某些波长的光会被吸收。在一定波长下，溶液中某一物质的浓度与光能量的减弱程度有一定的比例关系，符合比色原理，根据朗伯-比尔（Lamber-Beer）定律可知，溶液的吸光度（A）与吸光物质的浓度及液层厚度成正比，即

$$A = -\lg \frac{I}{I_0} = \varepsilon bc \tag{2-40}$$

式中，I 为通过溶液后的光强度；I_0 为通过溶剂后的光强度；ε 为该物质的摩尔吸光系数；b 为液层厚度；c 为吸光物质溶质的浓度。

2. 溶液浓度的测定

（1）吸收曲线的绘制

在不同波长下测定被测样品的吸光度 A，以吸光度 A 对波长 λ 作图，得到吸收曲线 A-λ 图，图中最大吸收峰波长即为该样品的特征吸收峰波长。

（2）工作曲线的绘制

配制一系列已知浓度的标准样品，分别在特征吸收峰波长下测定吸光度值，以 A 对 c 作图，得到该样品的工作曲线 A-c 图。

（3）求样品的浓度

在特征吸收峰波长下测定未知浓度样品的吸光度 A，对照工作曲线 A-c 图，求得样品

的浓度c。

3. 722 型可见分光光度计的性能和结构

吸光度值可使用分光光度计测定。国产的分光光度计种类和型号较多，实验室常用的有72 型、721 型、722 型、752 型等。722 型可见光分光光度计是以碘钨灯为光源、衍射光栅为色散元件的数显式可见光分光光度计。使用波长范围为 330～800nm，波长精度为 ±2nm，试样架可放置 4 个吸收池，单色光的带宽为 6nm。其外形如图 2-27 所示。

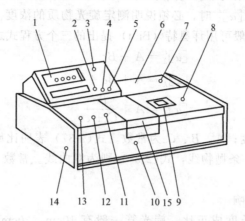

图 2-27 722 型可见分光光度计

1—数字显示器；2—吸光度调零旋钮；3—测量选择开关；4—吸光度斜率调节旋钮；
5—浓度调节旋钮；6—光源室；7—电源开关；8—波长调节旋钮；9—波长刻度窗；
10—比色皿架拉杆；11—100 ％ T（透光率）旋钮；12—0％ T（透光率）调节旋钮；
13—灵敏度调节旋钮；14—干燥器；15—比色室盖

第六节 热分析技术

热分析是一种对热进行分析的方法。其准确的定义为：在程序控制温度下，测量物质的物理性质随温度变化的函数关系的一类技术称为热分析。根据所测物质的物理性质的不同，热分析技术可分为 10 多种，如表 2-5 所示。

表 2-5 热分析技术分类

物理性质	技术名称	简称	物理性质	技术名称	简称
质量	热重法	TG	机械特性	机械热分析	TMA
	导数热重法	DTG		动态热	DMA
	逸出气检测法	EGD	声学特性	热发声法	—
	逸出气分析法	EGA		热传声法	—
温度	差热分析	DTA	光学特性	热光学法	—
焓	示差扫描量热法	DSC	电学特性	热电学法	—
尺度	热膨胀法	TD	磁学特性	热磁学法	—

目前，热分析的内容已相当广泛，它是多种学科共同使用的一种技术。本节结合物理化学实验，简单介绍差热分析（DTA）和示差扫描量热法（DSC）的基本原理和技术。

一、差热分析法（DTA）

1. 差热分析法的基本原理

物质在物理变化和化学变化过程中往往伴随着热效应，放热或吸热现象反映出物质热焓发生了变化。差热分析法（differential thermal analysis，DTA）就是利用这一特点测定样品和参比物之间温差对温度或时间的函数关系。差热分析法可以获得两条曲线：一条是温度曲线；另一条为温差曲线。

差热分析法的原理如图 2-28 所示。将样品和参比物分别放入坩埚，置于电炉中程序升温，改变样品和参比物的温度。若参比物和样品的热容相同，且样品无热效应时，二者的温差近似为 0，此时得到一条平滑的基线。随着温度的增加，如样品发生了物理或化学变化，便产生了热效应，而参比物未产生热效应，二者之间便产生了温差，在 DTA 曲线中表现为峰。温差越大，峰也越大，而温差变化的次数与峰的数目相同。正负热效应的出峰方向相反，一旦确定了电炉中样品和参比物的位置，放热峰及吸热峰的方向也就确定了。图 2-29 是典型的 DTA 曲线。

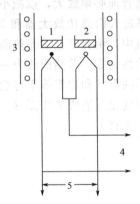

图 2-28　差热分析原理图

1—样品；2—参比物；3—电炉；4—温度 T；5—温差 ΔT

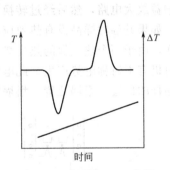

图 2-29　典型的 DTA 曲线

2. DTA 的仪器结构

DTA 一般由五部分组合而成，包括温度程序控制单元、可控硅加热单元、差热放大单元、记录装置和电炉。图 2-30 是典型的 DTA 装置的方框图。

该仪器的主要结构和原理如下所述。

（1）温度程序控制单元和可控硅加热单元

温度控制系统主要由程序信号发生器、微伏放大器、PID 调节器、可控硅触发器和可控硅执行元件五部分组成，如图 2-31 所示。程序信号发生器按给定的程序方式(升温、恒温、降温、循环)给出毫伏信号。若温控热电偶的热电势与程序信号发生器给

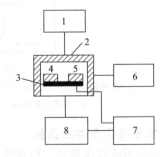

图 2-30　DTA 装置示意方框图

1—气氛控制；2—电炉；

3—温度敏感器；4—样品；5—参比物；

6—炉腔程序升温；7—记录仪；8—微伏放大器

出的毫伏值有偏差时，则说明炉温偏离给定值。此时，偏差值经微伏放大器放大后送入 PID 调节器，再经可控硅触发器导通可控硅执行元件，调整电炉的加热电流，从而使炉温改变、偏差消除，达到使炉温按一定速率上升、下降或保持恒定的目的。

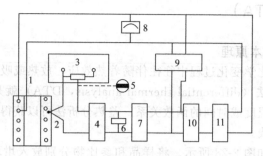

图 2-31 温度控制系统方框图

1—电炉；2—温控热电偶；3—程序信号发生器；4—微伏放大器；
5—TD-I电机；6—偏差指示；7—PID调节器；8—电炉指示；
9—炉压反馈电路；10—可控硅触发器；11—可控硅执行元件

（2）差热放大单元

差热信号放大器用以放大温差电势，以便于记录。由于差热分析中差热信号很小，一般只有几微伏到几十微伏，因此差热信号在输入记录装置前必须放大，以减小误差，其原理如图 2-32 所示。将差热信号（ΔT）通过斜率调整电路送入由微伏放大器和 5G23 集成电路组成的高增益放大电路，然后经过转换开关送至计算机中，由程序记录差热曲线。在差热分析过程中，如果升温时样品没有热效应，则温差电势始终为零，差热曲线为一条直线，称为基线。然而，由于两个热电偶的热电势、热容以及坩埚的形状和位置等不可能完全对称，在温度变化时仍有不对称电势产生。此电势随温度升高而变化，造成基线漂移。此外，基线漂移还和样品杆的位置、坩埚位置、坩埚的几何尺寸等因素有关。

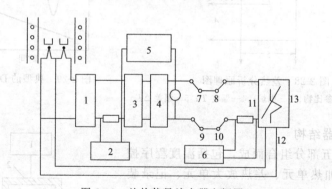

图 2-32 差热信号放大器方框图

1—斜率调整电路；2—调零电路；3—微伏放大器；4—5G23集成电路；5—量程转换电路；
6—基线位移电路；7～10—DTA；11—蓝笔；12—红笔；13—记录仪

3. 实验操作条件的选择

差热分析法操作简单，但在实际工作中往往发现同一样品在不同仪器上测定，或不同的人在同一仪器上测定，所得到的差热曲线结果有差异。峰的最高温度、形状、面积和峰值大小都会发生一定变化。其主要原因是在热分析仪器中的传热情况较复杂，一般来讲，主要受到仪器和样品的影响。只要严格控制测试条件，便可获得较好的重现性。

(1) 气氛和压力的选择

气氛和压力可以影响样品化学反应和物理变化的平衡温度和峰形，甚至导致不同的变化历程。因此必须根据样品的性质和研究需要选择适当的气氛和压力。如果样品易氧化又不希望其发生氧化过程，则需通入 N_2、Ar、Ne 等惰性气体保护。

(2) 升温速率的影响和选择

升温速率不仅影响峰温的位置，而且影响峰面积的大小。一般来说，在较快的升温速率下峰面积变大，峰变尖锐。但快的升温速率使样品的变化偏离平衡条件的程度也大，因而易使基线漂移；更主要的是可能导致相邻两个峰重叠，使分辨率下降。较慢的升温速率，基线漂移小，系统接近平衡条件，可得到宽而浅的峰，也能使相邻两峰更好地分离，提高分辨率，但测定时间长，需要仪器的灵敏度高。一般情况下升温速率选择 $5 \sim 12 \, ℃ \cdot min^{-1}$ 为宜。

(3) 样品的处理及用量

样品的用量增加，峰面积会增加，并使漂移程度增大，峰温位置也会随之改变；且易使相邻两峰重叠，降低了分辨率。一般来说，样品量小，DTA 曲线出峰明显，分辨率高，基线漂移小；但样品量过少，会使本来很小的峰不能被检测到。样品的粒度也会影响 DTA 曲线，一般粒度在 $100 \sim 200$ 目左右，颗粒小可以改善导热条件，但太细可能会破坏样品的结晶度。参比物的颗粒及装填情况、紧密程度应与样品一致，以减少基线漂移。

(4) 参比物的选择

要获得平稳的基线，参比物的选择很重要。要求参比物在加热或冷却过程中不发生任何变化，在整个升温过程中选择比热容、导热系数、粒度尽可能与样品一致或相近的参比物。常用 $\alpha\text{-}Al_2O_3$ 或煅烧过的 MgO 或石英砂作参比物。如果分析样品为金属，也可以用金属镍粉作参比物。如果样品与参比物的热性质相差很远，则可用稀释样品的方法解决，主要是减少反应猛烈程度；如样品加热过程中有气体产生时，稀释可以减少气体大量出现，以免使样品冲出。选择的稀释剂不能与样品有任何化学反应或催化反应，常用的稀释剂有 SiC、铁粉、Fe_2O_3、玻璃珠、Al_2O_3 等。

选择不同的实验条件会影响差热曲线，除上述因素外还有许多影响因素，如坩埚的材料、大小和形状，炉子的形状、尺寸和加热方式，热电偶的材质以及热电偶插在样品和参比物中的位置等。样品支持器和均温块的结构和材质也是影响 DTA 曲线的因素，选用低导热系数的材料（如陶瓷）制成的均温块对吸热过程有较好的分辨率，高导热系数的材料（如金属）制成的均温块对放热过程有较好的分辨率。

4. DTA 曲线转折点温度和峰面积的测定

(1) DTA 曲线转折点温度的确定

如图 2-33 所示，由每个 DTA 信号峰可得到下列几种特征温度：

① 曲线偏离基线点 T_a；

② 曲线的峰值温度 T_p；

③ 曲线陡峭部分的切线与基线的交点 $T_{e,o}$（外推始点 extrapolated onset），其中 $T_{e,o}$ 最为接近热力学平衡温度。

(2) DTA 峰面积的确定

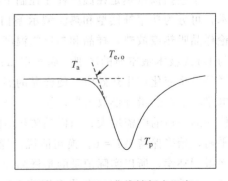

图 2-33　DTA 曲线转折点温度

DTA 峰面积的确定一般有四种测定方法：

① 市售差热分析仪附有积分仪，可以直接读数或自动记录下差热峰的面积。

② 如果样品差热峰的对称性好，可作等腰三角形处理，用峰高乘以半峰宽（峰高 1/2 处的宽度）的方法求面积。

③ 剪纸称量法，若记录纸质量较高，厚薄均匀，可将差热峰剪下来，在电子天平上称其质量，其数值可以代表峰面积。

④ 目前，新型的差热分析仪都由计算机程序控制和记录数据，并可用自带数据分析软件直接对信号峰积分，求出峰面积。

二、示差扫描量热法（DSC）

在用差热分析测定样品的过程中，当样品产生热效应（熔融、分解、相变等）时，由于样品内的热传导，样品的实际温度已不是程序升温所控制的温度（如升温时）。由于样品的放热或吸热，促使温度升高或降低，因而进行热量的定量测定是困难的。要获得比较正确的热效应，可采用示差扫描量热法（differentil scanning calorimetry，DSC）。

1. DSC 的基本原理

DSC 和 DTA 的仪器装置相似，所不同的是在样品和参比物的容器下装有两组补偿电热丝，如图 2-34 所示。

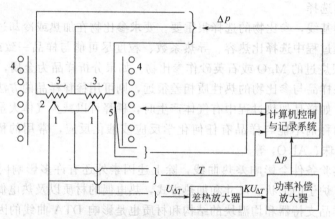

图 2-34　功率补偿型 DSC 原理图
1—温差热电偶；2—补偿电热丝；3—坩埚；4—电炉；5—控温热电偶

示差扫描量热是在温度程序控制下测定输给样品和参比物的功率差与温度关系的一种技术，可分为功率补偿型和热流型示差扫描量热法。其中功率补偿型 DSC 的技术要求为：无论样品吸热或放热，样品和参比物温度都处于动态零位平衡状态，使 ΔT 等于 0，这是 DSC 与 DTA 技术最本质的区别。而实现 ΔT 等于 0，其方法就是通过功率补偿。在加热过程中，样品发生变化产生热效应，使样品的温度与参比物温度之间出现温差（ΔT），通过差热放大电路和差动热量补偿放大器，使流入补偿电热丝的电流发生变化。当样品吸热时，补偿放大使样品一边的电流增大；当样品放热时，补偿放大使参比物一边的电流增大，直至两边热量平衡，始终保持 $\Delta T=0$。换句话说，样品在热反应时发生热量变化，由于及时输入电功率而得到补偿，所以实际记录的是样品和参比物下面两只补偿电热丝的热功率之差随时间 t 的变化关系（$\mathrm{d}H/\mathrm{d}t$-t）。如果升温速率恒定，记录的也就是热功率之差随温度 T 的变化关系

$(dH/dt-T)$，参见图 2-35。热效应数值即为其峰面积 S 与仪器常数 K 的乘积：

$$\Delta H = \int_{t_0}^{t} \frac{dH}{dt} dt = K \int_{t_0}^{t} \frac{dS}{dt} dt \tag{2-41}$$

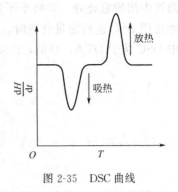

图 2-35 DSC 曲线

功率补偿型 DSC 的主要特点是样品和参比物分别具有独立的加热器和传感器。整个仪器由两个控制系统进行监控，其中一个控制温度使样品和参比物在预定的速率下升温或降温；另一个用于补偿样品和参比物之间所产生的温差，这个温差是由样品的放热和吸热效应所产生的。通过功率补偿使样品和参比物的温度保持相同，这样就可以通过补偿的功率直接求算热流率。功率补偿型 DSC 方程为：

$$\frac{dH}{dt} = -\frac{dQ}{dt} + (c_s - c_r)\frac{dT_y}{dt} - R_x c_s \frac{d^2Q}{dt^2} \tag{2-42}$$

式中，dH/dt 是样品焓变率；c_s、c_r 分别为样品和参比物的热容；R_x 为热阻；dQ/dt 是样品和参比物的热流量差，即功率差，参见式(2-43)：

$$-\frac{dQ}{dt} = -\left(\frac{dQ_s}{dt} - \frac{dQ_r}{dt}\right) \tag{2-43}$$

式中，Q_s、Q_r 分别代表样品和参比物的热流量。

第二项是 DSC 基线漂移，它由样品和参比物热容差和升温速率决定，$\dfrac{dT_y}{dt}$ 是升温速率。第三项中 $\dfrac{d^2Q}{dt^2}$ 为功率补偿型 DSC 的斜率。

由上面的方程可以看出，dH/dt 与 dQ/dt 有关，可直接用 DSC 峰面积来计算 ΔH。如果事先用已知相变热的样品标定仪器常数，那待测样品的峰面积 S 乘以仪器常数就可得到 ΔH 的绝对值。仪器常数 K 可通过测定锡、铅、铟等纯金属的熔化过程，根据其熔化热的文献值即可求得。

2. DSC 的仪器结构

一般来说，现有的示差扫描量热仪既可做 DTA，也可做 DSC，其结构与差热分析仪结构相似，只增加了差动热补偿单元，其余装置皆相同。其仪器的操作也与差热分析仪基本一样，但需注意两点：

① 不论是差热分析仪还是示差扫描量热仪在使用时，首先确定测定温度，选择合适的坩埚，500℃以下用铝坩埚，500℃以上用氧化铝坩埚，还可根据需要选择镍、铂等坩埚。

② 在升温过程中，能产生大量气体、或会引起爆炸、或具有腐蚀性的样品都不能测定。

三、 DTA 和 DSC 应用讨论

DTA 曲线是以 ΔT 为纵坐标，时间 t 或温度 T 为横坐标。DSC 曲线是以 dH/dt 为纵坐标，时间 t 或温度 T 为横坐标。它们的共同特点是：峰的位置、形状和峰的数目与物质的性质有关，故可以定性地用来鉴定物质；峰面积的大小与反应焓有关，即 $\Delta H = KS$，其中 K 为仪器常数，S 为峰面积。对 DTA 曲线来说，K 是与温度、仪器和操作条件有关的比例常数；而对 DSC 曲线来说，K 是与温度无关的比例常数。用 DTA 进行定量分析时，如果

曲线中出现重叠峰，对每个不同峰面积计算总的 ΔH 时，采用不同 K 值计算各峰的 ΔH；而使用 DSC 进行定量分析时，由于 K 不随温度变化，只需一个 K 值。这说明在定量分析中 DSC 优于 DTA。目前，DSC 热分析技术已得到广泛应用，将逐步取代 DTA 技术。

第七节　真空技术

真空是指一个系统的压力低于标准大气压的气态空间。一般把系统压力在 $10^5 \sim 10^3$ Pa 之间称为粗真空，$10^3 \sim 10^{-1}$ 之间称为低真空，$10^{-1} \sim 10^{-6}$ Pa 之间称为高真空，小于 10^{-6} Pa 时称为超高真空。

一、真空的获得

用来产生真空的抽气设备称为真空泵。若要系统获得粗真空，往往采用水泵；若要获得低真空，最常用的一种机械泵是油封式的转动泵，俗称油泵或真空泵。下面我们主要介绍机械泵和油扩散泵。

1. 机械泵

常用的真空泵为旋片式机械泵，其构造如图 2-36 所示。它是由两组机件串联而成，每一组主要由泵腔、偏心转子组成，经过精密加工的偏心转子下面安装有带弹簧的滑片，由电动机带动，偏心转子紧贴泵腔壁旋转，滑片靠弹簧的压力也紧贴泵腔壁，滑片在泵腔中连续运转，由此使泵腔被滑片分成两个不同的容积，周期性扩大和缩小。气体从进气嘴进入，被压缩后从第一组机件的排气管排入第二组机件，再由第二组机件经排气阀排出泵外。如此循环往复，将系统内压力减少。

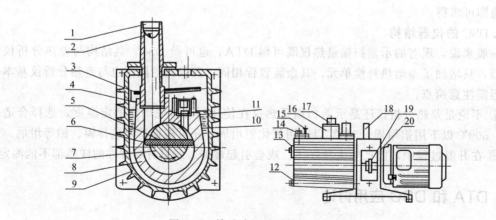

图 2-36　旋片式机械泵结构示意图

1—进气嘴；2—滤网；3—挡油板；4—气嘴"O"形环；5—旋片弹簧；6—旋片；7—转子；
8—定子；9—油箱；10—真空泵油；11—排气阀片；12—放油螺塞；13—油标；
14—加油螺塞；15—气镇阀；16—减雾器；17—排气嘴；18—手柄；19—联轴器；20—防护盖

旋片式机械泵的整个机件浸在真空泵油中，这种油蒸气压很低，既可起润滑作用，又可起封闭微小的漏气和冷却机件的作用。使用该机械泵应注意以下几点：

① 机械泵不能直接抽含可凝性蒸气、挥发性液体等的气体，因为这些气体进入泵后会破坏泵油的品质，降低了油在泵内的密封和润滑作用，甚至会导致泵的机件生锈。因而必须在可凝气体进泵前先通过纯化装置，如用无水氯化钙、五氧化二磷、分子筛等吸收水汽；用石蜡吸收有机蒸气，用活性炭或硅胶吸收其他蒸气等。

② 机械泵不能用来抽含腐蚀性气体，如氯化氢、氯气、二氧化氮等气体。因这类气体能迅速侵蚀泵中精密加工的机件表面，使泵漏气不能达到所要求的真空度。遇到这种情况时，应当使气体在进泵前先通过装有氢氧化钠固体的吸收瓶，以除去有害气体。

③ 机械泵由电动机带动，使用时应注意电动机的电压。若是三相电动机带动的泵，第一次使用时注意三相电动机旋转方向是否正确。正常运转时不应有摩擦、金属碰击等异常声音。运转时电动机温度不能超过 $50 \sim 60 \, ℃$。

④ 机械泵的进气口前应安装一个三通活塞，停止抽气时应使机械泵与抽空系统隔开而与大气相通，再关闭电源。这样既可保持系统的真空度，又避免泵油倒吸。

2. 油扩散泵

要获得比 $10^{-1} \, \text{Pa}$ 更高的真空，通常将机械泵（作为前级泵）和扩散泵（作为次级泵）联合使用。扩散泵并不能抽除气体，它只能起浓缩气体的作用。在扩散泵中依靠被加热的某种蒸气流把抽空系统的分子浓集，然后再由机械泵抽去，使系统获得更高的真空。

常用的扩散泵有汞扩散泵和油扩散泵两种，其中油扩散泵的油具有蒸气压低、无毒、分子量大的特点，所以实验室常使用油扩散泵。根据油扩散泵喷嘴的个数，可将其分成二级、三级、四级，又可分成直立式和卧式两种。图 2-37 是油扩散泵工作示意图。其工作原理如下：在油扩散泵底部加热，贮槽中的油汽化，沿中央管道上升至顶部。由于受到阻挡而在喷口高速喷出，在喷口处形成低压，对周围气体产生抽吸作用，被油蒸气夹带而下。这样在油扩散泵下部就浓集了空气分子，使分子密度增加到机械泵能够作用的范围而被抽出。而油蒸气经冷却变为液体流回贮槽中重复使用，如此循环往复，使系统内气体不断浓缩而被抽出，系统达到较高的真空。

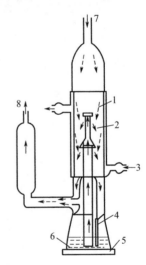

图 2-37　油扩散泵工作示意图
1—被抽气体；2—油蒸气；3—冷却水；
4—冷凝油回入；5—电炉；6—硅油；
7—接抽真空泵；8—接机械泵

油扩散泵所使用的油化学性质应稳定、蒸气压小。常用低蒸气压石油馏分，称阿皮松油。近年来，广泛使用稳定性较高，分子量大的硅油。同时要求油扩散泵的喷口级数要多，若用分子量在 3000 以上的硅油作为四级泵的工作液，其极限真空度可达 $10^{-7} \, \text{Pa}$ 以上，三级油扩散泵极限真空度可达 $10^{-4} \, \text{Pa}$。

使用油扩散泵的注意事项如下：

① 为了避免油的氧化，必须首先开启机械泵，使系统内压力达 $1 \sim 0.1 \, \text{Pa}$ 后，才能开动油扩散泵。在开启油扩散泵时，必须先接通冷却水，逐步加热沸腾槽，直至油沸腾正常回流。关闭泵时，首先切断加热电源，待油不再回流时再关闭冷却水，关闭油扩散泵的进出口活塞，并使机械泵通向大气，最后切断电源，停止机械泵的工作。

② 加热速度须控制适当，以产生足量蒸气从喷口喷出，封住喷口到泵壁的空间以免泵

底已浓集的空气反向扩散至抽空系统。加热硅油的温度过高不但会使油裂解颜色变深，而且泵底有破裂的危险。加热速度过快，将使油蒸气到达泵上部，若此时冷却不良，将导致极限真空度降低。

二、真空的测量

测量真空度的方法很多。粗真空的测量，一般用 U 形管压力差计。对于较高真空度的系统使用真空规。真空规有绝对真空规和相对真空规两种。麦氏真空规称为绝对真空规，即真空度可以用测量到的物理量直接计算而得。而其他如热偶真空规、电离真空规等均称为相对真空规，测得的物理量只能经绝对真空规校正后才能指示相应的真空度。

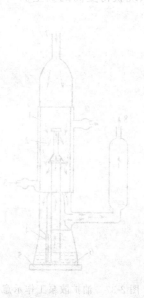

第三章 常用仪器及使用

第一节 电子天平

电子天平称量快捷，使用方法简便，是目前最好的称量仪器。

BP221S电子天平示意图见图3-1。

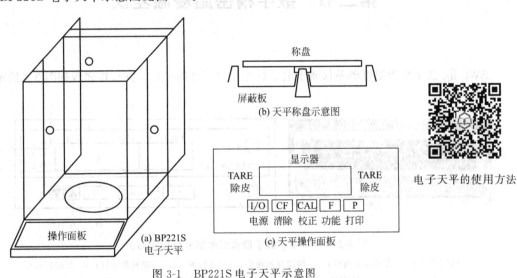

图 3-1 BP221S电子天平示意图

一、电子天平的使用方法

① 打开天平罩，检查水平，如水平仪水泡不在中央，调水平，并清扫天平盘。

② 打开电源，预热，轻按天平面板上的控制键 $\boxed{I/O}$，电子显示屏上出现 0.0000g 闪动。待数字稳定下来，表示天平已稳定，进入准备称量状态。

③ 打开天平侧门，将样品放到物品托盘上（化学试剂不能直接接触托盘），关闭天平侧门。待电子显示屏上闪动的数字稳定下来，读取数字，即为样品的称量值。如需"去皮"称量，则按下 $\boxed{TARE}$ 键，使显示 0.0000g。

④ 连续称量功能。当称量了第一个样品以后，若再轻按 TARE 键，电子显示屏上又重新返回显示 0.0000g，表示天平准备称量第二个样品。重复操作③，即可直接读取第二个样品的质量。如此重复，可连续称量，累加固定的质量。

⑤ 最后一位同学称量完样品后，需关机再离开。

二、电子天平的使用规则和维护

① 天平室应避免阳光照射，保持干燥，防止腐蚀性气体的侵袭。天平应放在牢固的台上以避免震动。

② 天平箱内应保持清洁，要定期放置和更换吸湿变色干燥剂（硅胶），以保持干燥。

③ 称量物体不得超过天平的载荷。

④ 不得在天平上称量热的或散发腐蚀性气体的物质。

⑤ 称量的样品，必须放在适当的容器中，不得直接放在天平盘上。

⑥ 称量完毕后要关机，关好天平门，罩上天平罩，切断电源。

第二节　数字精密温度温差仪

SWC-II$_D$ 数字精密温度温差仪属于电子贝克曼温度计的一种，其操作面板如图 3-2 所示，

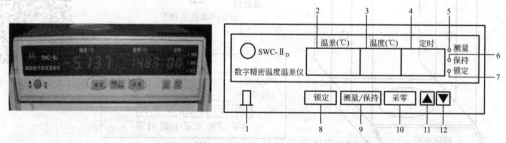

图 3-2　SWC-II$_D$ 数字精密温度温差仪操作面板

1—电源开关；2—温差显示窗口；3—温度显示窗口；4—定时窗口；5—测量指示灯；6—保持指示灯；7—锁定指示灯；8—锁定键；9—测量/保持转换键；10—采零键；11—增数键；12—减数键

一、使用方法

（1）插入热电偶

将热电偶插入被测系统中，深度大于 5cm，打开电源开关。开机后，仪器即显示被测系统的温度。

数字精密温度温差仪及使用方法

（2）温差测量

① 基温选择：仪器根据被测系统温度，自动选择合适的基温，基温选择的标准如表 3-1 所示。

表 3-1　基温选择的标准

温度 t	基温 $t_0^* / ℃$	温度 t	基温 $t_0^* / ℃$
$t < -10℃$	-20	$50℃ < t < 70℃$	60
$-10℃ < t < 10℃$	0	$70℃ < t < 90℃$	80
$10℃ < t < 30℃$	20	$90℃ < t < 110℃$	100
$30℃ < t < 50℃$	40	$110℃ < t < 130℃$	120

② 温差显示：温差显示窗口显示的是被测系统的实际温度 t 与基温 t_0^* 的差值。

（3）"采零"键的应用

当温差显示值稳定时，可按"采零"键，使温度显示为"0.000"，仪器将此时被测系统温度 t 当作"0"，当被测系统温度变化时，则温差显示的就是温度的变化值。

（4）"锁定"键的应用

在一个实验过程中，仪器"采零"后，当被测系统温度变化过大时，仪器的基温会自动选择，这样，温差的显示值将不能正确反映温度的变化值，所以在实验开始后，按"采零"键后，再按"锁定"键，则仪器将不会改变基温。此时"采零"键将不起作用，直至重新开机。

（5）"测定/保持"键的应用

当温度和温差的变化太快无法读数时，可将面板"测量/保持"设置于"保持"位置，读数完毕后再转换到"测量"位置，跟踪测量。

（6）定时读数

按增数键或减数键，调至所需的报时间隔。调整后，"定时"显示倒计时。当一个计数周期完毕后，蜂鸣器鸣叫，且读数保持约 5s，以便观察和记录数据。若不想报鸣，只需将"定时"示数置于"0"即可。

二、使用注意事项

① 在测量过程中，"锁定"键要慎用，一旦按"锁定"键后，基温自动选择和"采零"将不起用，直至重新开机。

② 当仪器的显示窗杂乱无章或显示"OUL"时，表明仪器温差测量已超出量程，应检查被测物的温度或热电偶是否连接好，且需重新"采零"。

③ 当出现仪器数字不变时，可检查仪器是否处于"保持"状态。

第三节　酸度计

酸度计又称 pH 计，是一种通过测量电势差的方法来测定溶液 pH 的仪器，除可以测量溶液 pH 外，还可以测量氧化还原电对的电极电势（mV）及配合电磁搅拌进行电位滴定等。实验室常用的酸度计有雷磁 25 型、pHS-2 型、pHS-3 型等。酸度计的测量精度、外观及附件改进很快，各种型号仪器的结构和精度虽不同，但基本原理组成相同。现以 pHS-3C 型酸度计为例，介绍其构造组成、使用方法及注意事项。其他类型酸度计可参考其使用说明书。

一、构造组成

pHS-3C 型酸度计是一台四位十进制数字显示的酸度计。仪器附有电子搅拌器及电极支架，供测量时作搅拌溶液和安装电极使用。仪器有 $0\sim10mV$ 的直流输出，如配上适当的记录式电子电位差计，可自动记录电极电势。

pHS-3C 型酸度计是以玻璃电极为指示电极，甘汞电极为外参比电极，与被测溶液组成如下原电池：

（一）Ag，AgCl｜内缓冲溶液｜内水化层｜玻璃膜｜外水化层｜被测溶液｜饱和甘汞电极（＋）

此电池电动势的表达式为：

$$E_{MF} = E_{MF}^{\ominus} + 2.303 \frac{RT}{F} pH \tag{3-1}$$

式中，$E_{MF}^{\ominus}$ 为标准电池电动势，一定温度下为常数。被测溶液的 pH 发生变化时，电池的电动势 E_{MF} 也随之而变。在一定温度范围内，pH 与 E_{MF} 呈线性关系。为了方便操作，现在 pH 计上使用的电极都是将玻璃电极和甘汞电极两种电极组合而成的单支复合电极。

pHS-3C 型酸度计面板如图 3-3 所示。

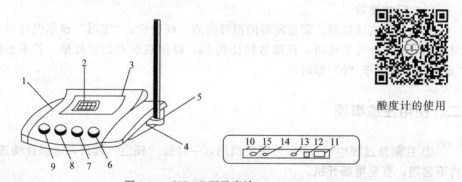

酸度计的使用

图 3-3　pHS-3C 型酸度计
1—机箱外壳；2—显示屏；3—面板；4—机箱底；5—电极杆插座；6—定位调节旋钮；
7—斜率补偿调节旋钮；8—温度补偿调节旋钮；9—选择开关旋钮；10—仪器后面板；
11—电源插座；12—电源开关；13—保险丝；14—参比电极接口；15—测量电极插座

二、使用方法

（1）开机前的准备
① 将复合电极插入测量电极插座，调节电极夹至适当的位置。
② 小心取下复合电极前端的电极套，用蒸馏水清洗电极后用滤纸吸干。
（2）预热
打开电源开关，将仪器通电预热半小时以上方可使用。

（3）仪器的校正

① 将选择开关旋钮 9 旋至 pH 挡，调节温度补偿调节旋钮 8，使旋钮上的白线对准溶液温度值。把斜率补偿调节旋钮 7 顺时针旋到底（即旋到 100％位置）。

② 将清洗过的电极插入 pH 为 6.86 的缓冲溶液中，调节定位调节旋钮 6，使仪器显示读数与该缓冲溶液在当时温度下的 pH 一致。

③ 用蒸馏水清洗电极后再插入 pH 为 4.00（或 pH 为 9.18）的标准缓冲溶液中，调节斜率补偿调节旋钮，使仪器的显示读数与该缓冲溶液在当时温度下的 pH 一致。

④ 重复② 、③操作，直至不用再调节定位调节旋钮或斜率补偿调节旋钮为止。

（4）被测溶液 pH 的测定

用蒸馏水清洗电极并用滤纸吸干，将电极浸入被测溶液中，显示屏上的稳定读数即为被测溶液的 pH。

三、注意事项

① 玻璃电极的插口必须保持清洁，不使用时应将接触器插入，以防灰尘和湿气浸入。

② 新玻璃电极在使用前需要用蒸馏水浸泡 24h。若发现玻璃电极球泡有裂纹或老化，应更换新电极。

③ 酸度计经校正后，定位调节旋钮和斜率补偿调节旋钮不可再有变动。

④ 测量时，电极的引入导线需保持静止，否则会引起测量不稳定。

第四节　恒温水槽

物理化学中测定的许多数据，如液体的表面张力、折射率、黏度、密度、蒸气压、平衡常数、反应速率常数、电导率等都与温度有关，所以很多实验必须在恒温条件下进行。物理化学实验中常用恒温水槽等装置来控制温度。现介绍几种常用的恒温装置。

一、 HK-1D 型玻璃恒温水槽

HK-1D 型玻璃恒温水槽集智能化控温、玻璃恒温水槽、电动搅拌机于一体，具有控温精度高、体积小、使用方便等优点，如图 3-4 所示。

（1）组成和性能

该恒温水槽主要由圆形玻璃缸（直径 300mm、深 300mm），加热器（电源 220V 50Hz、加热功率 1kW），电动搅拌机（功率 35W、无级调速、转速可调），智能化控温单元（电源 220V 50Hz、可控功率 0～1kW）组成。控温范围为 20～99℃，控温精度±0.05℃，控温稳定度±0.01℃。

（2）使用方法

① 在玻璃缸中加入去离子水至加热器上方，约至玻璃缸 4/5 深度，水位不能过低，以防烧坏加热管。

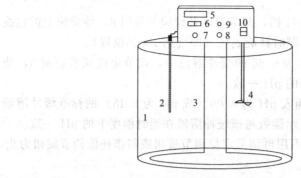

恒温水槽的使用方法

图 3-4　HK-1D 型玻璃恒温水槽

1—玻璃缸水浴；2—温度传感器；3—电热管；4—搅拌器；5—显示框；

6—测量/设定选择；7—温度设定；8—调速旋钮；9—加热指示灯；10—电源开关按钮

② 恒温槽必须接地。先将"测量/设定"开关置于设定，搅拌器的"调速"旋钮逆时针调到底（转速为零），然后打开电源开关。

③ 通过"调速"旋钮调节合适的搅拌速度。

④ 将"测量/设定"开关置于设定位置，通过"温度设定"旋钮设定温度值，然后将"测量/设定"开关置于测量位置，控制系统将自动加热水浴并控制在设定温度。

二、 HK-2A 超级恒温水槽

HK-2A 超级恒温水槽采用单片机智能控制，控温精度高，抗腐蚀性强，结构紧凑。控制箱直接安装在水箱上，控制箱后板有循环水管进出水嘴两只，水箱前侧板有一出水嘴，采用优质水泵对槽进行外循环，仪器的控温精度能达到较高要求。

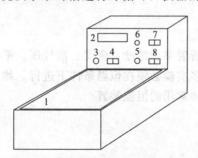

图 3-5　HK-2A 超级恒温水槽

1—缸体水浴；2—显示框；3—循环量调节；4—设定/测量选择；5—设定调节；6—加热指示灯；7—循环开关按钮；8—电源开关

（1）组成和性能

HK-2A 超级恒温水槽见图 3-5。具体技术参数为：电源 220V 50Hz，功率 1200W，温度范围 5～95℃，分辨率 0.01℃，控温精度 ±0.05℃，水泵流速 >4L·min^{-1}。

（2）使用方法

① 关闭水箱前侧板出水嘴。在水浴槽内加入去离子水，不能使用自来水，水位线离上盖板不低于 8cm。将控制箱后板上循环水管进出水嘴连接到需要恒温的装置，或将进出水嘴直接连接。循环水管进出水嘴不能不连接，否则搅拌时恒温水会喷出。

② 接通电源，必须先加好水才能接通电源，仪器必须接地。

③ 接通"循环"开关，开启循环水泵，调节"循环量"旋钮至适当位置。

④ 将"设定/测量"开关打至"设定"位置，调节"设定调节"旋钮至需要的温度，再将"设定/测量"开关置于"测量"位置，仪器进入控温状态。如果水浴温度低于设定温度，仪器开始加热，此时"加热指示灯"亮。接近设定温度时，"加热指示"灯闪烁。

第五节 电导率仪

电解质溶液的电导率测量除可用交流电桥法外，目前多数采用电导率仪进行测量。它的特点是测量范围广、快速直读及操作方便。电导率仪的类型很多，下面仅以 DDS-11A 型电导率仪为例，介绍其使用方法及注意事项。仪器的外形如图 3-6 所示；电导电极示意如图 3-7 所示。

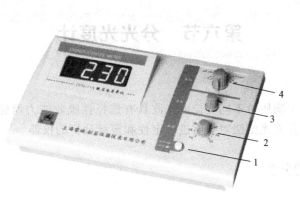

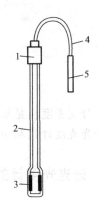

电导率仪的使用方法

图 3-6　DDS-11A 型电导率仪
1—校正/测量按钮；2—温度补偿旋钮；
3—常数校正旋钮；4—量程选择旋钮

图 3-7　电导电极
1—电极帽；2—玻璃管；3—铂片；
4—电极引线；5—电极插头

一、使用方法

（1）不采用温度补偿法

① 选择电极：对电导很小的溶液用光亮电极；电导中等的用铂黑电极；电导很高的用 U 型电极。

② 将电导电极连接在 DDS-11 型电导率仪上，接通电源，打开仪器开关，温度补偿旋钮置于 25℃刻度值。

③ 电导电极插入被测溶液中。将"校正/测量"按钮置于"校正"挡，调节常数校正旋钮，仪器显示电导池实际常数值。

④ 将"校正/测量"按钮置于"测量"挡，选择适当的量程挡，将清洁电极插入被测液中，仪器显示该被测液在溶液温度下的电导率。

（2）采用温度补偿（温度补偿法）

① 常数校正：调节温度补偿旋钮，使其指示的温度值与溶液温度相同，将"校正/测量"按钮置于"校正"挡，调节常数校正旋钮，使仪器显示电导池实际常数值。

② 操作方法同第一种情况一样，这时仪器显示被测液的电导率为该液体标准温度（25℃）时的电导率。

二、注意事项

① 一般情况下，液体电导率是指该液体在温度（25℃）时的电导率，当介质温度不在25℃时，其液体电导率会不同。为等效消除这个变量，仪器设置了温度补偿功能。

② 仪器不采用温度补偿时，测得液体电导率为该液体在其实测温度下的电导率。

③ 仪器采用温度补偿时，测得液体电导率已换算为该液体在25℃时的电导率值。

④ 本仪器温度补偿系数为 $2\% ℃^{-1}$。所以在做高精度测量时，请尽量不要采用温度补偿，而采用测量后查表或将被测液等温在25℃时测量，求得液体介质25℃时的电导率。

第六节　分光光度计

分光光度法是基于物质对不同波长的光波具有选择性吸收能力而建立起来的分析方法。而分光光度计是利用分光光度法对物质进行定性和定量分析的仪器。

一、分光光度计的分类

按工作波长范围分类，分光光度计一般可分为紫外-可见分光光度计、紫外分光光度计、可见分光光度计、红外分光光度计等。目前在教学中常用的可见分光光度计有72型、721型、722型。这些仪器的型号虽然不同，但工作原理是一样的。下面仅以722型可见分光光度计为例，介绍其使用方法及注意事项。

二、使用方法

722型可见光分光光度计是以碘钨灯为光源、衍射光栅为色散元件的数显式可见光分光光度计。使用波长范围为 $330\sim800nm$，波长精度为 $\pm2nm$，试样架可放置4个吸收池，单色光的带宽为6nm。其外形如图2-27所示。

分光光度计
的使用方法

其使用方法如下：

（1）准备工作

① 使用仪器前，应先了解本仪器的结构和工作原理，以及各个操作旋钮的功能。

② 在未接通电源前，应对仪器的安全性进行检查，各个调节旋钮起始位置应该正确，然后再接通电源开关。

③ 打开仪器电源开关7（参考图2-27），开启比色室盖15，预热20min。

（2）透光度 T 的测定

① 调节波长调节旋钮8，波长调至测试用波长。

② 转动灵敏度调节旋钮13，选择合适的灵敏度。

③ 尽可能选用低挡，即1挡；若步骤（3）中③～⑤不能调节透光率为100%，可改为较高挡，如2挡；逐步提高。每次改变灵敏度，均需重复步骤（3）中②～⑤的操作。

④ 测量选择开关 3 转为 "T"（透光率）。每改变一个波长，就要重新调透光率 "0％" 和 "100％"。

（3）吸光度 A 的测量

① 将盛有参比液与待测液的比色皿放在比色皿架上，并转入比色室（注意卡位）。

② 拉动比色皿架拉杆 10，将参比液对准光路。

③ 打开样品室盖（此时光门自动关闭），调节 "0" 旋钮，使数字显示为 "0.000"。

④ 盖上样品室盖，调节透光率 "100％" 旋钮，使数字显示为 "100.0"。

⑤ 此时将测量选择开关 3 转为 "吸光度"，则数字显示器 1 上显示值应为 "0.000"。

⑥ 拉动比色皿架拉杆 10，将待测液对准光路，数字显示器 1 上指示的数字就是待测液的吸光度。若改变波长进行测量，则每次改变波长必须重复步骤（2）及（3）中①～⑤的操作。

（4）浓度 c 的测量

① 将测量选择开关 3 置于 "浓度"。

② 将已知浓度的标准样放入光路，用浓度调节旋钮 5 调节浓度值与标样浓度值相等。

③ 拉动比色皿架拉杆 10，使待测液进入光路，显示值即为待测液的浓度值。

三、注意事项

① 为避免光电管（或光电池）长时间受光照射引起的疲劳现象，应尽量减少光电管受光照射的时间，不测定时应打开暗格箱盖，特别应避免光电管（或光电池）受强光照射。

② 用比色皿盛取溶液时只需装至比色皿的 2/3 即可，不要过满，避免待测溶液在拉动过程中溅出，使仪器受潮、被腐蚀。

③ 不要用手拿比色皿的光面。当光面有水分时，应用擦镜纸按同一个方向轻轻擦拭。

④ 若大幅度调整波长，应稍等一段时间再测定，让光电管有一定的适应时间。

⑤ 测定时，比色皿的位置一定要正好对准出光狭缝，稍有偏移，测出的吸光度的值就会有很大误差。

⑥ 测定完毕后，取出比色皿，洗净，晾干后放入比色皿盒中；关闭电源，盖上防尘罩。

第七节　阿贝折射仪

折射率（又称折光率）是化合物的重要物理常数之一。借助它可了解物质的纯度、浓度及其结构。实验室中常用阿贝折射仪来测量物质的折射率。

一、使用方法

① 将阿贝折射仪置于光亮处，旋转手轮将进光棱镜向上打开，用干净的滴管取被测液体 2～3 滴加在折射棱镜表面，随即将进光棱镜盖上，再用手轮锁紧，要求液层均匀，充满视场，无气泡。

② 打开遮光板，合上反射镜，调节目镜视野，使十字交叉线成像清晰，此时旋转折射率刻度调节手轮，并在目镜视野中找到明暗分界线的位置，再旋转色散调节手轮，使分界线不带任何彩色，再微调折射率刻度调节手轮，使分界线位于十字交叉线的中心（如图 3-8 所示），此时目镜视野中刻度尺显示的下方示数即为被测液体的折射率。

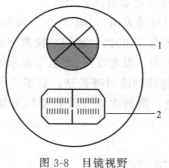

图 3-8　目镜视野
1—十字交叉线；2—读数刻度尺

阿贝折射仪的使用方法

二、注意事项

① 不能测量强酸、强碱或其他腐蚀性液体的折射率。

② 为了保护镜面，不能用滤纸或其他纸擦拭镜面，而只能用专用的擦镜纸。用滴管加样时，滴管口不能与镜面接触，若镜面上有固体残渣，需用擦镜纸及时清除。样品的加入量应以在棱镜间形成一层均匀的液层为准，一般只需 2～3 滴即可。

③ 阿贝折射仪长期使用后须校正标尺零点。具体方法是：用一滴 α-溴代萘把标准玻璃块固定在进光棱镜上，旋转折射率刻度调节手轮将刻度尺的示数调节到该温度下标准玻璃块的折射率数值，若明暗分界线不在十字线交叉点上，则用仪器附带的螺丝刀，转动校正螺钉使分界线移动到十字线交叉点上即可。

第八节　旋光仪

许多物质具有旋光性，如石英晶体；酒石酸晶体；蔗糖、葡萄糖及果糖的溶液等。旋光物质的旋光度与旋光物质的性质、测定温度、光经过物质的厚度、光源波长等因素有关。若被测物质是溶液，当光源波长、温度、厚度恒定时，其旋光度与溶液的浓度成正比。测定旋光度通常用旋光仪。

旋光仪的使用方法如下：

① 接通电源（220V），打开钠光灯，待 2～3min 光源稳定后，调节目镜焦距，使三分视野清晰。

② 校正仪器零点，在样品管中充满蒸馏水（无气泡），旋转检偏镜，

旋光仪的使用方法

使三分视野消失，记下角度值，即为仪器零点，用以校正系统误差。

③ 在样品管中装入试样，旋转检偏镜，使三分视野消失，读取角度值，将其减去仪器零点值，即为被测物质的旋光度。

④ 测定完毕后，关闭电源，将样品管洗净擦干，放入盒内。

第九节　光学显微镜

光学显微镜是生物科学和医学研究领域常用的仪器，在细胞生物学、组织学、病理学、微生物学及其他有关学科的研究工作中有着极为广泛的用途。图 3-10 为光学显微镜的构造示意图。

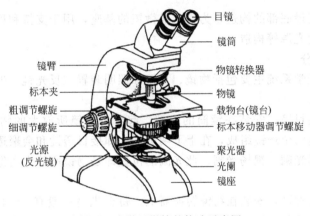

图 3-9　光学显微镜的构造示意图

一、光学显微镜的基本构造及功能

1. 机械部分

（1）镜筒

镜筒是安装在光学显微镜最上方或镜臂前方的圆筒状部分，其上端装有目镜，下端与物镜转换器相连。根据镜筒的数目，光学显微镜可分为单筒式或双筒式两类。单筒光学显微镜又分为直立式和倾斜式两种。而双筒光学显微镜的镜筒均为倾斜的。

（2）物镜转换器

物镜转换器又称物镜转换盘，是安装在镜筒下方的一圆盘状构造，可以按顺时针或逆时针方向自由旋转。其上均匀分布有 3～4 个圆孔，用以装载不同放大倍数的物镜。转动物镜转换盘可使不同的物镜到达工作位置（即与光路合轴）。使用时注意凭手感使所需物镜准确到位。

（3）镜臂

镜臂为支持镜筒和镜台的弯曲状构造，是取用显微镜时握拿的部位。镜筒直立式光镜在镜臂与其下方的镜柱之间有一倾斜关节，可使镜筒向后倾斜一定角度以方便观察，但使用时倾斜角度不应超过 45°，否则显微镜则由于重心偏移容易翻倒。

（4）调焦器

调焦器也称调焦螺旋，为调节焦距的装置，位于镜臂的上端（镜筒直立式光镜）或下端（镜筒倾斜式光镜），分粗调节螺旋（大螺旋）和细调节螺旋（小螺旋）两种。粗调节螺旋可使镜筒或载物台以较快速度或较大幅度的升降，能迅速调节好焦距使物像呈现在视野中，适于低倍镜观察时的调焦。而细调节螺旋只能使镜筒或载物台缓慢或较小幅度的升降（升或降的距离不易被肉眼观察到），适用于高倍镜和油镜的聚焦或观察标本的不同层次，一般在粗调节螺旋调焦的基础上再使用细调节焦螺旋，精细调节焦距。

（5）载物台

载物台也称镜台，是位于物镜转换器下方的方形平台，是放置被观察的载玻片标本的地方。平台的中央有一圆孔，称为通光孔，来自下方光线经此孔照射到标本上。

（6）镜柱

镜柱为镜臂与镜座相连的短柱。

（7）镜座

镜座位于显微镜最底部的构造，为整个显微镜的基座，用于支持和稳定镜体。有的显微镜在镜座内装有照明光源等构造。

2. 光学系统部分

光学显微镜的光学系统主要包括物镜、目镜和照明装置（反光镜、聚光器和光圈等）。

（1）目镜

目镜又被称为接目镜，安装在镜筒的上端，起着将物镜所放大的物像进一步放大的作用。每个目镜一般由两个透镜组成，在上下两透镜（即接目透镜和会聚透镜）之间安装有能决定视野大小的金属光阑—视场光阑，此光阑的位置即是物镜所放大实像的位置。

（2）物镜

物镜也被称为接物镜，安装在物镜转换器上。每台光镜一般有 3～4 个不同放大倍率的物镜，每个物镜由数片凸透镜和凹透镜组合而成，是显微镜最主要的光学部件，决定着光镜分辨力的高低。常用物镜的放大倍数有 10×、40× 和 100× 等几种。一般将 8× 或 10× 的物镜称为低倍镜（而将 5× 以下的叫做放大镜；将 40× 或 45× 的称为高倍镜；将 90× 或 100× 的称为油镜（这种镜头在使用时需浸在镜油中）。

（3）聚光器

聚光器位于载物台通光孔的下方，由聚光镜和光圈构成，其主要功能是光线集中到所要观察的标本上。聚光镜由 2～3 个透镜组合而成，其作用相当于一个凸透镜，可将光线汇集成束。在聚光器的左下方有一调节螺旋可使其上升或下降，从而调节光线的强弱，升高聚光器可使光线增强，反之则光线变弱。

光圈也称为彩虹阑或孔径光阑，位于聚光器的下端，是一种能控制进入聚光器的光束大小的可变光阑。它由十几张金属薄片组合排列而成，其外侧有一小柄，可使光圈的孔径开大或缩小，以调节光线的强弱。在光圈的下方常装有滤光片框，可放置不同颜色的滤光片。

（4）反光镜

反光镜位于聚光镜的下方，可向各方向转动，能将来自不同方向的光线反射到聚光器中。反光镜有两个面：一面为平面镜；另一面为凹面镜。凹面镜有聚光作用，适于较弱光和散射光下使用，光线较强时则选用平面镜。

二、光学显微镜的使用方法

1. 准备

将显微镜小心地从镜箱中取出（移动显微镜时应以右手握住镜壁，左手托住镜座），放置在实验台的偏左侧，以镜座的后端离实验台边缘 6～10cm 为宜。首先检查显微镜的各个部件是否完整和正常。如果是镜筒直立式光镜，可使镜筒倾斜一定角度（一般不应超过45°），以方便观察（观察临时装片时禁止倾斜镜臂）。

2. 低倍镜的使用方法

（1）对光

打开显微镜上的电源开关，转动粗调节螺旋，使镜筒略升高（或使载物台下降），调节物镜转换器，使低倍镜转到工作状态（即对准通光孔），当镜头完全到位时，可听到轻微的扣碰声。

光学显微镜的
使用方法

打开光圈并使聚光器上升到适当位置，然后用左眼向着目镜内观察（注意两眼应同时睁开），调节亮度旋钮，使视野内的光线均匀、亮度适中。

（2）放置玻片标本

将载玻片标本放置到载物台上，并用标本移动器上的弹簧夹固定好，然后转动标本移动器的螺旋，使需要观察的标本部位对准通光孔的中央。

（3）调节焦距

用眼睛从侧面注视低倍镜，同时用粗调节螺旋使镜头下降（或载物台上升），直至低倍镜头距载玻片标本的距离小于 0.6cm（注意操作时必须从侧面注视镜头与载玻片的距离，以避免镜头碰破载玻片）。然后用左眼在目镜上观察，同时用左手慢慢转动粗调节螺旋使镜筒上升（或使载物台下降）直至视野中出现物像为止，再转动细调节螺旋，使视野中的物像最清晰。

如果需要观察的物像不在视野中央，甚至不在视野内，可用标本移动器前后、左右移动标本的位置，使物像进入视野并移至中央。

3. 高倍镜的使用方法

① 在使用高倍镜观察标本前，应先用低倍镜寻找到需观察的物像，并将其移至视野中央，同时调准焦距，使被观察的物像最清晰。

② 转动物镜转换器，直接使高倍镜转到工作状态（对准通光孔），此时，视野中一般可见到不太清晰的物像，只需调节细调节螺旋，一般都可使物像清晰。

三、注意事项

① 取用显微镜时，应一手紧握镜臂，一手托住镜座，不要用单手提拿，以避免目镜或其他零部件滑落。

② 不可随意拆卸显微镜上的零部件，以免发生丢失损坏或使灰尘落入镜内。

③ 显微镜的光学部件不可用纱布、手帕、普通纸张或手指揩擦，以免磨损镜面。若需要时只能用擦镜纸轻轻擦拭。机械部分可用纱布等擦拭。

④ 显微镜使用完后应及时复原。先升高镜筒（或下降载物台），取下载玻片标本，使物镜转离通光孔。如镜筒、载物台是倾斜的，应恢复直立或水平状态。然后下降镜（或上升载

物台），使物镜与载物台相接近。垂直反光镜，下降聚光器，关小光圈，最后放回镜箱中锁好。

⑤ 在利用显微镜观察标本时，要养成两眼同时睁开，双手并用（左手操纵调焦螺旋，右手操纵标本移动器）的习惯，必要时应一边观察一边计数或绘图记录。

第十节　微量滴定管

滴定管是可放出不固定量液体的量出式玻璃量器，主要用于滴定分析中对滴定剂体积的测量。容积为 5mL、2mL、1mL 的微量滴定管常被应用于微量分析中。图 3-10 为微量滴定管示意图。

微量滴定管使用方法如下：

（1）润洗

润洗微量滴定管时，开活塞 A 关活塞 B，让溶液充满加液管，片刻后，打开活塞 B，关活塞 A，放掉全部溶液，重复 2～3 遍。

（2）装液

关闭活塞 B，开启活塞 A，然后将上口加入标准溶液，标准溶液过了活塞 A 后，又向上进入滴定管，直到液面在"0"刻度之后，停止加液。

（3）调零

关闭活塞 A，小心开启活塞 B，加液管内液面开始缓慢下降，直到"0"刻度位置，关闭 B 活塞，至此，液面已经调整好。

（4）滴定

滴定前确定已关闭活塞 A，然后小心开启活塞 B，将刻度管子中的标准溶液小心地滴入反应液中。

（5）添加溶液

关闭活塞 B，开启活塞 A，步骤同（2）。

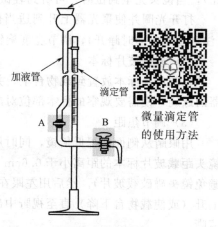

图 3-10　微量滴定管示意图

第十一节　黏度计和比重瓶

一、奥氏黏度计

1. 奥氏黏度计的使用方法

利用奥氏黏度计测定液体（以乙醇为例）黏度的操作如下：

① 实验前将奥氏黏度计用洗液和蒸馏水洗净，烘干。

② 用移液管移取 10.00mL 乙醇放入奥氏黏度计里，将黏度计垂直浸入恒温槽中，待内外温度一致后（一般恒温 15min 左右），用橡皮管连接黏度计测定球连接管。

③ 用洗耳球吸起液体使其液面超过上刻度线，然后放开洗耳球，用秒表记录液面自上刻度线到下刻度线所经历的时间；再吸起液体，按上述操作重复测定三次，取其平均值（要求每次相差的时间不超过 0.5s）。

④ 倒出黏度计中的乙醇，用热风吹干或烘干，再用一支移液管移取 10.00mL 蒸馏水放入黏度计中，操作与前述步骤相同。重复测定三次，取其平均值（要求每次相差的时间不超过 0.5s）。

奥氏黏度计的
使用方法

2. 注意事项

① 黏度计必须洁净，先用经 2 号砂芯漏斗过滤后的洗液浸泡一天。如用洗液不能洗干净，则改用 5% 氢氧化钠的乙醇溶液浸泡，再用水冲净，直至毛细管壁不挂水珠；洗干净的黏度计置于 110℃ 的烘箱中烘干。

② 黏度计使用完毕，立即清洗，特别测高聚物的黏度时，要注入纯溶剂浸泡，以免残存的高聚物黏结在毛细管壁上而影响毛细管孔径，甚至引起堵塞。清洗后在黏度计内注满蒸馏水并加塞，防止落进灰尘。

③ 黏度计应垂直固定在恒温槽内，因为倾斜会造成液位差的变化，引起测量误差，同时会使液体流经时间 t 变大。

④ 液体的黏度与温度有关，测量时一般温度变化不应超过 ±0.3℃。

⑤ 可根据所测物质的黏度选择毛细管黏度计的毛细管内径，毛细管内径太细，容易堵塞，太粗则测量误差较大。一般选择测水时，水流经毛细管的时间大约在 120s 的黏度计为宜。

二、比重瓶

利用比重瓶法测定液体（以乙醇为例）密度的操作如下：

① 实验前将比重瓶用洗液和蒸馏水洗净，烘干备用。

② 在电子天平上准确称量干燥的比重瓶的空瓶质量（含瓶塞）为 m_0。

③ 用移液管移取 25.00mL 乙醇注入比重瓶内（注意不要有气泡），加满后，盖上瓶塞，小心放在恒温水浴里，恒温 15min 后，用滤纸将超过刻度线上面的液体吸去，并用清洁的干毛巾擦干瓶外的液体，（这时要特别小心，不要因为手的温度过高而使瓶中的液体溢出造成误差）然后称量此时比重瓶的质量为 m_1'。

比重瓶测定液
体密度的操作

④ 倒出比重瓶中的乙醇，用蒸馏水淌洗或用热风机吹干后，用移液管移取 25.00mL 蒸馏水加入比重瓶中，用同样的方法称比重瓶质量为 m_2'。

第十二节 万用表

万用表是一种多功能、多量程的便携式电工仪表，一般的万用表可以测量直流电流、交直流电压和电阻。万用电表的类型很多，基本原理大致相同，这里仅以 FM47 系列为例简述其使用方法及注意事项。FM47 系列万用表分为指针式和数字式两种，如图 3-11 所示。

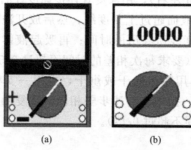

万用表的
使用方法

(a)   (b)

图 3-11　指针式万用表（a）与数字式万用表（b）

一、使用方法

在使用前，应检查指针是否在机械零位上。如不在零位，可旋转表盖上的调零器使指针指示在表的零位上。然后将测试棒红黑插头分别插入"＋""－"插孔中，如测量交直流 2500V 或 10A 时，红插头则应分别插到标有"2500V"或"10A"的插孔中。

（1）直流电流测量

测量 0.05～500mA 时，转动开关至所需的电流挡。测量 10A 时，应将红插头"＋"插入 10A 插孔内，转动开关可放在 500mA 直流电流量限上，而后将测试棒串接于被测电路中。

（2）交直流电压测量

测量交流 10～1000V 或直流 0.25～1000V 时，转动开关至所需电压挡。测量交直流 2500V 时，开关应分别旋转至交直流 1000V 位置上，而后将测试棒跨接于被测电路两端。若配以高压探头，可测量电视机≤25kV 的高压。测量时，开关应放在 $50\mu A$ 位置上，高压探头的红黑插头分别插入"＋""－"插孔中，接地夹与电视机金属底板连接，而后握住探头进行测量。测量交流 10V 电压时，读数请看交流 10V 专用刻度（红色）。

（3）直流电阻测量

装上电池（R14 型 2∦1.5V 及 6F22 型 9V 各一只），转动开关至所需测量的电阻挡，将测试棒二端短接，调整欧姆旋钮，使指针对准欧姆"0"位上，然后分开测试棒进行测量。测量电路中的电阻时，应先切断电源，如电路中有电容应先行放电。当检查有极性电解电容漏电电阻时，可转动开关至 R×1k 挡，测试棒红杆必须接电容器负极，黑杆接电容器正极。

（4）通路蜂鸣器检测

同欧姆挡一样将仪器调零，此时蜂鸣器工作发出约 1kHz 长鸣叫声，此时不必观察表盘即可了解电路的通断情况。音量与被测线路电阻呈反比关系。

二、注意事项

本产品采用过压、过流自熔断保护电路及表头过载限幅保护等多重保护，但使用时仍应遵守下列规程，避免意外损失。

① 测量高压或大电流时，为避免烧坏开关，应在切断电源情况下，变换量限。

② 测量未知的电压或电流，应选择最高量程，待第一次读取数值后，方可逐渐转至适当位置以取得校准读数并避免烧坏电路。

③ 电阻各挡用干电池应定期检查、更换，以保证测量精度。如长期不用，应取出电池，以防止电解液溢出腐蚀而损坏其他零件。

④ 仪表应保存在室温为 $0\sim40°C$，相对湿度不超过 80%，并不含有腐蚀性气体的场所。

第十三节　常见原电池的制备

本节以下述三个原电池为例来说明原电池制备的具体操作步骤。

一、原电池

(1) 电池 1

$(-)Ag \mid AgNO_3(0.01mol \cdot L^{-1}) \parallel AgNO_3(0.1\ mol \cdot L^{-1}) \mid Ag(s)\ (+)$

(2) 电池 2

$(-)\ Ag(s),\ AgCl(s) \mid KCl\ (1\ mol \cdot L^{-1}) \parallel AgNO_3(0.01\ mol \cdot L^{-1}) \mid Ag(s)\ (+)$

(3) 电池 3

$(-)Ag(s),\ AgCl(s) \mid KCl\ (1\ mol \cdot L^{-1}) \parallel H^{+}\ (0.1\ mol \cdot L^{-1}HAc + 0.1\ mol \cdot L^{-1}$ NaAc) $Q \cdot QH_2 \mid Pt\ (+)$

二、电极的准备及使用时的注意事项

(1) 铂电极

采用市售的商品电极。若铂片上有油污，应在丙酮中浸泡，然后用蒸馏水淋洗。

(2) 银-氯化银

采用市售的商品电极。因氯化银电极电势稳定，重现性好，因此在中性溶液的测试中，使用相当广泛。

氯化银电极使用前需先拔去液接部位的电极帽方可使用。在拿去电极帽时，请勿将电极长时间暴露在空气中，否则玻璃管中的溶液将会渗漏并且挥发变干，这样有可能会影响电极性能。若电极短期不用时，请将电极浸入相对应浓度的 KCl 溶液中保存；如果长期不用请更换新的内部溶液再密封避光保存。

氯化银电极内部溶液中不可含有较大气泡，以免阻断测量回路；若含有气泡时，可握紧电极轻甩几下，或竖起电极用手指轻弹，使气泡上浮。

银-氯化银不宜用于和氯化银电极有反应的介质的测量。因 AgCl 电极内部溶液为 KCl 溶液，对氯离子有规避的实验，不可使用该电极；并且氯化银电极一般应用于中性溶液的测试中，在酸性或者碱性溶液中很容易造成电极的损坏。

氯化银电极应经常清洗并更换内部溶液，对一般性的附着沾污应及时清洗。更换内部溶液时，可抽出原内部溶液，再将新溶液注入。

（3）银电极

可用商品银电极进行电镀，制备成新的银电极。（具体操作可参照本书第二章第四节）

（4）醌氢醌电极

将少量醌氢醌固体加入某待测的未知 pH 溶液中，搅拌使之成饱和溶液，然后插入干净的铂电极。

三、盐桥的制备

盐桥的作用是减小原电池的液接电势。

下面以饱和 KNO_3 盐桥为例来说明其制备方法：将 25mL 蒸馏水、2g KNO_3 及 $0.3\sim0.4$g 琼脂，放入烧杯中加热，并不断搅拌，待琼脂溶解后停止加热，注入干净的 U 形管中，加满，冷却后凝成冻胶即制备完成。将此盐桥浸于饱和 KNO_3 溶液中，保存待用。

四、原电池的制备

常用电极及常见
原电池的制备

（1）电池 1 的制备过程

将银电极和一个 50mL 烧杯，用数毫升 $0.01\text{mol} \cdot L^{-1}$ $AgNO_3$ 溶液一起淌洗，然后将 20mL $0.01\text{mol} \cdot L^{-1}$ $AgNO_3$ 溶液倒入烧杯中，插入该银电极。另取一个银电极和一个 50mL 烧杯，用数毫升 $0.1\text{mol} \cdot L^{-1}$ $AgNO_3$ 溶液一起淌洗，然后将 20mL $0.1\text{mol} \cdot L^{-1}$ $AgNO_3$ 溶液倒入烧杯中，插入另一支银电极，将饱和的 KNO_3 盐桥与两个银电极连接构成 1 号电池。

（2）电池 2 的制备过程

用浸在 20mL $1\text{mol} \cdot L^{-1}$ KCl 溶液中的银-氯化银电极作为参比电极，与银电极连成 2 号电池。

（3）电池 3 的制备过程

取 10mL 刚刚配制的 $0.2\text{mol} \cdot L^{-1}$ HAc 溶液及 10mL $0.2\text{mol} \cdot L^{-1}$ NaAc 溶液于干净的 50mL 烧杯中，加少量醌氢醌粉末，用玻璃棒搅拌片刻。插入铂电极，用盐桥与银-氯化银电极组成 3 号电池。

第十四节　燃烧热实验装置

一、　SHR-15$_A$ 燃烧热实验装置

SHR-15$_A$ 燃烧热实验装置示意图如图 3-12 所示，实验装置俯视结构示意图如图 3-13 所示，氧弹结构示意图如图 3-14 所示。

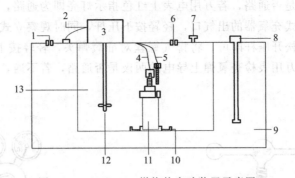

燃烧热实验
装置及操作

图 3-12   SHR-15$_A$ 燃烧热实验装置示意图

1—外桶加水口；2—插座；3—电机；4—电极线 1；5—电极线 2；6—内传感器插口；7—桶盖提手；
8—手动搅拌器；9—外桶；10—氧弹固定架；11—氧弹；12—自动搅拌；13—内桶

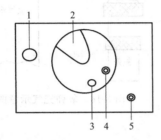

图 3-13   SHR-15$_A$ 燃烧热实验装置俯视结构示意图

1—外桶加水口；2—搅拌电机；3—内传感器插口；
4—桶盖提手；5—手动搅拌

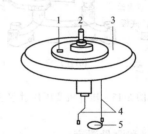

图 3-14   氧弹结构示意图

1—电极插口；2—电极插口、进排气阀；
3—盖子；4—电极；5—坩埚架

二、测定燃烧热的操作步骤

1. 量热计常数的测定（以苯甲酸为参考物质）

（1）恒温水的量取与温差仪置零

用容量瓶准确量取 3L 恒温水倒入干净的水桶中；将温差仪的探头插入恒温水中，打开电源开关，LED 显示灯亮，预热 5min，显示数值为当前水温值；待显示数值稳定后，按下置零按钮并保持约两秒钟，此时温度显示为 "0.000"。注意：整个实验中只对温差仪进行一次置零即可，在测萘时，不需对温差仪再进行置零。

（2）样品压片

压片前，先检查压片用的钢模，如发现钢模有铁锈、油污和尘土等，必须擦净后，才能进行压片。用托盘天平称取 0.8g 苯甲酸，用电子天平准确称量一段点火丝（约 15cm）的质量，按图 3-15（a）所示将点火丝穿在钢模的底板内，然后将钢模底板装进模子中，从上面倒入称好的苯甲酸样品，徐徐旋紧压片机图 3-15（b）的螺杆，直到将样品压成片状为止。抽去模底的托板，再继续向下压，使模底和样品一起脱落。压好的样品形状如图 3-15（c）所示，将此样品表面的碎屑除去，在电子天平上准确称量后即可供燃烧热测定用。

（3）装置氧弹与充氧

参见图 3-16，用手拧开氧弹盖，将盖放在专用架上，装好坩埚。先将压片置于坩埚底部，再将压片两端的引火丝插入两引火电极的内嵌缝内并压紧，盖好弹盖并用手拧紧弹盖，用万用表检查两电极是否通路，若万用电表上红色指示灯亮即为通路，可以开始充氧。充氧时，将氧弹头对准立式充氧器的出气口，轻轻按下压杆，同时观察立式充氧器的压力表待达到 1.5MPa 时，轻轻松开压杆即可。将排气螺丝对准氧弹头，轻轻按下，排掉氧弹内气体，重复充氧。并再次用万用表检查氧弹上导电的两极是否通路，若不通，则需放出氧气，打开弹盖进行检查。

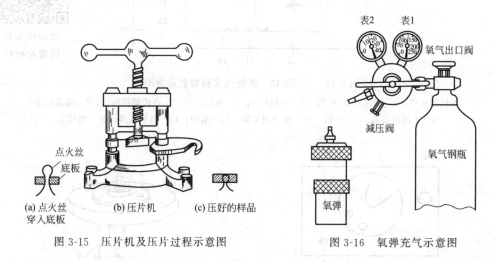

图 3-15　压片机及压片过程示意图　　　　图 3-16　氧弹充气示意图

（4）燃烧和测量温度

将氧弹放入水桶内的底座上，在弹盖的两极接上点火导线，装上温差测量仪探头，盖好盖子。依次打开点火控制器的电源，搅拌开关，注意搅拌桨不要摩擦器壁；待温度变化基本稳定后，开始读取点火前最初阶段的温度，每半分钟读一次温度，共读取 11 次温度；读数完毕，立即按下点火控制器的点火电钮，继续每半分钟读一次温度，当温度达到最高点（有下降趋势）之后再读取最后 10 次读数；如果没有下降趋势，点火后读 29 个数，便可停止实验。实验结束，先关搅拌，再关电源，并将温差测量仪探头取出，再把氧弹拿出来，先放气，打开弹盖，检查压片是否燃烧完全；将燃烧后剩下的引火丝在电子天平上称量，记录，并用少许水洗涤氧弹内壁。最后倒去水桶中的水，用毛巾擦干设备，以待进行下一步实验。

2. 燃烧热测定（以测定萘的燃烧热为例）

称取 0.7g 左右萘，按上法量取恒温水、压片、装置氧弹充氧并进行燃烧等实验操作。实验完毕后，洗净氧弹，倒出量热计盛水桶中的水，并擦干待下次实验用。

第十五节　凝固点下降法实验装置

一、　SWC-LG_A 凝固点实验装置

SWC-LG_A 凝固点实验装置前面板如图 3-17 所示、后面板如图 3-18 所示。该装置采用一体化设计，具有三个独立搅拌，可通过两观测窗口来观察实验过程。

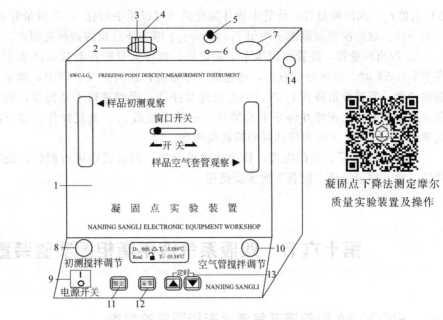

图 3-17　SWC-LG$_A$ 凝固点实验装置前面板示意图

1—冰浴槽；2—凝固点测量管端口；3—传感器插孔；4—手动搅拌；5—冰浴槽手动搅拌器；
6—冰浴槽传感器插孔；7—空气套管端口；8—初测搅拌调节旋钮；9—电源开关；
10—空气管搅拌调节旋钮；11—锁定键；12—采零键；13—定时键；14—溢水口

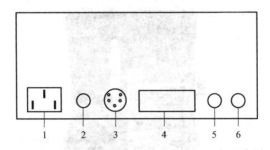

图 3-18　SWC-LG$_A$ 凝固点实验装置后面板示意图

1—电源开关；2—保险丝；3—传感器插座；4—USB接口；5—冷凝水出口；6—出水口

二、　SWC-LG$_A$ 凝固点实验装置测定环己烷凝固点的操作步骤

① 打开电源开关，按定时键，调整其数值为 15s。

② 打开仪器窗口，并将温度传感器放入冰浴槽传感器插孔中。在冰浴槽中加入冰水混合物，通过不断地加入碎冰，同时进行搅拌使冰水混合物的温度基本保持在 2.50℃（t_1），然后快速按采零键，温差 ΔT 读数为 "0.000" 时，按锁定键，使 "🔓" 变为 "🔒"，此时仪器处于锁定状态。

③ 用移液管准确量取 25.00mL 环己烷放入干燥的测量管中，放入磁珠。取出温度传感器，擦干，插入测量管的胶塞，然后将胶塞塞入凝固点测量管管口，并塞紧。

④ 将空气套管放入右端，测量管插入左端冰水混合物中，用慢挡搅拌，观察温差 ΔT 读数，同时注意观察窗内结晶情况，待液体部分出现白色窗花，读数基本稳定时，记录温差

ΔT 数值 t_2。取出测量管，待管中固体融化后（可以用手焐化），将测量管重新放在冰浴中，再测一次。取两次测量值的平均值 $\bar{t}_2$，$(t_1 + \bar{t}_2)$ 即为环己烷的初测凝固点。

⑤ 取出测量管，待管中固体完全融化后，再将测量管重新放在冰浴中，待温度降至略高于 $\bar{t}_2 0.5$℃时，将测量管取出，迅速擦干外壁后，放入空气套管中，调至慢挡搅拌，继续观察读数，当其数值降到 $\bar{t}_2$ 时，调至快速搅拌挡，同时进行手动搅拌，直至温度变化趋于稳定后，调回慢挡搅拌并停止手动搅拌，记录温差值 t_3，重复操作，将三次测量结果取平均值得 $\bar{t}_3$，$(t_1 + \bar{t}_3)$ 即为环己烷的精确凝固点。

⑥ 实验完毕后，关闭电源，排净冰水混合物，倒出试样进行回收，洗净测量管和空气套管，放入烘箱干燥，以备下次实验使用。

第十六节　双液系气液平衡相图实验装置

一、 FNTY-3A 型双液系气液平衡相图实验装置

图 3-19 为 FNTY-3A 型双液系气液平衡相图实验装置图。该装置采用一体化设计，包含有稳流电源和温度计。

双液系气液平衡相图
实验装置及操作

图 3-19　FNTY-3A 型双液系气液平衡相图实验装置图

二、 FNTY-3A 型双液系气液平衡相图实验装置使用方法

（1）沸点的测定

将洗净、烘干蒸馏瓶固定在测试支架上，连接冷凝水，然后加入 20mL 乙醇，将插有温度计和加热棒的橡胶塞塞在蒸馏瓶口，将温度计探头浸入液体的 1/3 处，加热棒位置低于温度计。将红、黑导线连接到电流输出端口，温度计连到温度计探头端口。打开回流冷却水，将电流调节旋钮旋至最小，打开电源开关。开启数字式温度开关和稳流电源并预热 10min。调节电流调节旋钮，使液体加热至沸腾，回流并观察温度计的变化，待温度恒定，记下沸腾

温度，即为乙醇的沸点。

（2）气、液相组成的测定

沸点测定完毕后，停止加热待充分冷却，用吸液管分别从冷凝管上端的分馏液取样口及加液口取样，用阿贝折射仪分别测定气相冷凝液和液相的折射率，再由折射率-组成关系曲线即可查得气、液相组成。

（3）实验结束

实验结束后，将加热调节旋钮旋转到最小，关闭电源，拔下插头，取下蒸馏瓶，清洗干净，干燥后放回仪器箱中，以便下次使用。

第十七节　金属相图测量装置

一、 JX-3D8 金属相图测量装置

图 3-20 为 JX-3D8 金属相图测量装置。该装置主要用于完成金属相图实验数据的采集、步冷曲线和相图的绘制等任务。

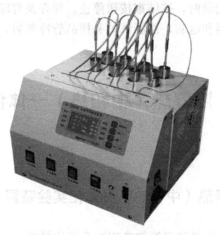

金属相图测量
装置及操作

图 3-20　JX-3D8 金属相图测量装置

二、 JX-3D8 金属相图测量装置的使用方法

（1）JX-3D8 金属相图测量装置（未配置电脑）使用方法

① 将装有样品的样品管插入对应的加热单元，要求样品管编号与样品组分、传感器编号与采集的通道号、传感器编号与加热单元号均要一一对应。

② 打开仪器电源开关预热 5min，设定目标温度，目标温度为实验中需要升温到的停止加热的温度，系统默认在 400℃，该温度可以通过"设置/确认""加热/＋"和"停止/×10"键改变输入目标温度的具体数值。根据需要调整温度下降速度，具体分如下两种情况：

a. 在环境温度较高，样品降温过慢的情况下，可以开启一侧或两侧风扇，加快降温速度；

b. 在环境温度较低，温度下降速度过快的情况下，可关闭散热风扇，开启保温功能。

③ 按所需测量样品和所在加热单元位置，打开所需测量样品的通道选择开关，无需测量的通道则保持关闭状态。按下加热按钮，加热指示灯亮系统开始加热。炉体开始升温，直到目标温度附近自动停止加热。

④ 按固定的时间间隔，从仪器显示面板上按通道号读取并记录每一个样品温度随时间的温度变化情况，通常是在全部样品温度低于最低固熔点温度后可停止记录。

⑤ 实验结束，关闭仪器，待测试炉和样品管冷却，取出样品管保存。

（2）JX-3D8 金属相图测量装置（配置电脑）使用方法

① 首先确认计算机和测试仪之间通信线连接正常，所需要的驱动和应用程序已经正确安装，开启计算机，点击进入"金属相图的测定"实验软件。

② 在菜单通信里选择"串口"；在状态栏里设置时间和记录间隔；坐标设置里可以根据需要改变记录窗口的 X 轴和 Y 轴的观察刻度值。

③ 打开所需测量样品的通道选择开关，无需测量的通道则保持关闭状态。

④ 按仪器面板加热按钮，指示灯亮。系统开始加热，直到设定的目标温度附近，系统自动停止加热。

⑤ 在操作界面点击"开始"，计算机自动记录各个样品的步冷曲线。数据处理时，找出各个步冷曲线中的拐点和平台对应的温度值（拐点值可以参考软件提供的"找拐点功能"所找到的拐点数据），整理温度数据，并输入样品的组成，绘制相图。

⑥ 测试结束需要停止记录时，按结束按钮停止。保存及打印文件。

⑦ 实验结束，关闭仪器和电脑，待测试炉和样品管冷却后，取出样品管保存。

第十八节　溶解热（中和热）一体化实验装置

一、 NDRH-5S 型溶解热（中和热）一体化实验装置

图 3-21 为 NDRH-5S 型微机测定溶解热实验系统连接图。

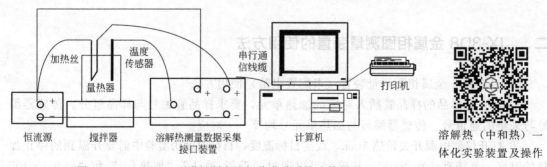

图 3-21　NDRH-5S 型微机测定溶解热实验系统连接图

二、 NDRH-5S 型溶解热（中和热）一体化实验装置的使用方法

① 开启计算机，进入"溶解热"实验软件，根据软件提示选择串口号，在记录设置栏中设置记录时间。

② 将"加热开关"调至"开"的位置。

③ 在操作界面点击"开始实验"。将温度计放置在空气中测量室温，待显示温度稳定后，将"温差"置零，完成后点击"确认"。

④ 将温度计放入溶液中，并开启磁力搅拌，旋至合适的转数。缓慢调节"加热电流"旋钮，使加热器功率在 $2.2\sim2.8\mathrm{W}$。

⑤ 当采集到水温高于室温 $0.5\,^{\circ}\!\mathrm{C}$ 时，按电脑提示加入第一份样品，样品加入后开始溶解，水温随之迅速下降，此时由于加热棒处于加热状态，水温会重新缓慢上升。当水温上升至起始温度时，软件会提示加入第二份样品，按上述步骤连续测定至第八份样品。八份样品平衡时间由计算机程序自动记录下来。

⑥ 关闭加热电流并关闭磁力搅拌器。

⑦ 点击"数据处理"按钮，按照软件界面提示进行数据计算处理，软件会自动计算出每份样品的积分溶解热 $\Delta_{\mathrm{sol}}H$ 和溶剂量 n_0。点击按钮，计算机自动绘制出 $\Delta_{\mathrm{sol}}H\text{-}n_0$ 图。

⑧ 测定完毕后，将"加热开关"调至"关"的位置，将"加热电流"调至最小，"搅拌"旋钮调至最小。在软件界面按"测量结束"按钮。

⑨ 实验结束，关闭仪器电源和电脑。将杜瓦瓶中的测试溶液倒入废液回收桶中，将杜瓦瓶和加料器清洗干净，以便下次使用。

第十九节　数字式电子电位差计

一、 EM-3C 数字式电子电位差计

图 3-22 是 EM-3C 数字式电子电位差计面板图。

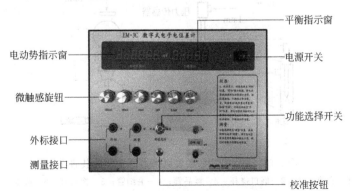

图 3-22　EM-3C 数字式电子电位差计面板图

二、 EM-3C 数字式电子电位差计使用方法

（1）校正

插上电源插头，打开电源开关，预热 5min。

① 校正零点：将"功能选择"开关置于"外标"挡，红黑输入线分别插入外标接口，并将红黑两个鳄鱼夹短接，调节六个微触感旋钮，使得电动势指示全部为"0"，按下红色"校准"按钮，使平衡指示显示为"0"。

② 校正标准值：将"功能选择"开关置于"外标"挡，红黑输入线分别插入外标接口，并将红黑两个鳄鱼夹夹在标准电池上，调节六个微触感旋钮，使得电动势显示数值和标准电池数值相同，按下红色"校准"按钮，使平衡指示显示为"0"。

（2）测量

将"功能选择"开关置于"测量"挡，红黑输入线分别插入测量接口，红色插入正极，黑色插入负极。将红黑两个鳄鱼夹夹在被测原电池的正负极上，调节六个微触感旋钮，使得平衡指示为"0"，这时电动势显示窗所显示的数值即为被测原电池的电动势。

（3）实验结束

实验结束后，请清洗电极并关闭仪器电源开关。

第二十节 表面张力测定实验装置

一、 DMPY-2C 型表面张力测定实验装置

图 3-23 为 DMPY-2C 型表面张力测定实验装置图。

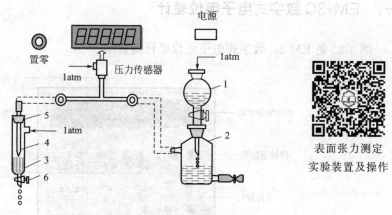

图 3-23 DMPY-2C 型表面张力测定实验装置图

1—滴液漏斗；2—磨口烧杯；3—样品管；4—毛细管；5—橡皮塞；6—放水阀

二、 DMPY-2C 型表面张力测定实验装置的使用方法

DMPY-2C 型表面张力测定实验装置测定 20℃水的最大压差 ΔP_m 操作步骤如下：

① 根据表面张力测定实验装置面板上的安装图，将磨口烧杯、毛细管用橡皮胶真空管连接好。打开电源开关，LED 显示即亮，两秒后正常显示，预热 5min 后按下置零键，表示此时系统内大气压差为零。

② 用蒸馏水仔细洗净表面张力测定装置的毛细管和样品管，样品管内装入蒸馏水，调整使样品管的液面正好与毛细管端面相切。安装时，注意毛细管务必与液面垂直，并在 20℃的条件下恒温 10min。

③ 在滴液漏斗中装满水，测定开始时，打开滴液漏斗活塞，进行缓慢压气并调节气泡逸出速度以 5～10s 一个为宜。可以观察到，当空气泡刚破裂时，压差值最大，读取最大压差值 ΔP_m 至少三次，求平均值。

第二十一节　饱和蒸气压测定实验装置

一、 DPCY-6C 饱和蒸气压测定实验装置

图 3-24 是 DPCY-6C 饱和蒸气压测定实验装置图。

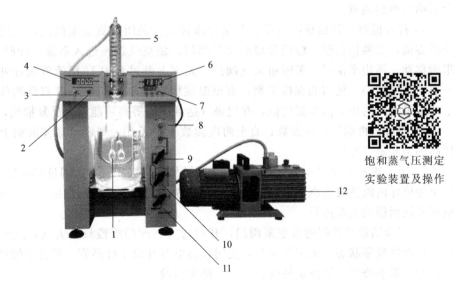

饱和蒸气压测定
实验装置及操作

图 3-24　DPCY-6C 饱和蒸气压测定实验装置示意图

1—等位计；2—置零按钮；3—mmHg/kPa 转换开关；4—压力显示窗口；5—冷凝管；6—温度显示窗口；
7—控温显示窗口；8—搅拌开关；9—通大气阀门；10—通等位计阀门；11—通真空泵阀门；12—真空泵

二、 DPCY-6C 饱和蒸气压测定实验装置的使用方法

① 将真空泵、仪器、等位计用橡皮胶真空管连接好。

② 先将待测样品注入等位计样品球中 2/3 的位置，U 形等位管部分加入量为两边高度约一半的位置。

③ 把 3L 烧杯内加入 2.7L 左右自来水，放在仪器中间从下往上抬升到足够高度，下面往搁板槽中插入不锈钢隔板。此时烧杯内水要能淹没水位传感器（不锈钢丝），否则仪器进入加热保护，不能加热。调节恒温槽至所需温度，按面板上的"＋""－""×10"按键调节温度，并按"设定"键锁定。打开搅拌，调节至合适转速。

④ 装好等位计和冷凝管，用橡皮筋固定好，从上往下插入管夹中（注意不是从正面挤入），调整好高度，使得等位计离烧杯底部保持 1cm 左右，转动等位计使得两个等位球对外平行，便于观察。

⑤ 开机预热 5～10min，打开通大气阀门，在系统与大气相通时按下置零键，压力显示窗口显示 0（测量过程中不可再置零），关闭通大气阀门。

⑥ 检查气密性操作：确认通大气阀门关闭，打开通等位计和真空泵的两个阀门。开启真空泵，抽至一定真空度时，关闭通真空泵阀门，并观察压力表显示数值。数值没有明显的下降则说明系统气密性很好，可以进行试验；否则需要检查漏点，并消除，不然无法保证实验顺利进行和实验结果的准确性。

⑦ 排除系统内空气操作：连接冷凝管和恒温槽，抽气降压至液体轻微沸腾，调小通真空泵阀门开关，保持液体轻微沸腾状态，此时系统内的空气随溶液蒸气不断逸出，如此沸腾数分钟，可认为空气被排除干净。操作时控制此过程中溶液不要剧烈沸腾，若溶液蒸发过多会影响后面的测量。

⑧ 打开搅拌，从低往高缓慢调节至合适转速。关闭通真空泵阀门，设定烧杯恒温温度至所需值，切换回控温。缓慢开启通大气阀门，使空气缓慢进入系统，此时 U 形管液面往里面移动，两边平衡时，关闭通大气阀门。温度上升过程中 U 形管液面往外面移动，此时开启通大气阀门，使液面保持平衡，直至温度稳定后，调节 U 形管双臂液体等高，从面板上读取平衡时的压力值和温度值，并记录（达到液面等高可能需要反复抽气，通大气）。

⑨ 同法，再抽气，再读数；直至两次读数相差无几，则表示球体液面上的空间已经被样品的饱和蒸气充满。

⑩ 用上述方法测定 6 个不同温度时待测样品的蒸气压（每次温度差一定）。如果升温过程中等位计内液体发生剧烈沸腾，可缓缓开启通大气阀门，漏入少量空气，防止管内液体大量挥发从而影响实验进行。

⑪ 实验结束后关闭通真空泵阀门，开启通大气阀门缓慢放入大气，直至系统与大气等压，控温恢复零状态，关闭真空泵，关闭仪器电源并取下样品管，清洗干燥保存，待烧杯水温冷却，取下烧杯，倒掉烧杯内自来水，结束实验。

第四章　热力学实验

实验一　燃烧热的测定

一、预习思考

1. 按热力学对系统的划分方法，本实验的系统和环境如何划分？
2. 根据萘燃烧的反应方程式，如何根据实验测得的恒容燃烧热 $Q_{V,m}$ 求出燃烧焓 $\Delta_c H_m$？
3. 简述装置氧弹和拆开氧弹的操作过程。
4. 为什么 3L 水要准确量取？且将水倒入水桶时不能外溅？
5. 为什么实验测量得到的温度差值要经过作图法校正？
6. 使用氧气钢瓶和减压阀时有哪些注意事项？

焦耳

二、实验目的

1. 掌握燃烧热的测定技术。
2. 了解燃烧热实验装置的构造和使用方法。
3. 学会应用图解法校正温度改变值。

燃烧热的测定

三、实验原理

许多有机物质在适当的条件下都能迅速而完全地进行氧化反应，因此具备条件准确测定它们的燃烧焓（燃烧热）。燃烧焓是热化学中的重要数据，可用于计算生成热、反应热和评价燃料的热值，食品的发热量也可从它们的燃烧焓求得。

燃烧焓是指 1mol 物质与氧气完全燃烧生成规定的燃烧产物时的摩尔焓（变），以 $\Delta_c H_m$ 表示。所谓规定的燃烧产物，是指有机物质中的碳燃烧生成气态二氧化碳、氢燃烧生成液态水、硫燃烧生成气态二氧化硫等。

在燃烧热实验装置中进行的燃烧反应是在恒容容器中进行的，测得的是物质的恒容燃烧热 $Q_{V,m}$，也可表示为摩尔燃烧热力学能（变）$\Delta_c U_m$。如果把气体看成是理想气体，且忽略压力对燃烧焓的影响，则可由式(4-1)将恒容燃烧热 $Q_{V,m}$ 换算为燃烧焓 $\Delta_c H_m$。

$$\Delta_c H_m = Q_{V,m} + \sum_B \nu_{B(g)} RT \tag{4-1}$$

式中，$\sum_B \nu_{B(g)}$ 为燃烧前后气态物质化学计量数的代数和；R 为摩尔气体常数；T 为反应时的热力学温度。

为了使被测物质能迅速而完全地燃烧，往往需要强有力的氧化剂。在实验中经常使用压力为 $2.5 \sim 3MPa$ 的氧气作为氧化剂，用燃烧热实验装置（图 4-1）进行实验。

图 4-1　SHR-15$_A$ 燃烧热实验装置
1—量热计；2—精密数字温度温差仪；
3—氧弹；4—压片机；5—立式充氧器

具体实验方法：氧弹放置在装有一定量水的水桶中，水桶外是空气隔热层，再外面是温度恒定的水夹套。样品在体积固定的氧弹中燃烧放出的热、引火丝燃烧放出的热大部分被水桶中的水吸收；另一部分则被氧弹、水桶、搅拌器及温度计等吸收。在量热计与环境没有热交换的情况下，可写出如下的热量平衡式：

$$\frac{m_s}{M_s}Q_{V,m,s} + m_{Fe}Q_{V,Fe} + n_{H_2O}C_{H_2O}\Delta T + C_I\Delta T = 0$$

$$(4-2)$$

式中，m_s 为被测样品的质量，g；M_s 为被测样品的摩尔质量，g·mol^{-1}；$Q_{V,m,s}$ 为被测样品的摩尔恒容燃烧热，kJ·mol^{-1}；m_{Fe} 为燃烧掉了的引火丝的质量，g；$Q_{V,Fe}$ 为引火丝的恒容燃烧热，kJ·g^{-1}（铁丝为-6.7kJ·g^{-1}）；n_{H_2O} 为水桶中水的物质的量，mol；C_{H_2O} 为水的摩尔热容 kJ·mol^{-1}·K^{-1}；C_I 为氧弹、水桶等的总热容，kJ·K^{-1}；ΔT 为与环境无热交换的实际温差，K。

如在实验时保持水桶中水量一定，式(4-2)可改写为式(4-3)：

$$-\frac{m_s}{M_s}Q_{V,m,s} - m_{Fe}Q_{V,Fe} = K\Delta T$$

$$(4-3)$$

式中，$K = (n_{H_2O}C_{H_2O} + C_I)$，kJ·K^{-1}，称为量热计常数。

实际上，氧弹式量热计不是严格的绝热系统。加之由于传热速度的限制，燃烧后由最低温度达最高温度需要一定的时间，在这段时间里系统与环境难免发生热交换，因而从温度计上读得的温差就不是真实的温差 ΔT。为此，必须对读取的温差进行校正，式(4-4)是常用校正的经验公式：

$$\Delta T_{校正} = \frac{V+V_1}{2} \times m + V_1 \times r$$

$$(4-4)$$

式中，V 为点火前每半分钟量热计的平均温度变化；V_1 为样品燃烧使量热计温度达最高而开始下降后，每半分钟的平均温度变化；m 为点火后温度上升很快（大于每半分钟 $0.3℃$）的半分钟间隔数；r 为点火后温度上升较慢的半分钟间隔数。

在考虑了温差校正后，真实温差 ΔT 应为：

$$\Delta T = T_{高} - T_{低} + \Delta T_{校正}$$

$$(4-5)$$

式中，$T_{低}$ 为点火前读取量热计的最低温度；$T_{高}$ 为点火后量热计达到的最高温度。

式(4-4)的意义可由图 4-2 的升温曲线来说明。曲线的 AB 段代表初期系统温度随时间变化的规律，BC 代表温度上升很快阶段，CD 代表主要阶段，DE 代表达最高温度后的末期系统温度随时间变化的规律。从 B 点开始点火到最高温度 D 共经历（$m+r$）次读数间隔，在这段时间里，系统和环境热交换引起的温度变化可作如下估计：系统在 CD 段的温度已接近最高温度，由于热损失引起的温度下降规律应与 DE 段基本相同，故 CD 段温度共下降（$V_1 \times r$）。而 BC 段介于低温和高温之间，只好采取两区域温度变化的平均值来估计，故 BC 段的温度变化为 $\left(\dfrac{V + V_1}{2} \times m\right)$。因此，总温度校正即为式(4-4)所示。

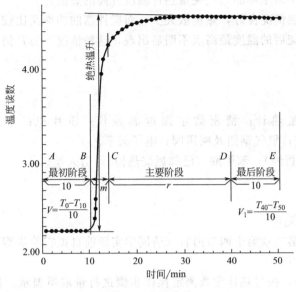

图 4-2　升温曲线

从式(4-3)中可知，要测得样品的恒容燃烧热，必须知道仪器常数 K。具体测定的方法如下：以一定量的已知燃烧热的标准物质（常用苯甲酸，其燃烧热以标准试剂瓶上所标明的数值为准）在相同的条件下进行实验，测得 $T_{低}$、$T_{高}$，并用式(4-4)算出 $\Delta T_{校正}$后，再根据式(4-5)确定 ΔT，由此就可按式(4-3)计算出仪器常数 K 值。

燃烧前后温度的变化值也可通过雷诺图进行校正。校正方法如下：将燃烧前后观测到的水温记录下来，并作图，联成 abcd 线（图 4-3），图中 b 点相当于开始燃烧之点，c 点为观测到的最高温度读数点，由于量热计和外界的热量交换，曲线 ab 和 cd 常常发生倾斜，取 b 点所对应的温度 T_1，c 点对应温度 T_2，其平均温度 $(T_1 + T_2)/2$ 为 T，经过 T 点作横坐标的平行线 TO，与折线 abcd 相交于 O 点，然后过 O 作垂直线 AB，此线与线 ab 和 cd 线的

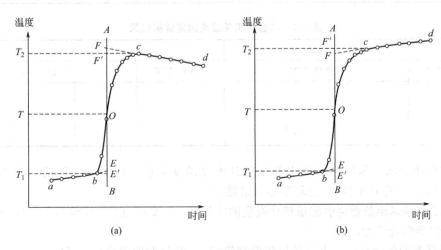

图 4-3　雷诺校正图

延长线交于 E、F 两点，则 E 点和 F 点所表示的温度差即为欲求温度的升高值 ΔT。如图 4-3 所示，EE' 表示环境辐射进来的热量所造成量热计温度的升高，这部分是必须扣除的；FF' 表示量热计向环境辐射出热量而造成量热计温度的降低，这部分是必须加入的。经过这样校正后的温差表示了由于样品燃烧使量热计温度升高的数值。

有时量热计的绝热情况良好，热量散失少，而搅拌器的功率又比较大，这样往往不断引进少量热量，使得燃烧后的温度最高点不明显出现，这种情况下 ΔT 仍然可以按照同法进行校正 [见图 4-3(b)]。

四、仪器与试剂

1. 仪器：氧弹量热计；精密数字温度温差仪；压片机；立式充氧器；容量瓶（1000mL）；万用电表；氧气钢瓶及减压阀；电子天平。

2. 试剂：萘（分析纯）；苯甲酸（已知燃烧热值）；引火丝。

五、实验步骤

1. 量热计常数的测定

具体操作可参考第三章第十四节内容（请同学实验前自拟实验步骤）。

2. 萘的燃烧热测定

称取 0.7g 左右萘，按量热计常数测定操作步骤进行量取恒温水、压片、装置氧弹、充氧、燃烧等实验操作。实验完毕后，洗净氧弹，倒出量热计盛水桶中的水，并擦干以待下次实验用。

六、数据记录与处理

1. 将实验测定的相关数据分别记录于表 4-1 及表 4-2 中。

表 4-1　实验中相关质量称量数据记录与处理

物质	铁丝 $m_{原}$/g	压片的总质量 $m_{总}$/g	剩余丝 $m_{剩}$/g	纯样品 m_s/g	燃烧掉铁丝 m_{Fe}/g
苯甲酸					
萘					

表 4-2　实验中相关温度测定数据记录

苯甲酸		萘	
点火前 T/K	点火后 T/K	点火前 T/K	点火后 T/K

2. 按作图法求出苯甲酸燃烧引起量热计温度的变化值，已知苯甲酸的恒容燃烧热为 $-26460\text{J}\cdot\text{g}^{-1}$（注意单位），计算量热计常数。

3. 按作图法求出萘燃烧引起量热计温度的变化值，已知萘的摩尔质量为 128.16g·mol^{-1}，计算萘的恒容燃烧热 $Q_{V,\text{m}}$。

4. 根据萘的燃烧反应，由萘的恒容燃烧热 $Q_{V,\text{m}}$ 计算萘的燃烧焓 $\Delta_\text{c}H_\text{m}$。

$$C_{10}H_8(s) + 12O_2(g) =\!=\!= 10CO_2(g) + 4H_2O(l)$$

5. 将所得实验值与化学数据手册所查出萘的燃烧焓（$-5153.9kJ \cdot mol^{-1}$）进行比较，计算相对误差，讨论造成误差的主要原因。

七、讨论与应用

1. 实验中为减少硝酸生成量，可先于氧弹中充入一定氧气使其中空气被置换排出，然后再关紧气阀，按规定充氧气。

2. 在精确测量中，由于氧气中含有氮气，在燃烧过程中，会产生硝酸和其他含氮氧化物。因它们的生成和溶于水中时会使系统温度变化而引起误差。具体校正如下：实验后打开氧弹，用少量去离子水分三次洗涤氧弹内壁，收集洗涤液于锥形瓶中，煮沸后，用 $0.1mol \cdot L^{-1}$ NaOH 溶液滴定，每消耗 1mL $0.1mol \cdot L^{-1}$ NaOH 滴定剂相当于放热 6J。

3. 点火后温度不迅速上升的原因可能为：
① 电极可能与氧弹壁短路，点火时变压器发出噪声，导线发热。
② 引火丝与电极接触不好，松动或断开。
③ 氧气不足，不能充分燃烧。
④ 在实验点火前，因操作失误，引火丝已断。

4. 燃烧热测定在工业上常用于石油、煤、天然气、燃料油、液化石油气等的热值测定；在食品和生物学中用以计算营养成分的热值，据此指导营养滋补品合理配方的确定。测定液体物质时，高沸点的液体可直接放在坩埚中测定；低沸点液体可密封于玻泡中，再将玻泡置于小片苯甲酸上使其燃裂后引燃。有的液体也可装于药用胶囊中引燃。计算试样热值时，需将引燃物和胶囊放出的热扣除（胶囊热值需单独测定）。

实验二 凝固点下降法测定摩尔质量

一、预习思考

1. 什么是凝固点？凝固点下降法测定摩尔质量的公式，在什么条件下才能使用？能否用于电解质溶液？

2. 为什么会产生过冷现象？如何控制过冷程度？

3. 为什么测定纯溶剂的凝固点时，过冷程度大一些对测定结果影响不大，而测定溶液凝固点时却必须尽量减小过冷程度？

4. 当溶质在溶液中存在解离、缔合和生成配合物的三种情况时，对摩尔质量测定值的影响如何？

5. 做好本实验的关键是什么？

二、实验目的

1. 用凝固点下降法测定萘的摩尔质量。
2. 学会凝固点测定实验装置的使用方法和凝固点的测定技术。
3. 加深对稀溶液依数性的理解。

凝固点下降法
测定摩尔质量

三、实验原理

含非挥发性溶质的二组分稀溶液（当溶剂与溶质不生成固溶体时）的凝固点将低于纯溶剂的凝固点。这是稀溶液的依数性质之一。当指定溶剂的种类和数量后，凝固点降低值取决于所含溶质分子的数目，即溶剂的凝固点降低值与溶液的浓度成正比。

$$\Delta T_f = T_0 - T = K_f b \tag{4-6}$$

这就是稀溶液的凝固点降低公式。式中，T_0 为纯溶剂的凝固点，K；T 为稀溶液的凝固点，K；K_f 为溶剂的质量摩尔凝固点降低常数，简称为溶剂的凝固点降低常数，$K \cdot kg \cdot mol^{-1}$；$b$ 为质量摩尔浓度，$mol \cdot kg^{-1}$。其中 b 可表示为：

$$b = \frac{m_B / M_B}{m_A} \tag{4-7}$$

式中，m_B 为溶质质量，g；m_A 为溶剂的质量，kg；M_B 为溶质的摩尔质量，$g \cdot mol^{-1}$。将式(4-7) 代入式(4-6) 可得式(4-8)，然后将其变形得式(4-9)。

$$\Delta T_f = K_f \frac{m_B}{M_B m_A} \tag{4-8}$$

$$M_B = K_f \frac{m_B}{\Delta T_f m_A} \tag{4-9}$$

如果已知溶剂的 K_f 值，则测得溶液的凝固点降低值 ΔT_f 后即可按式(4-9) 计算溶质的摩尔质量。

需要注意，如溶质在溶液中发生解离或缔合等情况，则不能简单地应用式(4-9) 加以计算。浓度稍高时，已不是稀溶液，致使测得的摩尔质量随浓度的不同而变化。为了获得比较准确的摩尔质量数据，常用外推法求得较准确的摩尔质量数值。

显而易见，全部实验操作归结为凝固点的精确测量。所谓凝固点是指在一定压力下，固液两相平衡共存的温度。理论上，在恒压条件下对单组分系统只要两相平衡共存就可达到这个温度。但实际上，只有固相充分分散到液相中，也就是固液两相的接触面积相当大时，平衡才能达到。例如将测量管放到冰浴后温度不断降低，达到凝固点后，由于固相是逐渐析出的，当凝固热放出速度小于冷却速度时，温度还可能不断下降，因而使凝固点的确定较为困难。为此，可先使液体过冷，然后突然搅拌。这样，固相骤然析出就形成了大量微小结晶，保证了两相的充分接触。同时，液体的温度也因凝固热的放出开始回升，直至达到凝固点，保持一会儿恒定温度，然后又开始下降，如图 4-4(a)，从而使凝固点的测定变得容易进行了。纯溶剂的凝固点相当于冷却曲线中的水平部分所指的温度。

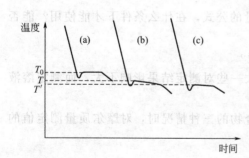

图 4-4　步冷曲线

溶液的冷却曲线与纯溶剂的冷却曲线不同，见图 4-4(b)，即当析出固相，温度回升到平衡温度后，不能保持一恒定值。因为部分溶剂凝固后，剩余溶液的浓度逐渐增大，平衡温度也要逐渐下降。如果溶液的过冷程度不大，可以将温度回升的最高值作为溶液的凝固点。若过冷太甚，凝固的溶剂过多，溶液的浓度变化过大，所得凝固点偏低，必将影响测定结果，见图 4-4(c)。因此实验操作中必须注意掌控系统的过冷程度。

四、仪器与试剂

1. 仪器：SWC-LG$_A$ 凝固点实验装置（参见第三章第十五节）；移液管（25mL）；测量管；空气套管；磁珠。

2. 试剂：环己烷（分析纯）；萘（分析纯）。

五、实验步骤

1. 纯溶剂凝固点的测定

具体操作可参考第三章第十五节内容（请同学实验前自拟实验步骤）。

2. 溶液凝固点的测定

（1）准确称取 0.2g 萘作为溶质，待全部溶解在环己烷中后，参照纯溶剂凝固点测定步骤测定溶液的近似温差值 t_4（两次平行测量值取均值得 $\bar{t}_4$）和溶液的精确温差值 t_5（三次平行测量值取均值得 $\bar{t}_5$）。则溶液精确凝固点为 $t_1 + \bar{t}_5$。

（2）实验完毕后，关闭电源，排净冰水混合物，回收试样，并注意回收磁珠。洗净测量管和空气套管，放入烘箱干燥。

六、数据记录与处理

1. 将测量得到的实验数据列表记录并整理，参见表 4-3。

表 4-3 纯溶剂和溶液凝固点测定数据记录

物质	温差值/K			温差平均值/K	凝固点降低值/K
环己烷	近似温差值 t_2	第一次		$\bar{t}_2$	
		第二次			
	精确温差值 t_3	第一次		$\bar{t}_3$	
		第二次			
		第三次			
萘的环己烷溶液	近似温差值 t_4	第一次		$\bar{t}_4$	
		第二次			
	精确温差值 t_5	第一次		$\bar{t}_5$	
		第二次			
		第三次			

2. 环己烷的密度 $\rho = 0.79707 - 0.8879 \times 10^{-3} t/℃$。式中，$\rho$ 是温度为 t 时环己烷的密度，$g \cdot cm^{-3}$。由环己烷的密度计算溶剂环己烷的质量 m_A，kg。

3. 由实验数据，按式（4-9）计算萘的摩尔质量，并与标准值比较，计算相对误差（已知萘的摩尔质量 $M_{萘} = 128.06 g \cdot mol^{-1}$）。

七、讨论与应用

1. 根据稀溶液的依数性，用凝固点下降法测得的是物质的数均摩尔质量。因此在测定大分子物质时必须先除去其中所含溶剂和小分子物质，否则它们将给结果带来很大影响。

2. 用凝固点下降法测定摩尔质量往往与所用溶剂类型和溶液浓度有关，如果被测物质在溶剂中产生缔合、解离和溶剂化等现象都会得出不正确的结果。

3. 在不同浓度下测定凝固点后再外推至无限稀释可得较好的结果。如不用外推法求凝固点，一般 ΔT_f 都偏高，误差较大。

4. 做好本实验的关键在于相平衡条件和过冷程度的控制。为此装溶液的测量管必须用玻璃外套管，并调节好套管内外的温差与搅拌速度。

5. 高温、高湿季节不宜做此实验，因水蒸气会进入系统中，造成测量结果偏低。

6. 凝固点下降法具有设备简单、不受外压影响、低温操作溶剂挥发损失小、一般溶剂均有较大的凝固点降低常数等优点，它在溶液热力学和实际应用上都有重要意义。

实验三　差热分析

一、预习思考

1. 差热分析的基本原理是什么？
2. 差热分析与简单热分析（步冷曲线法）有什么不同？
3. 如何根据差热曲线判断一个化学反应是吸热反应还是放热反应？
4. 差热曲线的形状与哪些因素有关？为什么差热峰的位置往往不刚好等于能发生相变的温度？
5. 影响差热分析结果的主要因素有哪些？

差热分析

二、实验目的

1. 掌握差热分析原理。
2. 学会差热分析操作，对 $CuSO_4 \cdot 5H_2O$ 热分解、$AgNO_3$ 和 KCl 的固相反应进行差热分析，并定性解释所得的差热图。

三、实验原理

主要矛盾与
次要矛盾

热分析是在程序控制温度下，测量物质的物理性质随温度变化的一类技术。所谓"程序控制温度"是指用固定的速率加热或冷却；所谓"物理性质"包括物质的质量、温度、热焓、尺寸、机械、声学、电学及磁学等性质。

将某一物质进行加热或冷却，在这个过程中，若有相变化发生，如发生熔化、凝固、晶型转变、分解脱水等变化时，总会伴随有吸热或放热现象。两种物质若发生固相反应，也有热效应产生，但在系统的温度-时间曲线上会出现顿、折并不显著，甚至根本显示不出来的情况。在这种情况下，常将有相变化的物质和参比物在相同的条件下进行加热或冷却，一旦被测试样发生相变，则其与参比物之间产生温度差，测定这种温度差，用于分析物质变化的规律，就称为差热分析（DTA）。其中参比物在实验温度变化的整个过程中不发生相变，如 Al_2O_3、MgO 等参比物。参比物的选择原则是要求其热容、导热系数等与被测试样基本相同。

从差热图上可以清楚地看到差热峰的数目、位置、高度、对称性以及峰的面积。峰的个数表示发生相变化和化学反应的次数；峰的方向表示吸热或放热；峰的面积表示热效应绝对值的大小；峰的位置表示发生相变化或化学反应的温度。在实际测定中，由于待测试样与参比物间往往存在着比热、导热系数、粒度、装填疏密程度、热电偶间的误差，再加上样品在测定过程中可能发生收缩或膨胀，差热曲线就会发生漂移，峰的前后基线不在一条直线上，差热峰可能比较平坦，转折点不明显，这时可以通过作切线方法来确定转折点。

五水硫酸铜（$CuSO_4 \cdot 5H_2O$）在常温常压下很稳定、不潮解，但在干燥空气中会逐渐风化。对于五水硫酸铜，在不同的相变温度下到底失去几个结晶水，从差热图上是看不出来的，但借助热重分析手段可以得出如下结论：当把五水硫酸铜加热至45℃时，它会失去两个结晶水，加热到110℃时又会失去两个结晶水，加热到250℃时会失去最后一个结晶水而成为无水物。

利用差热分析可确定物质发生相变化和化学反应的温度、热效应或进行物质鉴别、反应动力学研究等。在相同实验条件下，许多物质的差热图都有一定的特征性，所以还可以通过与已知物的差热图比较的方法来判断待测样品的种类。

四、仪器与试剂

1. 仪器：差热分析仪；研钵。
2. 试剂：$CuSO_4 \cdot 5H_2O$（分析纯）；$AgNO_3$（分析纯）；KCl（分析纯）；$\alpha\text{-}Al_2O_3$（化学纯）；苯（分析纯）；苯甲酸（分析纯）；Sn（分析纯）；Zn（分析纯）等。

五、实验步骤

1. 五水硫酸铜（$CuSO_4 \cdot 5H_2O$）失水差热分析

称量样品放入坩埚中，在另一只坩埚中放入等质量的参比物（$\alpha\text{-}Al_2O_3$），小心将两个坩埚放在差热分析仪的托盘上，待测样品在左侧，参比物在右侧。开启仪器进行差热分析。

2. $AgNO_3$ 和 KCl 固相反应的差热分析

将 $AgNO_3$ 和 KCl 等物质的量混合磨细，仍以 $\alpha\text{-}Al_2O_3$ 为参比物，做 $AgNO_3$ 和 KCl 混合物的差热分析，加热到190℃，停机。

3. 测定工作温度曲线

绘制工作温度曲线需要用差热分析的方法测定某些标准物的熔点。这些标准物的熔化峰位置就是其熔点温度。例如标准物质苯甲酸的熔点为122℃、锡的熔点为 232℃ 以及锌的熔点为419.5℃。记录这些标准物质熔点峰所对应的测温检流计格数。然后在坐标纸上作温度和测温检流计格数的关系曲线图，如图 4-5 所示。由于镍铬镍铝热电偶的热电势与温度值有良好的线性关系，所以一般只需测出三点就可以作出一条工作温度曲线。

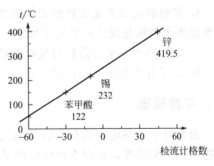

图 4-5　工作温度曲线图

六、数据记录与处理

1. 在直角坐标纸上作差热图。纵坐标为 ΔT（作图时按温差检流计格数表示），横坐标为 T（作图时按测温检流计格数表示）。作出差热图后，在工作温度曲线上找出峰的点格数所对应的温度，标在差热图上。

2. 解释样品在加热中发生物理、化学变化的情况，写出反应方程式。

3. 根据差热峰的面积，比较 $CuSO_4 \cdot 5H_2O$ 脱水时几步热效应的相对大小。

七、讨论与应用

1. 五水硫酸铜（$CuSO_4 \cdot 5H_2O$）的差热图上有三个峰，其中两个在低温区，一个在高温区。它们代表样品在加热过程中的脱水过程。对于低温区的两个峰，当升温速率较高时，其分辨率变差，易发生重叠；当升温速率变小时，这两个峰的分辨率提高且能达到基线分离。建议实验时用不同的升温速率对其进行实验。

2. 五水硫酸铜（$CuSO_4 \cdot 5H_2O$）的失水过程为：

$$CuSO_4 \cdot 5H_2O \xrightarrow{-2H_2O} CuSO_4 \cdot 3H_2O \xrightarrow{-2H_2O} CuSO_4 \cdot H_2O \xrightarrow{-H_2O} CuSO_4$$

从失水的过程看，失去最后一个水分子比较困难，$CuSO_4 \cdot 5H_2O$ 中各个水分子的结合力不完全一样，与 X 射线衍射仪配合测定，得到其结构为 $[Cu(H_2O)_4]SO_4 \cdot H_2O$。最后失去的一个水分子是以氢键连在 SO_4^{2-} 上的，所以失去较困难。

3. 差热分析（DTA）的准确性较差，在其基础上发展起来的示差扫描量热法（DSC）得到的定量分析结果更好些。

实验四　反应平衡常数的测定

一、预习思考

1. 分光光度法是如何测得 $[Fe(SCN)]^{2+}_\text{平}$ 的浓度？如何求反应的平衡常数？
2. 本实验中为什么溶液需要控制在相同的 pH？
3. 使用分光光度计及比色皿时有哪些注意事项？
4. 测量吸光度时如何选择参比溶液？

二、实验目的

1. 熟悉利用分光光度计测定低浓度下铁离子与硫氰酸根离子生成硫氰合铁配离子的液相反应的平衡常数。
2. 理解热力学平衡常数与反应物起始浓度无关。
3. 学习分光光度计的使用方法。

平衡常数的测定

三、实验原理

通常对于一些能生成有色物质的反应，可利用分光光度法测定参与反应物质的平衡浓度，从而求得反应的平衡常数。

根据朗伯-比尔定律可知，溶液的吸光度 A 与溶液中有色物质的浓度 c 和液层厚度 b 的乘积成正比：

戴安邦

$$A = \varepsilon b c \tag{4-10}$$

式中，ε 为摩尔吸光系数，$L \cdot mol^{-1} \cdot cm^{-1}$；$c$ 为有色物质的浓度，$mol \cdot L^{-1}$；b 为液层厚度（比色皿的厚度），cm。

将浓度为 c' 的标准溶液和浓度为 c 的待测溶液分别置于厚度同为 b 的比色皿中。由分光光度计分别测出标准溶液的吸光度 A' 和待测溶液的吸光度 A，此时式(4-10) 就可简化为式(4-11)。

$$A'/A = c'/c \tag{4-11}$$

根据式(4-11)就可求得待测溶液中有色物质的浓度 c。

Fe^{3+} 与 SCN^- 在溶液中可生成一系列的配离子，并共存于同一平衡系统中。Fe^{3+} 与 SCN^- 生成配合物的组成与 SCN^- 浓度有关。当 Fe^{3+} 与浓度很低的 SCN^-（小于 $5 \times 10^{-3} mol \cdot L^{-1}$）共存时，只进行如下反应：

$$Fe^{3+} + SCN^- \Longrightarrow [Fe(SCN)]^{2+}$$

该反应的经验平衡常数可表示为

$$K_c = \frac{[Fe(SCN)^{2+}]}{[Fe^{3+}][SCN^-]} \tag{4-12}$$

由于 Fe^{3+} 在水溶液中，存在水解平衡，所以 Fe^{3+} 与 SCN^- 的实际反应其实很复杂，反应机理如下：

$$Fe^{3+} + SCN^- \underset{k_{-1}}{\overset{k_1}{\rightleftharpoons}} [Fe(SCN)]^{2+}$$

$$Fe^{3+} + H_2O \overset{K_2}{\Longrightarrow} [FeOH]^{2+} + H^+ （快）$$

$$[FeOH]^{2+} + SCN^- \underset{k_{-3}}{\overset{k_3}{\rightleftharpoons}} [FeOH(SCN)]^+$$

$$[FeOH(SCN)]^+ + H^+ \overset{K_4}{\Longrightarrow} [Fe(SCN)]^{2+} + H_2O （快）$$

达到平衡时，可以得到

$$\frac{[Fe(SCN)^{2+}]_{平}}{[Fe^{3+}]_{平}[SCN^-]_{平}} = \frac{k_1 + \dfrac{K_2 k_3}{[H^+]_{平}}}{k_{-1} + \dfrac{k_{-3}}{K_4[H^+]_{平}}} = K_c \tag{4-13}$$

由式(4-13)可以看出，平衡常数与氢离子浓度有关。因此，本实验要在同一 pH 下进行。另外，本实验为离子平衡反应，离子强度对平衡常数也有很大影响，因此要求各被测溶液中的离子强度也应保持一致。

四、仪器与试剂

1. 仪器：722 型分光光度计（一台）；恒温水槽（一台）；容量瓶（50mL，4 只）；刻度移液管（5mL，1 支；10mL，4 支）。

2. 试剂：NH_4SCN 溶液（$1 \times 10^{-3} mol \cdot L^{-1}$，需准确标定）；$FeNH_4(SO_4)_2$ 溶液（$0.1 mol \cdot L^{-1}$，需准确标定 Fe^{3+} 浓度，并加入 HNO_3 使溶液的 H^+ 浓度为 $0.1 mol \cdot L^{-1}$）；HNO_3 溶液（$1 mol \cdot L^{-1}$）；KNO_3 溶液（$1 mol \cdot L^{-1}$）。

五、实验步骤

1. 实验装置预处理

将恒温夹套与恒温槽连接后放进分光光度计的暗箱中，恒温槽温度控制在 25℃。

2. 配制溶液

取 4 只 50mL 容量瓶，编号 1、2、3、4。配制离子强度为 0.7，H^+ 浓度为 $0.15 mol \cdot L^{-1}$，

SCN^-浓度为 $2\times10^{-4}mol \cdot L^{-1}$，$Fe^{3+}$ 浓度分别为 $5\times10^{-2}mol \cdot L^{-1}$、$1\times10^{-2}mol \cdot L^{-1}$、$5\times10^{-3}mol \cdot L^{-1}$、$2\times10^{-3}mol \cdot L^{-1}$ 的四种溶液，计算所需标准溶液的量，填入表4-4。根据计算结果，配制四种溶液，并置于恒温槽中恒温。

表 4-4　待测溶液的配制

容量瓶编号	1	2	3	4
NH_4SCN 溶液($1\times10^{-3}mol \cdot L^{-1}$)体积 V/mL				
$FeNH_4(SO_4)_2$ 溶液($0.1mol \cdot L^{-1}$)体积 V/mL				
HNO_3 溶液($1mol \cdot L^{-1}$)体积 V/mL				
KNO_3 溶液($1mol \cdot L^{-1}$)体积 V/mL				

3. 应用分光光度法测定反应的平衡常数

分光光度计的操作步骤可参考第三章第六节内容。将波长调至 460nm 处，取少量已恒温的 1 号溶液润洗比色皿 2～3 次，然后将溶液注入比色皿中，置于恒温夹套中。测量吸光度，更换溶液再重复测定两次，取均值。用同样的方法测定 2、3、4 号溶液的吸光度。

4. 实验结束

测量完毕，关闭分光光度计电源，从恒温夹套中取出比色皿，弃去其中的溶液，用去离子水洗净后放回原处。

六、数据记录与处理

1. 分光光度法测定平衡常数实验数据记录于表 4-5。

表 4-5　分光光度法测定平衡常数数据记录与处理

容量瓶编号	$[Fe^{3+}]_始$	$[SCN^-]_始$	吸光度	吸光度比	$[Fe(SCN)^{2+}]_平$	$[Fe^{3+}]_平$	$[SCN^-]_平$	K_c
1				—	—	—	—	—
2								
3								
4								

将表 4-5 中的数据按如下方法计算。

对于 1 号容量瓶 Fe^{3+} 与 SCN^- 的离子反应达平衡时，可以认为 SCN^- 全部被消耗，此时平衡时 $[Fe(SCN)^{2+}]_平$ 的浓度即为反应开始时 SCN^- 的浓度。

$$[Fe(SCN)^{2+}]_{平(1)} = [SCN^-]_始$$

以 1 号溶液的吸光度为基准，对应 2、3、4 号溶液的吸光度求出吸光度比。

$$[Fe(SCN)^{2+}]_平 = 吸光度比 \times [Fe(SCN)^{2+}]_{平(1)} = 吸光度比 \times [SCN^-]_始$$

$$[Fe^{3+}]_平 = [Fe^{3+}]_始 - [Fe(SCN)^{2+}]_平$$

$$[SCN^-]_平 = [SCN^-]_始 - [Fe(SCN)^{2+}]_平$$

2. 计算平衡常数 K_c。

七、讨论与应用

1. Fe^{3+} 与 SCN^- 生成配合物的组成，与 SCN^- 的浓度相关，随着 SCN^- 浓度增加，

Fe^{3+} 与 SCN^- 生成配合物的组成发生如下变化。

$$Fe^{3+}+SCN^- \longrightarrow [Fe(SCN)]^{2+} \longrightarrow [Fe(SCN)_2]^+ \longrightarrow Fe(SCN)_3 \longrightarrow$$
$$[Fe(SCN)_4]^- \longrightarrow [Fe(SCN)_5]^{2-}$$

2. 分光光度法的应用可以扩大到紫外光和红外光区，对于没有颜色的物质的测定也可以应用。也可以在同一样品中对两种以上的物质同时测定。

3. 吸收光谱方法是物理化学研究中的重要方法之一。例如用于测定平衡常数以及化学动力学中反应速率和反应机理的研究。

实验五　碳酸钙分解压的测定

一、预习思考

1. 本实验为什么要在真空条件下进行？
2. 碳酸钙的量是否对其分解压有影响？
3. 如何利用本实验所测定的实验数据求反应的热力学函数变？
4. 如何求解碳酸钙分解反应的分解温度？
5. 温度对化学平衡究竟会产生怎样的影响？

约翰·道尔顿

二、实验目的

1. 了解低真空系统的操作方法。
2. 熟悉一种测定平衡压力的方法。
3. 测定指定温度下碳酸钙的分解压，计算该温度下 $CaCO_3$ 分解反应的标准平衡常数。
4. 计算在一定范围内 $CaCO_3$ 分解反应的热力学函数变。

范托夫

三、实验原理

纯的碳酸钙（$CaCO_3$）为白色固体，常温下不易分解，高温条件下分解。

$$CaCO_3(s) \xrightarrow{\text{高温}} CaO(s)+CO_2(g)$$

碳酸钙分解压
的测定

该反应为可逆的多相反应，若不移走反应产物，在恒温条件下很容易达到平衡，标准平衡常数可表示为

$$K^{\ominus}(T) = \frac{p_{CO_2}}{p^{\ominus}} \tag{4-14}$$

式中，p_{CO_2} 为该反应温度下的 CO_2 的平衡分压，当无其他气体存在时，p_{CO_2} 也就是平衡系统的总压力，其被称为分解压。因此，当系统达到平衡后测量其总压 p 即可求出该温度下碳酸钙分解反应的标准平衡常数 $K^{\ominus}(T)$。

温度对平衡常数的影响可以用 van't Hoff 方程来描述：

$$\frac{\mathrm{d}\ln K^{\ominus}}{\mathrm{d}T} = \frac{\Delta_r H_m^{\ominus}}{RT^2} \tag{4-15}$$

式中，$\Delta_r H_m^{\ominus}$ 为标准摩尔反应焓（变）。对于吸热反应，$\Delta_r H_m^{\ominus} > 0$，$K^{\ominus}$ 随温度之升高而增大。当温度变化范围不大时，$\Delta_r H_m^{\ominus}$ 可视为常数，将式(4-15) 不定积分得式(4-16)。

$$\ln K^{\ominus} = -\frac{\Delta_r H_m^{\ominus}}{RT} + C \tag{4-16}$$

通过实验测得一系列温度时的 $K^{\ominus}$ 值，作 $\ln K^{\ominus}$ -$1/T$ 图，应是一条直线。直线的斜率 $-\Delta_r H_m^{\ominus}/R$ ，由此可求出该温度范围内的 $\Delta_r H_m^{\ominus}$ 。碳酸钙的分解是吸热反应，反应的热效应相当大，所以温度对平衡常数的影响也相当大，实验测定时应严格调节反应器的温度并控制较好的恒温条件。

实验求得某些温度下的标准平衡常数 $K^{\ominus}$ 后，可按式(4-17)计算该温度下的标准摩尔反应吉布斯函数（变）$\Delta_r G_m^{\ominus}$ 。

$$\Delta_r G_m^{\ominus}(T) = -RT\ln K^{\ominus} \tag{4-17}$$

利用式(4-18)可计算得到该温度下的标准摩尔反应熵（变）$\Delta_r S_m^{\ominus}$ 。

$$\Delta_r S_m^{\ominus}(T) = \frac{\Delta_r H_m^{\ominus}(T) - \Delta_r G_m^{\ominus}(T)}{T} \tag{4-18}$$

四、仪器与试剂

1. 仪器：$CaCO_3$ 分解压测定装置，参见图 4-6。
2. 试剂：粉状碳酸钙（分析纯）。

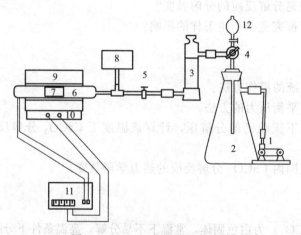

图 4-6　$CaCO_3$ 分解压测定装置

1—机械真空泵；2—缓冲用抽滤瓶；3—干燥塔（内装无水氯化钙为干燥剂）；4—真空三通活塞；5—两通旋塞；
6—石英反应管；7—瓷管（内装碳酸钙）；8—数字式低真空测压仪；9—管式电炉；10—热电偶测温计；
11—智能温度控制仪；12—干燥管（内装石灰）

五、实验步骤

1. 样品的安放

称取 5g 碳酸钙试样，装入瓷管中部使其均匀地铺开，然后小心地送入石英管中段，封好石英管套盖，最后用橡胶管将其与系统接通。

2. 检查漏气

检查并旋转真空旋塞通路方向使真空三通活塞 4 既与大气又与系统相通，两通旋塞 5 成通路。按真空泵箭头所指方向盘动皮带轮，然后接通电源使真空泵启动。缓缓旋动真空三通活塞 4，逐渐关闭与大气的通路，然后用机械真空泵抽气，使系统最大限度地接近真空。接下来依次关闭两通旋塞 5，并旋转真空三通活塞 4，使真空泵与大气相通，再切断真空泵电源（注意真空泵在停止工作前必须使泵的抽气口与大气连通，否则由于压力差会使泵中真空油被大气驱入系统造成事故）。记下数字式低真空测压仪上的读数，在 2min 后检查表头压力有无变化。若压力不断增加则表明系统漏气，应找出原因，消除后再检查至不漏为止。

3. 检查线路、加热

检查管式电炉、智能温度控制仪、热电偶测温计、电源稳压器的连接线路，并确保各仪器开关处于断路状态。设定智能温度控制仪的升温程序，最后按动控制器开关接通电炉加热电源。此时温度指示仪左边绿色指示灯亮。

4. 检查气密性

当温度将达到 200℃时，按真空泵启动规定，接通真空泵电源，抽去系统余气。在开泵后真空三通活塞 4 再旋至与干燥管连通，然后连通两通旋塞 5，设定智能温度控制仪，使温度上升速度控制在 5℃·min^{-1} 左右，此时利用碳酸钙少量分解产生的气体排除系统中仍存在的其他气体。在炉温到达 500℃以前，记录压力计读数，并同时旋转两通旋塞 5 以切断反应管、压力计至真空泵的通路。最后按停泵要求停止真空泵的转动。

5. 测压、测温

若温度上升到达设定温度，且稳定于设定温度附近。说明碳酸钙分解已基本上达到平衡，测定此时的压力，此时反应管压力即碳酸钙分解压 p_{CO_2}，记下压力计读数，读出管内温度。

在 650~880℃之间选定 5~6 个温度，由低温到高温测定指定温度下的 $CaCO_3$ 的分解压。

6. 整理、清洁并结束实验

测定完毕，按动智能温度控制仪开关，切断加热电源，按电源稳压器使其断路，最后关掉电源总开关。当炉温降至 400℃以下后，缓缓转动两通旋塞 5，使空气进入系统消除真空，然后取出试样瓷管，整理好全部实验装置，做好清洁工作，结束实验。

六、数据记录与处理

1. 记录室温及大气压。

2. 记录不同温度下的低真空测压仪读数于表 4-6 中。

表 4-6　碳酸钙分解压的测定实验数据记录与处理表

序号	炉温读数		$\dfrac{1}{T}$ /K^{-1}	压力计读数 /kPa	分解压 /kPa	$\ln p$ /$p^{\ominus}$
	电压/mV	t/℃				
1						
2						
3						
4						
5						
6						

3. 计算不同温度下碳酸钙分解反应的标准平衡常数。

4. 作出碳酸钙分解反应标准平衡常数与温度的关系图，即 $\ln K^{\ominus}$-$1/T$ 图。

5. 计算实验温度范围内的 $\Delta_r H_m^{\ominus}(T)$、$\Delta_r G_m^{\ominus}(T)$、$\Delta_r S_m^{\ominus}(T)$。

七、讨论与应用

1. 实验中注意勿使碳酸钙洒落在石英管壁上。

2. 实验中要保持系统的良好气密性。

3. 石灰石（碳酸钙）是一种主要的脱硫剂（比如在燃烧脱硫中），$CaCO_3$ 分解得到 CaO，可通过 CaO 与 SO_2 的反应来达到控制污染的目的。

实验六　二元液系相图

一、预习思考

1. 绘制乙醇-环己烷标准液的折射率-组成曲线的目的是什么？

2. 每次加入蒸馏瓶中的环己烷或乙醇是否要精确量取？

3. 如何判断已达气-液两相平衡状态？如何判断回流效果好坏？

4. 折射率的测定为什么要在恒定温度下进行？

5. 本实验中，恒沸组成的蒸气压比拉乌尔定律所预测的蒸气压大还是小？

6. 使用阿贝折射仪要注意些什么？

吉布斯

二、实验目的

1. 绘制乙醇-环己烷双液系的沸点-组成图，确定其恒沸组成及恒沸点。

2. 掌握回流冷凝法测定溶液沸点的方法。

3. 掌握阿贝折射仪的使用方法。

二元液系相图

三、实验原理

常温下，两种液态物质相互混合而形成的液态混合物，称为双液系。若两种液体能按任意比互相溶解，则称为完全互溶双液系。

在恒定压力下，表示溶液沸点与组成关系的图称之为沸点-组成图（T-x 图），即所谓的相图。完全互溶双液系恒定压力下的沸点-组成图（见图 4-7）可分为以下三类：

① 溶液沸点介于两纯组分沸点之间，如苯-甲苯系统，见图 4-7(a)。

② 溶液存在最低沸点，环己烷-乙醇系统，见图 4-7(b)。

③ 溶液存在最高沸点，卤化氢-水系统，见图 4-7(c)。

②、③两类系统在最低或最高沸点时的气-液两相组成相同，此时将系统蒸馏，只能够使气相总量增加，而气-液两相的组成和沸点都保持不变，因此，称该组成的混合物为恒沸混合物。其最高或最低沸点称为恒沸点，相应的组成称为恒沸组成。

①类系统可通过反复蒸馏而使双液系的两个组分完全分离，而对②、③类的溶液进行简单的反复蒸馏只能获得某一纯组分和恒沸混合物。如要获得两纯组分，需采取其他方法。

为了绘制沸点-组成图，必须知道气相和液相的组成，关于组成的测定可采取不同的方法。比如取该系统不同组成的溶液，用化学分析方法分析沸腾时该组成的气、液组成。可以想象，对于不同的系统要用不同的化学分析方法来确定其组成，这种方法是很繁杂的。特别

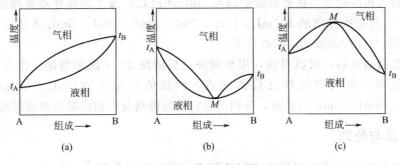

图 4-7　沸点-组成图

是对于一些还无法建立起精确、有效的化学分析方法的系统。物理学的方法为物理化学的实验手段提供了方便的条件，比如光学方法。在本实验中所使用的测定折射率的方法，就是一种间接获取组成的办法。具体方法是：先绘制出一定温度下的折射率-组成关系曲线，然后对于未知组成的样品，测定其在该温度下的折射率，便可从折射率-组成关系曲线上查出相应组成。

取不同组成的溶液在沸点仪中回流，测定其沸点及气、液相组成。沸点数据可直接由温度计获得；气、液相组成可通过测其折射率，然后由折射率-组成曲线确定。根据所测数据可绘制出沸点-组成图。

四、仪器与试剂

1. 仪器：FNTY-3A 型双液系气液平衡相图实验装置（仪器结构及使用方法参见第三章十六节）；阿贝折射仪（包括恒温装置）；刻度移液管（1mL、10mL、25mL）；吸液管。

2. 试剂：乙醇（分析纯）；环己烷（分析纯）。

五、实验步骤

1. 已知浓度溶液折射率的测定

欲知气、液两相乙醇（或环己烷）的组成，需要作折射率-组成标准工作曲线，再用内插法在图上找出折射率所对应的成分组成，不同组成溶液的配制方法如下：洗净并烘干 8 个小滴瓶，冷却后准确称量其中的 6 个。然后用刻度移液管分别加 1mL、2mL、3mL、4mL、5mL、6mL 乙醇，分别称其质量，再依次分别加入 6mL、5mL、4mL、3mL、2mL、1mL 的环己烷，再称量。旋紧盖子后摇匀。另外两个空的小滴瓶中分别加入纯环己烷、乙醇。在恒温下分别测定这些样品的折射率。绘制折射率-组成的标准工作曲线。

2. 溶液沸点及气、液相组成的测定

① 洗净、烘干蒸馏瓶，固定在测试支架上，连接冷凝水，然后加入 20mL 乙醇，将插有温度计和加热棒的橡胶塞塞在蒸馏瓶口，将温度计探头浸入液体的 1/3 处，加热棒位置低于温度计。将红、黑导线连接到电流输出端口，温度计连到温度计探头端口。打开回流冷却水，将电流调节旋钮旋至最小，打开电源开关。开启数字式温度开关和稳流电源并预热 10min。调节电流调节旋钮，使液体加热至沸腾，回流并观察温度计的变化，待温度恒定，记下沸腾温度，即为乙醇的沸点。沸点测定完毕后，停止加热待充分冷却，用吸液管分别从冷凝管上端的分馏液取样口及加液口取样，用阿贝折射仪分别测定气相冷凝液和液相的折射率，再由折射率-组成标准工作曲线查得气、液相组成。

② 倾倒回气相冷凝液，在蒸馏瓶中加入 1mL 环己烷，按上述操作步骤测定沸点及气、液两相折射率，再依次分别加入 1mL、2mL、3mL、3mL、4mL、5mL 环己烷，做同样的实验。分别测定气相冷凝液和液相折射率。

③ 上述实验结束后，回收母液，用少量环己烷清洗 3～4 次蒸馏瓶。注入 20mL 环己烷，再装好仪器，先测定纯环己烷的沸点，然后依次加入 0.2mL、0.2mL、0.5mL、0.5mL、2mL、5mL、5mL 的乙醇，分别测定它们的沸点及气相冷凝液和液相的折射率。

六、数据记录与处理

1. 绘制出乙醇-环己烷标准溶液的折射率-组成的标准工作曲线。
2. 将气、液两相平衡时的沸点、折射率等数据列于表 4-7。

表 4-7　乙醇-环己烷二元液系相图测定数据记录与处理表

测量系统	加入体积 /mL	沸点/℃	气相冷凝液		液相	
			折射率	组成 $y_{环己烷}$	折射率	组成 $x_{环己烷}$
向乙醇中加入环己烷	0					
	1					
	1					
	...					
向环己烷中加入乙醇	0					
	0.2					
	0.2					
	...					

3. 用乙醇-环己烷标准溶液的折射率-组成标准工作曲线确定各气、液相组成，并填入表 4-7。
4. 绘制沸点-组成图，并确定最低恒沸点及相应的恒沸组成。

七、讨论与应用

1. 正确绘制相图是实验技能训练的目的之一。绘制相图时应注意以下几点：
① 纵、横坐标的选取要注意比例适当，相图以形成方块形为宜。
② 不能使用的实测点不要画在相图的曲线上，实测点的取舍要有充分的理由和根据。
③ 恒沸点是本实验系统的特征点，但它是通过相图绘制后从相图上得到的，而不是通过实验直接测得的。
2. 本实验采用的是回流分析法，因而回流的好坏将直接影响实验结果的好坏。要回流得好，应注意以下几点：
① 要注意回流时电热丝的供热，不宜过高，即供热电流不宜过大，以维持被测系统刚刚沸腾的状态为宜；温度过高，容易造成被测试样暴沸；也容易造成气相冷凝不完全，沸腾温度不易测量。
② 气相的冷凝要完全，这样不仅可以减少气相的不必要的损失，而且可以使温度迅速达到平衡值，使测量更准确。

③ 气相冷凝液的小球部分不宜过大，否则很难获得稳定的沸腾温度。回流效果好坏的标志是沸腾温度能在较短的时间内达到稳定，否则要对上述诸原因进行分析并解决。

3. 相图中组成的确定并不是以实际加入量来确定的，而是通过折射率的大小来确定的。所以把握住折射率测定的准确性，就可以保证相图绘制的准确性。

4. 一定要待温度稳定后，即系统达到气、液平衡后才能取样分析。

5. 气液平衡数据是用精馏法分离液体混合物的基础。如遇到恒沸混合物，则需辅以其他手段，如加入第三组分以改变原有两组分的相对挥发度，再进行萃取蒸馏或恒沸蒸馏。

实验七　二组分金属相图的绘制

一、预习思考

1. 什么是步冷曲线？

2. 试用相律分析各步冷曲线上出现平台的原因。

3. 步冷曲线法测绘相图的原理是什么？

4. 用步冷曲线法测绘相图时，应注意哪些问题？

5. 为什么在不同组成样品的步冷曲线上，最低共熔点的水平线段长度不同？

6. 具有低共熔点的两组分金属固液平衡相图中点、线、面的含义分别是什么？

二、实验目的

1. 掌握步冷曲线法测绘二组分金属固液平衡相图的原理和方法。

2. 了解固液相图的特点，加深对相变化过程的认识和理解。

二组分金属
相图的绘制

三、实验原理

二组分金属相图是表示两种金属混合系统组成与凝固点关系的图。由于此系统属凝聚系统，一般视为不受压力影响，通常表示为固液平衡时液相组成与温度的关系图。若两种金属在固相完全不溶，在液相可完全互溶，一般具有简单低共熔点，其相图具有比较简单的形式。对于具有简单低共熔点的二组分系统，其相图可分三个区域，即液相区、固液共存区和固相区。绘制相图时，根据不同组成样品的相变温度（即凝固点）绘制出这三个区域的交界线，也就是液相线，即图 4-8(a) 中的 OA 和 OB，并找出低共熔点 T_E 和液相组成 X_E。

步冷曲线法又称为热分析法，是测绘相图的基本方法之一。其原理是根据系统在冷却过程中，温度随时间的变化情况来判断系统中是否发生了相变化。通常做法是将金属混合物或其合金加热全部熔化，然后让其在一定的环境中缓慢而均匀地冷却，测定冷却过程中待测样品的温度随时间变化的曲线，即步冷曲线。根据步冷曲线上温度的转折点获得该组成的相变点温度。图 4-8(b) 曲线 Ⅰ～Ⅳ是 Cd-Bi 系统不同组成样品的步冷曲线。

曲线 Ⅰ 是纯组分 Bi 的步冷曲线，它由两段曲线及一水平段组成。在冷却过程中，当系统温度达到 Bi 的凝固点时，开始析出固体，所释放的熔化热抵消了系统的散热，步冷曲线上出现一个平台，平台的温度（554K）即为纯 Bi 的凝固点。

曲线 Ⅱ 是主要为 Bi 物质但含少量 Cd 物质样品的步冷曲线。由于含有 Cd 物质，凝固点

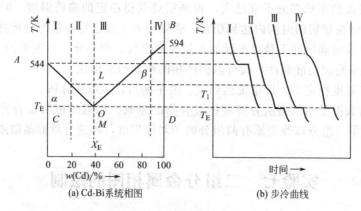

(a) Cd-Bi系统相图　　(b) 步冷曲线

图 4-8　Cd-Bi 相图和步冷曲线

L—液相区；α—纯 Bi 固体和液相共存的两相区；β—纯 Cd 固体和液相共存的两相区；
M—纯 Bi 固体和纯 Cd 固体共存的两相区；COD 水平线段—Cd、Bi 固体和液相共存的三相线；
OA—Bi 的凝固点降低曲线；OB—Cd 的凝固点降低曲线；O—三相共存；
A—纯 Bi 的凝固点；B—纯 Cd 的凝固点；T_E—低共熔点；X_E—低共熔混合物组成

降低，在低于纯 Bi 凝固点的某一温度开始析出固体 Bi，但由于 Bi 的析出使得 Cd 在系统的浓度升高，凝固点进一步下降，所以曲线产生了一个转折，直到当液态组成为低共熔混合物组成时，Bi 和 Cd 同时析出，释放较多的熔化热，使得曲线 Ⅱ 又出现了平台。如果液相中 Cd 的含量比低共熔混合物的 Cd 含量高，则步冷曲线与曲线 Ⅱ 相似，如图中曲线 Ⅳ，只是此时先析出的固体为 Cd。

曲线 Ⅲ 是低共熔混合物的冷却曲线，它的形状和曲线 Ⅰ 相似。水平线段的出现是因为当温度到 T_E 时同时析出纯 Cd 和纯 Bi 固体，此时固体 Cd、固体 Bi 和液相三相共存，系统自由度为 0，温度不变。

实验中配制一系列不同组成的样品，分别测定步冷曲线，通过步冷曲线找出转折点温度及平台温度，将温度与组成关系绘制在坐标系中，连接各点，即可得二组分金属固液平衡相图。

四、仪器与试剂

1. 仪器：JX-3D8 金属相图测量装置（仪器结构及使用方法参见第三章第十七节）；样品管；托盘天平。

2. 试剂：纯镉（分析纯）；纯铋（分析纯）。

五、实验步骤

1. 配制样品

用最小刻度为 0.1g 的托盘天平分别配制含 Cd 量为 0%、20%、40%、60%、80%、100% 的 Cd-Bi 混合物各 100g，装入 6 只样品管中。样品上覆盖一层石墨粉以防止金属氧化。

2. 仪器的安装

参考第三章第十七节内容，请同学自拟下述实验内容的具体操作步骤。

3. 测定样品的步冷曲线

测定 Cd 含量分别为 0%、20%、40%、60%、80%、100% 的样品（6 个）的温度（T）-时间（t）曲线（步冷曲线）。

4. 绘制二组分金属相图

通过上述样品的步冷曲线，找出转折点温度及平台温度，绘制温度-组成关系图，即得二组分金属的固液平衡相同。

六、数据记录与处理

根据实验数据作 T-t 步冷曲线，找出拐点和平台所对应的温度。以质量分数为横坐标，温度为纵坐标，绘出 Cd-Bi 二组分金属相图，并表示出各区域的相数、自由度和意义。

七、讨论与应用

1. 步冷曲线的"平台"不明显的原因可能有：样品不纯；冷却速度不合适（太快或太慢）；样品量不够等。

2. 步冷曲线绘制的好坏，控制好冷却速度是关键之一。每次熔化后要将样品搅拌均匀，并要防止样品氧化变质。

3. 从二组分金属相图可以看出各组成的样品在各个温度下所处的状态、合金的结晶过程以及冷却后所得到的结构，另外根据相图还可对合金的性质进行分析。

4. 利用相图可以预测合金缓慢冷却时具有何种组织和能否通过热处理改变其显微组织。因为合金的工艺性能（铸造、热处理、切削加工等）和使用性能（机械、物理、化学性能等）均与其显微组织密切相关。

5. 二组分金属相图还可以应用于冶炼和合金制备。例如，不同品种钢铁的性能取决于其中碳含量的高低，在钢铁生产中可根据铁-碳系统相图选择条件以获得所需要性能的钢铁产品。此外，第二组分（杂质）在金属固-液两相中的分凝相图是区域熔炼（又称区域提纯）技术的依据。区域熔炼技术是提纯金属、半导体材料、无机和有机结晶材料以及超导材料的优良方法。

实验八　溶解热的测定

一、预习思考

1. 什么是溶解热、积分溶解热、微分溶解热？
2. 什么是稀释热、积分稀释热、微分稀释热？
3. 本实验温差零点为何设置在室温以上约 0.5℃？
4. 为什么本实验一旦开始测量，中途就不能停顿？
5. 如何确定积分溶解热、微分溶解热、积分稀释热和微分稀释热？
6. 本实验为什么采用电热补偿法测定硝酸钾的溶解热？

溶解热的测定

二、实验目的

1. 掌握采用电热补偿法测定热效应的基本原理。

2. 用电热补偿法测定硝酸钾在水中的积分溶解热，并用作图法求出硝酸钾在水中的微分溶解热、积分稀释热和微分稀释热。

3. 熟悉溶解热测定实验装置的使用方法。

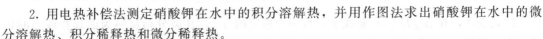

三、实验原理

物质溶解过程所产生的热效应称为溶解热（溶解焓）。它可分为积分溶解热和微分溶解热两种。积分溶解热是指定温定压下把 1mol 溶质溶解在物质的量为 n_0 mol 溶剂中时所产生的热效应。由于在溶解过程中溶液浓度不断改变，因此又称为变浓溶解热，以 $\Delta_{sol}H$ 表示。微分溶解热是指在定温定压下把 1mol 溶质溶解在无限量某一定浓度溶液中所产生的热效应。在溶解过程中浓度可视为不变，因此又称为定浓溶解热，以 $\left(\dfrac{\partial \Delta_{sol}H}{\partial n}\right)_{T,p,n_0}$ 表示，即定温、定压、定溶剂状态下，由微小的溶质增量所引起的热量变化。

稀释热是指将溶剂添加到溶液中，使溶液稀释过程中的热效应，又称为冲淡热。它也有积分（或变浓）稀释热和微分（或定浓）稀释热两种。积分稀释热是指在定温定压下把原含 1mol 溶质和 n_{01} mol 溶剂的溶液冲淡到含有 n_{02} mol 溶剂时的热效应，即为两浓度的积分溶解热之差。微分稀释热是指将 1mol 溶剂加到无限量某一浓度的溶液中所产生的热效应，以 $\left(\dfrac{\partial \Delta_{sol}H}{\partial n_0}\right)_{T,P,n}$ 表示，即定温、定压、定溶质状态下，由微小溶剂增量所引起的热量变化。

积分溶解热的大小与浓度有关，但不具有线性关系。通过实验测定，可绘制出一条积分溶解热 $\Delta_{sol}H$ 与相对于 1mol 溶质的溶剂量 n_0 之间的关系曲线，如图 4-9 所示，其他三种热效应由 $\Delta_{sol}H$-n_0 曲线求得。

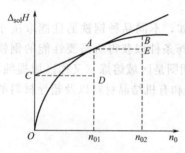

图 4-9　$\Delta_{sol}H$-n_0 曲线

设纯溶剂、纯溶质的摩尔焓分别为 $H_{m_1}^*$ 和 $H_{m_2}^*$，溶液中溶剂和溶质的偏摩尔焓分别为 H_1 和 H_2，对于由 n_1 mol 溶剂和 n_2 mol 溶质所组成的系统，在溶剂和溶质未混合前，系统的总焓为：

$$H = n_1 H_{m_1}^* + n_2 H_{m_2}^* \tag{4-19}$$

将溶剂和溶质混合后，系统的总焓为：

$$H' = n_1 H_1 + n_2 H_2 \tag{4-20}$$

因此，溶解过程的热效应为：

$$\Delta H = H' - H = n_1(H_1 - H_{m_1}^*) + n_2(H_2 - H_{m_2}^*) = n_1 \Delta H_1 + n_1 \Delta H_2 \tag{4-21}$$

在无限量溶液中加入 1mol 溶质，式(4-21) 中的第一项可认为不变，在此条件下所产生的热效应为式(4-21) 第二项中的 ΔH_2，即微分溶解热。同理，在无限量溶液中加入 1mol 溶剂，所生的热效应为式(4-21) 中第一项中的 ΔH_1，即微分稀释热。

根据积分溶解热的定义，则有：

$$\Delta_{sol}H = \frac{\Delta H}{n_2} \tag{4-22}$$

将式(4-21) 代入式(4-22)，可得

$$\Delta_{sol}H = \frac{n_1}{n_2}\Delta H_1 + \Delta H_2 = n_{01}\Delta H_1 + \Delta H_2 \tag{4-23}$$

此式表明，在 $\Delta_{sol}H$-n_0 曲线上，对一个指定的 n_{01}，其微分稀释热为曲线在该点的切线斜率，即图 4-9 中的 AD/CD；n_{01} 处的微分溶解热为该切线在纵坐标上的截距，即图 4-9 中的 OC。

在含有 1mol 溶质的溶液中加入溶剂，使溶剂量由 n_{01} mol 增加到 n_{02} mol，所产生的积分稀释热即为 $\Delta_{sol}H - n_0$ 曲线上 n_{01} 和 n_{02} 两点处 $\Delta_{sol}H$ 的差值，即图 4-9 中的 BE。

本实验测定硝酸钾在水中溶解热。由于该溶解过程是吸热过程，故可采用电热补偿法进行测定。实验时先测定系统的起始温度，当溶解过程进行后温度下降，采用电加热法使系统温度回到起始温度，根据所消耗的电能可求出溶解过程的热效应。

$$Q = I^2 Rt = IVt \tag{4-24}$$

式中，I 为在加热器电阻丝中流过的电流，A；V 为电阻丝两端所加的电压，V；t 为通电时间，s。

四、仪器与试剂

1. 仪器：NDRH-5S 溶解热一体化实验装置（使用方法参见第三章第十八节）；电子天平；称量瓶；加料器；研钵。

2. 试剂：硝酸钾（固体，研磨后，在烘箱中 110℃烘干 1.5～2h 后置于干燥器待用）。

五、实验步骤

1. 称样

取 8 个称量瓶，在电子天平上先放置空瓶，再依次加入 2.5g、1.5g、2.5g、3.0g、3.5g、4.0g、4.0g 和 4.5g 硝酸钾，称量至 0.001g。称量完成后置于干燥器中待用。

称量 216.2g 蒸馏水放置于杜瓦瓶中。

2. 连接装置和测量

参照第三章第十八节完成装置连接和测量（请同学实验前自拟具体实验步骤）。

3. 称量空称量瓶质量

在电子天平上称取 8 个空称量瓶的质量，根据两次质量之差计算加入的硝酸钾的质量。

4. 实验结束

实验结束后，打开杜瓦瓶瓶盖，检查硝酸钾是否完全溶解。如未完全溶解，则要重做实验。将杜瓦瓶中的溶液倒至废液回收桶中（注意回收搅拌子），洗净烘干，用蒸馏水洗涤加热器和测温探头。关闭仪器电源和电脑，整理实验桌面，罩上仪器罩。

六、数据记录与处理

1. 数据记录。记录 8 份样品的质量，并输入"溶解热"实验软件相应的数据栏。

2. 利用"溶解热"实验软件绘制 $\Delta_{sol}H - n_0$ 曲线。

3. 利用数据处理软件拟合出 $\Delta_{sol}H - n_0$ 曲线方程，将 n_0 为 80mol、100mol、200mol、300mol、400mol 代入曲线方程，求出溶液在这几处的积分溶解热。

4. 将所得曲线方程对 n_0 求导，将上述几个 n_0 值代入所得的导函数，求出 $\Delta_{sol}H - n_0$ 关系曲线在这些点上的切线斜率，即为溶液 n_0 在这些点处的微分稀释热。

5. 利用一元函数的点斜式公式求截距，可得溶液在这些点处的微分溶解热。

6. 计算溶液 n_0 为变化 80mol → 100mol；100mol → 200mol；200mol → 300mol；300mol→400mol 时的积分稀释热。

七、讨论与应用

1. 本实验应确保样品充分溶解，因此实验前应加以研磨，实验时应注意保持合适的搅拌速度。加入样品时不宜过快，以免使转子陷住而不能正常搅拌。但样品加入速度也不能太慢，否则一方面会造成系统与环境有过多的热量交换，另一方面可能会因为加热速度较快而无法读到温差过零点的时刻。

2. 实验是连续进行的，一旦开始加热就必须把所有测量步骤做完。

3. 实验过程中各称量瓶应在干燥器中按顺序放置，在测量前后称量瓶编号不能搞乱，否则实验结果会出现错误。

4. 纯物质的生成焓比较容易从手册中找到，而若需要计算溶液中进行反应的反应热就需要知道反应物和生成物的溶解热，这样就能计算溶液中进行反应的反应热。

实验九　热力学设计性实验

一、设计性实验 1（燃烧热测定法定性分析马来酸和富马酸）

1. 实验背景

马来酸和富马酸都是丁烯二酸，其结构式分别如下：

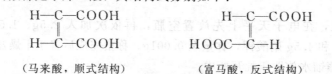

（马来酸，顺式结构）　　　　　　（富马酸，反式结构）

热力学设计性实验

因顺式结构不稳定，其燃烧热较反式结构的燃烧热值高。通过测定两种物质的燃烧热数值，可以确定何者为顺式结构，何者为反式结构。

2. 实验要求

将马来酸和富马酸作为未知物发放给学生，学生根据所学燃烧热测定的实验技术，实验前独立设计上述两种物质燃烧热测定的实验方案，并由实验指导教师检查，实验方案设计合格后，进入实验室分别测定马来酸和富马酸两种物质的燃烧热值，并根据所得燃烧热数值，作出定性分析，判断哪一个是马来酸，哪一个是富马酸。实验结束后独立完成实验报告（具体内容包括：实验目的、实验原理、实验步骤、实验数据记录与处理、实验结论、讨论等部分）。

二、设计性实验 2（凝固点下降法测定尿素的摩尔质量）

1. 实验背景

凝固点下降法测定摩尔质量是一个经典实验，实验二选用的是"萘-环己烷"作为溶质和溶剂的实验系统。环己烷、萘是致癌物质，同时环己烷易挥发，实验过程中需要气密保护，所以高温、高湿季节实验效果不大好。为避免实验污染，可选用以"水"为溶剂、"尿素"为溶质的实验系统测定尿素的摩尔质量。

2. 实验要求

根据凝固点下降法测定摩尔质量的基本原理，利用凝固点实验装置，依据相关参考文献，实验前独立完成凝固点下降法测定尿素摩尔质量的实验方案设计。经实验指导教师检查，且实验方案设计合格后，进入实验室测定尿素的摩尔质量。根据实验中测量的数据计算尿素摩尔质量的测量值，与标准值进行对照，进行误差分析。实验结束后，完成实验报告（具体内容包括：实验目的、实验原理、实验步骤、实验数据记录与处理、实验结论、讨论等部分)。

3. 实验提示

实验的关键是制作温度合适的制冷剂，保持溶剂（溶液）每分钟下降 $0.6\sim0.8℃$ 的冷却速度，以及设计合适的凝固点降低值。$3.0\%\sim4.0\%$ 氯化钠水溶液的结晶温度在 $-2\sim3℃$ 之间，基本符合制冷剂温度低于纯溶剂凝固点 $3℃$ 左右的要求。凝固点降低值设计在 $0.480℃$ 左右。

三、设计性实验 3［一水草酸钙（$CaC_2O_4\cdot H_2O$）差热曲线的绘制与解析］

1. 实验背景

在通过差热分析所得到的差热图中，峰的数目、位置、面积和方向反映了所测样品在所测定的温度范围内所发生的物理变化和化学变化的次数、发生变化的温度范围、热效应的大小和正负。峰的高度、宽度、对称性除与测试条件有关外，还与变化过程的动力学因素有关。

图 4-10 是一水草酸钙（$CaC_2O_4\cdot H_2O$）的差热曲线。其中第一个吸热峰是脱水；第二个放热峰是草酸钙分解为碳酸钙和生成的一氧化碳发生氧化。由于氧化放热较多，抵消分解吸热有余，因此会出现放热峰，如果在惰性气氛中进行反应，则只会出现分解反应的吸热峰。第三个吸热峰是碳酸钙的分解。具体涉及的化学反应如下：

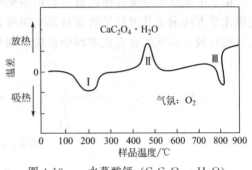

图 4-10　一水草酸钙（$CaC_2O_4\cdot H_2O$）的差热曲线

(1) $CaC_2O_4\cdot H_2O \longrightarrow CaC_2O_4 + H_2O$

(2) $CaC_2O_4 \longrightarrow CaCO_3 + CO \qquad CO + \frac{1}{2}O_2 \longrightarrow CO_2$

(3) $CaCO_3 \longrightarrow CaO + CO_2$

2. 实验要求

根据实验三"差热分析"所述实验原理和操作步骤，实验前独立完成一水草酸钙（$CaC_2O_4\cdot H_2O$）差热曲线的绘制与解析实验方案设计。经实验指导教师检查，且实验方案设计合格后，进入实验室绘制一水草酸钙（$CaC_2O_4\cdot H_2O$）差热曲线。然后分析所得差热图，指出各峰的起始温度和峰值，并讨论随温度变化系统的变化机理以及样品的热稳定性。实验结束后，完成实验报告（具体内容包括：实验目的、实验原理、实验步骤、实验数据记录与处理、实验结论、讨论等部分）。

四、设计性实验 4［锡-铋（Sn-Bi）二元金属相图绘制］

1. 实验背景

二元金属相图在冶金等领域有着重要的应用，一般采用热分析方法测定，即利用步冷曲线的形状来决定相图的相界。物理化学实验中经常采用 Pb 或 Cd 等金属为研究对象，但 Pb 熔点高且 Pb、Cd 均有毒性，不适合选作化学教学实验。近年来二组分金属相图的研究对象向低熔点、无毒化金属发展。选取熔点较接近、高温不易被氧化的 Sn、Bi 作为研究对象，绘制具有低熔点的锡-铋（Sn-Bi）二组分金属相图，可降低实验成本，最大限度地降低实验对人和环境的危害，实现物理化学实验的绿色化。

2. 实验要求

根据实验七"二组分金属相图"绘制实验的原理和实验步骤，独立完成锡-铋（Sn-Bi）二元金属相图的绘制实验方案设计。经实验指导教师检查，且实验方案设计合格后，进入实验室用步冷曲线法测绘锡-铋（Sn-Bi）二元金属相图，在相图中标出各区域的平衡状态，并从相图中求出低共熔点及低共熔混合物的组成。实验结束后，完成实验报告（具体内容包括：实验目的、实验原理、实验步骤、实验数据记录与处理、实验结论、讨论等部分）。

五、设计性实验 5（甲基红的酸解离平衡常数的测定）

1. 实验背景

由于甲基红本身带有颜色且在有机溶剂中解离度很小，所以用一般的化学分析法或其他物理化学方法测定其解离平衡常数都有困难，但用分光光度法可测定弱电解质（甲基红）的酸解离常数。甲基红在有机溶剂中形成下列平衡：

酸式（HMR，红色）

碱式（MR$^-$，黄色）

可以简写为：

$$HMR \rightleftharpoons H^+ + MR^-$$

甲基红的解离平衡常数为：

$$K_a = \frac{[H^+][MR^-]}{[HMR]} \tag{4-25}$$

$$pK_a = pH - \lg\frac{[MR^-]}{[HMR]} \tag{4-26}$$

$[MR^-]/[HMR]$ 可用分光光度法测定求得，溶液的 pH 可以用酸度计测得。

2. 实验要求

请参阅相关参考文献，完成甲基红的酸解离平衡常数的测定实验方案设计。经实验指导教师检查，且实验方案设计合格后，进入实验室采用分光光度法测定甲基红的酸解离平衡常数。实验结束后，完成实验报告（具体内容包括：实验目的、实验原理、实验步骤、实验数据记录与处理、实验结论、讨论等部分）。

第五章 动力学实验

实验十　蔗糖水解反应速率常数的测定

一、预习思考

1. 蔗糖水解的反应速率与哪些因素有关？反应速率常数又该如何测定呢？

2. 在测定蔗糖水解反应速率常数时，选用长的旋光管好？还是短的旋光管好？

3. 为什么可用去离子水来校正旋光仪的零点？

4. 配制蔗糖溶液时称量不够准确，对测量结果是否有影响？

5. 在混合蔗糖溶液和盐酸溶液时，可否将蔗糖溶液加到盐酸溶液中？为什么？

6. 试分析本实验存在哪些误差，怎样减少这些实验误差？

阿伦尼乌斯

二、实验目的

1. 了解旋光仪的简单结构及测定旋光度的原理，正确掌握旋光仪的使用方法。

2. 利用旋光仪测定蔗糖水解反应的速率常数。

蔗糖水解反应速率
常数的测定

三、实验原理

根据实验确定反应 $A+B \longrightarrow C$ 的速率方程为：

$$\frac{\mathrm{d}x}{\mathrm{d}t} = k(c_{A,0} - x)(c_{B,0} - x) \tag{5-1}$$

式中，$c_{A,0}$、$c_{B,0}$ 分别为 A、B 的起始浓度；x 为时间 t 时生成物 C 的浓度；k 为反应速率常数。

这是一个二级反应。但若起始时两种物质的浓度相差很远，即 $c_{B,0} \gg c_{A,0}$，在反应过程中 B 的浓度减少很小，可视为常数，上式可写成

$$\frac{\mathrm{d}x}{\mathrm{d}t} = k'(c_{A,0} - x) \tag{5-2}$$

这样的反应为准一级反应。将上式移项积分 $\int_0^x \frac{\mathrm{d}x}{c_{A,0} - x} = \int_0^t k' \mathrm{d}t$

得
$$k' = \frac{2.303}{t} \lg \frac{c_{A,0}}{c_{A,0} - x} \qquad (5\text{-}3)$$

或
$$\int_{x_1}^{x_2} \frac{dx}{c_{A,0} - x} = \int_{t_1}^{t_2} k' dt$$

得
$$k' = \frac{2.303}{t_2 - t_1} \lg \frac{c_{A,0} - x_1}{c_{A,0} - x_2} \qquad (5\text{-}4)$$

蔗糖水解反应就属于此类反应，反应方程式为：

$$C_{12}H_{22}O_{11} + H_2O \xrightarrow{H^+} C_6H_{12}O_6 + C_6H_{12}O_6$$
$$\text{蔗糖} \qquad\qquad \text{D-葡萄糖} \qquad \text{L-果糖}$$

其反应速率与蔗糖、水以及作为催化剂的氢离子浓度有关。反应进行过程中保持氢离子浓度不变，水作为溶剂，其量远大于蔗糖，可视作常数，所以此反应可视作一级反应。当温度为定值时，反应速率常数为定值。蔗糖及其水解后的产物都具有旋光性，但旋光能力不同，所以可用反应过程中旋光度的变化来度量反应的进程。

在实验中，把一定浓度的蔗糖溶液与一定浓度的盐酸溶液等体积混合，用旋光仪测量旋光度随时间的变化关系，然后推算蔗糖的水解程度。因为蔗糖具有右旋光性，其比旋光度 $[\alpha]_D^{20} = 66.37°$，而水解产生的葡萄糖为右旋性物质，其比旋光度 $[\alpha]_D^{20} = 52.7°$；果糖为左旋光性物质，其比旋光度 $[\alpha]_D^{20} = -92°$。由于果糖的左旋性比较大，故反应进行时，右旋数值逐渐减小，最后变成左旋，因此蔗糖水解作用又称为转化作用。用旋光仪测得旋光度的大小与溶液中被测物质的旋光性、溶剂性质与光源波长、光源所经过的厚度、测定时温度等因素有关，当这些条件固定时，旋光度 α 与被测溶液的浓度呈直线关系：

$$\alpha_0 = A_\text{反} c_0 \, (t = 0 \text{ 蔗糖未转化时的旋光度}) \qquad (5\text{-}5)$$
$$\alpha_\infty = A_\text{生} c_0 \, (t = \infty \text{ 蔗糖全部转化时的旋光度}) \qquad (5\text{-}6)$$
$$\alpha_t = A_\text{反}(c_0 - x) + A_\text{生} x \, [t = t \text{ 蔗糖浓度为}(a - x)\text{ 时的旋光度}] \qquad (5\text{-}7)$$

式中，$A_\text{反}$、$A_\text{生}$ 分别为反应物与生成物的比例常数；c_0 为反应物起始浓度也是水解结束生成物的浓度；x 为 t 时生成物的浓度。

由式(5-5)、式(5-6)、式(5-7) 得

$$\frac{c_0}{c_0 - x} = \frac{\alpha_0 - \alpha_\infty}{\alpha_t - \alpha_\infty} \qquad (5\text{-}8)$$

将式(5-8) 代入式(5-3)，则得

$$k = \frac{2.303}{t} \lg \frac{\alpha_0 - \alpha_\infty}{\alpha_t - \alpha_\infty} \qquad (5\text{-}9)$$

整理得

$$\lg(\alpha_t - \alpha_\infty) = -\frac{k}{2.303} t + \lg(\alpha_0 - \alpha_\infty) \qquad (5\text{-}10)$$

以 $\lg(\alpha_t - \alpha_\infty)$ 对 t 作图，由直线斜率求出速率常数 k。这样只要测出蔗糖水解过程中不同时间的旋光度 α_t 以及全部水解后的旋光度 α_∞，速率常数 k 就可求得。

如果测出不同温度时的 k 值，利用 Arrhenius 方程定积分式可求出反应在该温度范围内的平均活化能。

四、仪器与试剂

1. 仪器：旋光仪及其附件（1 套）；磨口塞锥形瓶（2 只）；恒温水槽及其附件（1 套）；

秒表（1 只）；量杯（50mL，2 只）；烧杯（150mL，1 个）；移液管（20mL，1 个）；移液管（20mL，刻度；1 支）；天平（1 台）；漏斗架；漏斗。

2. 试剂：蔗糖（分析纯，需 110℃烘干）；盐酸（4.00mol·L^{-1}）。

五、实验步骤

1. 仪器装置

仔细阅读光学测量技术中旋光仪部分，了解旋光仪的构造、原理（第二章第五节），并掌握其使用方法（第三章第八节）。

2. 旋光仪的校正

去离子水为非旋光物质，可用来校正旋光仪。校正时，首先应将旋光管洗净，然后再将旋光管的两端分别加上玻璃窗片和橡胶垫圈，最后将螺丝帽盖盖上，使玻璃片紧贴住样品管口，从旋光管中部的开口处向管内灌满去离子水，此时管中若有气泡存在，则将气泡赶至旋光管中部的开口处。在旋紧螺丝帽盖时，不宜用力过猛，以免将玻璃窗片压碎，旋光管的螺丝帽盖不宜旋得过紧，以防产生应力而影响读数的准确性。随后用滤纸将管外的水吸干，样品管两端的玻璃窗片用擦镜纸擦干净，然后将旋光管放入旋光仪的样品室中，盖上箱盖，待小数稳定后，按"清零"按钮清零。待数显框中出现零时，再按下"复测"键钮，数显框中再次出现零，重复上述操作 3 次，待示数稳定后，即校正完毕。注意，每次进行测试时样品管安放的位置和方向都应当保持一致。

3. 溶液的配制

在天平上称 6g 蔗糖，将其置于 150mL 烧杯中，加入 30mL 去离子水，使蔗糖完全溶解，若溶液浑浊，则要过滤。用移液管移取 20.00mL 上述蔗糖溶液和 20.00mL 盐酸溶液（4.00mol·L^{-1}）分别注入 100mL 磨口锥形瓶中，并盖上塞子。将恒温水浴调节到所需的反应温度，并将此两只锥形瓶同时置于恒温水槽中恒温 10min。

4. 反应过程中旋光度的测定

将 298.15K 恒温后的 20mL 4.00mol·L^{-1} 盐酸溶液倒入盛有 20mL 蔗糖溶液（已恒温 298.15K）的 100mL 磨口锥形瓶中，当盐酸溶液倒入一半时，记下反应开始的时间，迅速混合，使之混合均匀后，立即取少量的反应液润洗旋光管两次，然后在旋光管中盛满反应液，进行旋光度测量。此时样品的放置要与零点校正时放置的位置和方向一致，测量各时刻的旋光度。第一个数据的测定要在反应开始 1～2min 内进行；前 20min 内，以 1 次/min 的间隔记录数据；20min 后，以 1 次/4min 的间隔记录数据，直到旋光度为负值为止，大约需连续测量 1h。

5. α_∞ 的测量

为了得到 α_∞，可将剩余反应液放置 48h 后，在相同实验温度下进行测定。也可将剩余反应液置于 50～60℃的水浴中温热 40min，以加速水解反应至完全，然后取出冷却至相同实验温度下再进行测定。在 10～15min 内读取 5 个数据。若在测量误差范围内（<0.1°）则取其均值，该平均值即为 α_∞。

实验结束后，应立即将旋光管洗净、擦干，防止酸对旋光管的腐蚀和蔗糖对玻璃片等的黏合，洗净后放入烘箱烘干。

六、数据记录与处理

1. 将时间 t、旋光度 $[\alpha_t - \alpha_\infty]$、$\lg[\alpha_t - \alpha_\infty]$ 列表记录于表 5-1。

表 5-1 蔗糖水解反应速率常数的测定实验数据记录表

时间 t /min	α_t	$[\alpha_t - \alpha_\infty]$	$\lg[\alpha_t - \alpha_\infty]$	k

2. 以时间 t 为横坐标，$\lg[\alpha_t - \alpha_\infty]$ 为纵坐标作图，由直线斜率求出 k，并求出蔗糖溶液的半衰期。

七、讨论与应用

1. 温度对反应速率常数影响很大，严格控制温度是做好本实验的关键。建议反应开始时溶液的混合操作在恒温箱中进行。反应进行到后期阶段，为加快反应进程，采用 $50 \sim 60 ℃$ 恒温，以促使反应完全，但温度不能高于 $60 ℃$，否则将会发生脱水副反应，使反应液变黄。在 H^+ 催化下，除了苷键断裂进行转化反应外，由于高温还发生脱水反应，这将会影响测量结果。

2. 本实验中旋光度的测定应当使用同一台仪器和同一支旋光管，并且在旋光仪中所放的位置和方向都必须保持一致。

3. 在混合蔗糖溶液和盐酸溶液时，不能将蔗糖溶液加到盐酸溶液中的原因是因为将反应物蔗糖加入大量盐酸溶液中时，马上会分解产生果糖和葡萄糖，当在加入一半时，已经有一部分蔗糖产生了反应，记录 t 时刻对应的旋光度已经不准确了。反之，将盐酸溶液加入蔗糖溶液中去，由于 H^+ 浓度小，反应速率小，计时之前所进行的反应的量就很小。

4. 在实验中所用的盐酸对旋光仪和样品管的金属部件有腐蚀性，实验结束时，必须将其彻底洗净，并用滤纸吸干水分，以保持仪器和样品管的洁净和干燥。

5. 本实验用盐酸溶液作催化剂，实验过程浓度保持不变。若改变盐酸浓度，其蔗糖转化速率也随着变化。温度与盐酸浓度对蔗糖水解速率常数影响的参考文献值参见表 5-2。

表 5-2 温度与盐酸浓度对蔗糖水解速率常数的影响

$c_{HCl}/mol \cdot L^{-1}$	$k \times 10^3/min^{-1}$		
	298.2K	308.2K	318.2K
0.0502	0.4169	1.738	6.213
0.2512	2.255	9.355	35.86
0.4137	4.043	17.00	60.86
0.9000	11.16	46.76	148.8
1.214	17.455	75.97	—
$E_a = 108kJ \cdot mol^{-1}$			

6. 本实验还可以采用测定两个温度下的反应速率常数来计算反应活化能。如果时间许可，最好测定 $5 \sim 7$ 个温度下的速率常数，用作图法求算反应活化能 E_a，更合理可靠。

7. 测定旋光度有以下几种用途：

① 检验物质的纯度。

② 测定物质在溶液中的浓度或含量。

③ 测定溶液的密度。

④ 鉴别光学异构体。

实验十一 乙酸乙酯皂化反应速率常数的测定

一、预习思考

1. 为什么本实验要在恒温下进行？如何配制乙酸乙酯与 NaOH 溶液？
2. 实验中为什么乙酸乙酯与 NaOH 溶液浓度必须足够稀且要求初始浓度相同？
3. 被测溶液的电导是由哪些离子贡献的？反应过程中溶液的电导为何发生变化？
4. 本实验要求反应液一经混合就立刻计时？此时溶液的 c_0 应为多少？
5. 怎样利用实验结果证明乙酸乙酯皂化反应是二级反应？
6. 反应物先混合后再放进恒温槽是否可以？为什么？

二、实验目的

1. 通过电导法测定乙酸乙酯皂化反应速率常数并求反应的活化能。
2. 进一步理解二级反应的特点。
3. 掌握电导率仪的使用方法。

乙酸乙酯皂化反应
速率常数的测定

三、实验原理

反应速率与反应物浓度的二次方或与两种反应物浓度之积成正比的反应，称为二级反应。乙酸乙酯的皂化反应是典型的二级反应：

$$CH_3COOC_2H_5 + OH^- \longrightarrow CH_3COO^- + C_2H_5OH$$

设反应物乙酸乙酯与碱的起始浓度相同，则反应速率方程为：

$$-\frac{dc}{dt} = kc^2 \tag{5-11}$$

积分后可得反应速率常数 k 的表达式：

$$k = \frac{1}{tc_0} \cdot \frac{c_0 - c}{c} \tag{5-12}$$

式中，c_0 为反应物的起始浓度；c 为反应进行中任一时刻反应物的浓度。为求得某温度下的 k 值，需知该温度下反应过程中任一时刻 t 时的浓度 c。测定这一浓度的方法很多，本实验采用电导法。

本实验中乙酸乙酯不具有明显的导电性，其浓度变化不影响电导的数值。反应中 Na^+ 的浓度始终不变，它对溶液的电导具有固定的贡献，而与电导的变化无关。反应系统中只是 OH^- 和 CH_3COO^- 的浓度变化对电导的影响较大，由于 OH^- 的迁移速率约是 CH_3COO^- 的 5 倍，所以溶液的电导随着 OH^- 的消耗而逐渐降低。

溶液在时间 $t=0$、$t=t$ 和 $t=\infty$ 时的电导可分别以 G_0、G_t 和 G_∞ 来表示。实质上，G_0 是 NaOH 溶液浓度为 c_0 时的电导，G_t 是 NaOH 溶液浓度为 c 时的电导 G_{NaOH} 与 CH_3COONa 溶液浓度为 (c_0-c) 时的电导 G_{CH_3COONa} 之和，而 G_∞ 则是产物 CH_3COONa

溶液浓度为 c_0 时的电导。由于溶液的电导与电解质的浓度成正比，所以：

$$G_{\text{NaOH}} = G_0 \frac{c}{c_0}$$

$$G_{\text{CH}_3\text{COONa}} = G_\infty \frac{c_0 - c}{c_0}$$

由此，G_t 可以表示为：

$$G_t = G_0 \frac{c}{c_0} + G_\infty \frac{c_0 - c}{c_0} \tag{5-13}$$

则：

$$G_0 - G_t = (G_0 - G_\infty) \frac{c_0 - c}{c_0}$$

$$G_t - G_\infty = (G_0 - G_\infty) \frac{c}{c_0}$$

所以

$$\frac{G_0 - G_t}{G_t - G_\infty} = \frac{c_0 - c}{c} \tag{5-14}$$

将式(5-14)代入式(5-12)，得

$$k = \frac{1}{tc_0} \cdot \frac{G_0 - G_t}{G_t - G_\infty} \tag{5-15}$$

由式(5-15)可见，利用作图法（以 $\dfrac{G_0 - G_t}{G_t - G_\infty}$ 对 t 作图）或计算法均可求出此反应的速率常数 k。

亦可将式(5-15)变为如下形式：

$$G_t = \frac{1}{kc_0} \cdot \frac{G_0 - G_t}{t} + G_\infty \tag{5-16}$$

以 G_t 对 $\dfrac{G_0 - G_t}{t}$ 作图，可以求得反应速率常数 k。

当 $c = \dfrac{1}{2}c_0$，由式(5-12)可知，该反应的半衰期 $t_{1/2}$ 为：

$$t_{1/2} = \frac{1}{kc_0} \tag{5-17}$$

可见，反应物起始浓度相同的二级反应，其半衰期 $t_{1/2}$ 与起始浓度成反比。由式(5-17)可知，$t_{1/2}$ 亦是作图所得直线的斜率。

若由实验求得两个不同温度下的速率常数 k，则可利用公式：

$$\ln \frac{k_2}{k_1} = -\frac{E_a}{R} \left(\frac{1}{T_2} - \frac{1}{T_1} \right) \tag{5-18}$$

计算出反应的活化能 E_a。

四、仪器与试剂

1. 仪器：恒温水槽（1台）；电导率仪（1台）；烧杯（250mL，2个）；容量瓶（1000mL，2只）；秒表（1块）；移液管（20mL，2支）；混合反应器；单管；洗耳球。

2. 试剂：NaOH 溶液（$0.02\text{mol} \cdot \text{L}^{-1}$）；NaOH 溶液（$0.01\text{mol} \cdot \text{L}^{-1}$）；$\text{CH}_3\text{COOC}_2\text{H}_5$ 溶液（$0.02\text{mol} \cdot \text{L}^{-1}$）。

五、实验步骤

1. 实验装置的准备

将电导电极接在数显电导率仪上，打开电导率仪的开关，将量程置于 $20mS \cdot cm^{-1}$，温度补偿值始终在25℃上。按照电导电极上的常数进行校正，并对电极进行清洗拭干以备用。

2. 实验条件的设置

打开恒温槽开关，调节到实验所需温度25℃。

3. 溶液配制

准确配制 $0.02mol \cdot L^{-1}$ NaOH溶液和 $0.02mol \cdot L^{-1}$ $CH_3COOC_2H_5$ 溶液。

（1）$0.02mol \cdot L^{-1}$ $CH_3COOC_2H_5$ 溶液的配制

在100mL容量瓶中，加入蒸馏水（本实验所用蒸馏水都必须是新煮沸过的）20mL，准确称量至0.0001g，再用滴管滴入乙酸乙酯6～7滴，摇匀后称量，估算每滴的质量，控制加入乙酸乙酯的滴数，使总加入量为 $0.165～0.175g$ 之间，摇匀后再称其质量，称准至0.0001g。然后注入蒸馏水至刻度，混合均匀，并计算乙酸乙酯溶液的浓度。

（2）$0.02mol \cdot L^{-1}$ NaOH溶液的配制

计算配制与乙酸乙酯溶液浓度相同的NaOH溶液100mL所需浓度为 $0.2000mol \cdot L^{-1}$ NaOH标准溶液的体积。用移液管准确量取NaOH标准溶液并注入100mL容量瓶中，用蒸馏水稀释至刻度。

4. G_0 的测定

取略多于半管的 $0.01mol \cdot L^{-1}$ NaOH溶液，插入电极，溶液液面必须浸没电极。置于恒温槽中，恒温15min，然后测其电导，此值为 G_0，记录数据。

5. 25℃时 G_t 的测定

在干燥的混合反应器（图5-1）中，用移液管加入20.00mL $0.02mol \cdot L^{-1}$ NaOH溶液于a池中，加入20.00mL $0.02mol \cdot L^{-1}$ $CH_3COOC_2H_5$ 溶液于b池中。在a池内插入电极，b池塞上带孔的橡胶塞，置于25℃恒温槽中，大约15min后，用洗耳球使两种溶液均匀混合，同时计时，作为反应起始时间，从计时起每2min读一次数，大约40min后可停止实验。

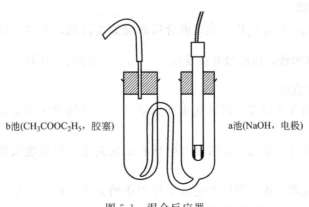

b池($CH_3COOC_2H_5$，胶塞)   a池(NaOH，电极)

图5-1 混合反应器

6. 35℃时 G_t 的测定

采用上述2、4、5步骤，在35℃下进行实验，并记录数据（注意电极应在25℃下进行校正）。

六、数据记录与处理

1. 将实验数据记录于表 5-3。

表 5-3　不同温度下的实验数据记录与处理表

25℃			35℃		
t /min	G_t /mS	$\dfrac{G_0-G_t}{t}$ /mS·min^{-1}	t /min	G_t /mS	$\dfrac{G_0-G_t}{t}$ /mS·min^{-1}
2			2		
4			4		
⋮			⋮		
40			40		

2. 利用表中数据以 G_t 对 $\dfrac{G_0-G_t}{t}$ 作图，求两温度下的反应速率常数 k（注意标出单位）。

3. 利用所作之图求 25℃、35℃ 两个温度下的 G_∞。

4. 利用式(5-18)计算此反应的活化能 E_a。

七、讨论与应用

1. 影响实验准度，作图时线性不佳的主要因素：

① 如果恒温槽的温度波动超过 ±0.5℃ 范围，会对皂化反应的速率和作图时的线性产生较大影响。

② NaOH 溶液和 $CH_3COOC_2H_5$ 溶液在配制、量取和恒温时操作不当会造成浓度降低。

③ 在用洗耳球把 $CH_3COOC_2H_5$ 溶液压入 NaOH 溶液时，如果动作不迅速，反应的起始时间记录不准，会产生误差。

④ 使用电导率仪进行测量时，若不经常进行仪器校正，会产生测量误差。应在每次测量前 1min 校正好仪器。

2. 乙酸乙酯皂化反应是吸热反应，混合后系统温度降低，所以在混合后的开始几分钟内所测溶液的电导率偏低，因此最好在反应 4~6min 后开始；否则由 G_t 对 $\dfrac{G_0-G_t}{t}$ 作图得到的是抛物线，而非直线。

3. 求反应速率的方法很多，归纳起来有化学分析法和物理化学分析法。本实验采用的是物理化学分析法中的电导法。

4. 当碱液足够稀时，才能保证浓度与电导有正比关系。但浓度太稀则反应过程电导变化小，测量误差大。

5. 采用混合反应器及连续测定和记录电导变化的方法，在动力学实验及用电导对过程进行监测和控制的场合有一定的实用价值。

6. 空气中的 CO_2 会溶入蒸馏水，并与配制的 NaOH 溶液发生反应而使溶液浓度发生改变。$CH_3COOC_2H_5$ 溶液久置会缓慢水解。而水解产物之一—CH_3COOH 会部分消耗 NaOH

溶液，所以本实验所用去离子水应是新煮沸的，所用溶液是需要新鲜配制的。

实验十二 丙酮碘化反应

一、预习思考

1. 如何对某一复杂反应的机理进行推断？
2. 本实验是如何确定反应速率常数的？
3. 如何通过实验确定丙酮碘化反应的反应级数？

二、实验目的

1. 测定用酸作催化剂时丙酮碘化反应的反应速率常数。
2. 通过本实验加深对复杂反应特征的理解。
3. 掌握分光光度计的使用方法。

丙酮碘化反应

三、实验原理

丙酮碘化反应是一个复杂反应，其反应方程式为：

$$I_2 + CH_3\overset{\overset{\displaystyle O}{\|}}{C}CH_3 \xrightarrow{H^+} CH_3\overset{\overset{\displaystyle O}{\|}}{C}CH_2I + I^- + H^+$$

H^+ 是反应的催化剂，由于丙酮碘化反应本身能生成 H^+，故该反应是一个自催化反应。

复杂反应是由若干基元反应组成的，其反应速率和反应物浓度间的关系不能用质量作用定律来表示，必须由实验测定。

实验测定丙酮碘化反应的速率方程为：

$$\frac{dc_E}{dt} = kc_A c_{H^+} \tag{5-19}$$

式中，c_E 为碘化丙酮（CH_3COCH_2I）浓度；c_A 为丙酮（CH_3COCH_3）浓度；c_{H^+} 为氢离子（H^+）浓度；k 为反应速率常数。根据以上实验事实，可对丙酮碘化反应的机理作如下推测：

（1）氢离子和丙酮反应

$$CH_3\overset{\overset{\displaystyle O}{\|}}{C}CH_3 + H^+ \underset{k_{-1}}{\overset{k_1}{\rightleftharpoons}} CH_3\overset{\overset{\displaystyle OH^+}{\|}}{C}CH_3$$
$$\text{(A)} \qquad\qquad\qquad\qquad \text{(B)}$$

（2）在氢离子作用下，丙酮烯醇化

$$CH_3\overset{\overset{\displaystyle OH^+}{\|}}{C}CH_3 \overset{k_2}{\underset{慢}{\longrightarrow}} CH_3\overset{\overset{\displaystyle OH}{\|}}{C}CH_2 + H^+$$
$$\text{(B)} \qquad\qquad\qquad\qquad \text{(D)}$$

（3）烯醇与碘反应

$$CH_3-\overset{\overset{\displaystyle OH}{|}}{C}=CH_2+I_2 \xrightarrow{k_3} CH_3-\overset{\overset{\displaystyle O}{\|}}{C}-CH_2I+I^-+H^+$$

$$\text{(D)} \qquad\qquad\qquad\qquad \text{(E)}$$

由于第一个反应是快步骤，反应很快达成平衡，故有：

$$K=\frac{k_1}{k_{-1}}=\frac{c_B}{c_A c_{H^+}} \tag{5-20}$$

式中，K 为氢离子和丙酮反应的平衡常数。

用烯醇式 D 和产物 E 表示的反应速率方程是：

$$\frac{dc_D}{dt}=k_2 c_B-k_3 c_D c_{I_2} \tag{5-21}$$

$$\frac{dc_E}{dt}=k_3 c_D c_{I_2} \tag{5-22}$$

应用稳态条件，即令 $\dfrac{dc_D}{dt}=0$，得

$$k_2 c_B=k_3 c_D c_{I_2} \tag{5-23}$$

将式(5-23)代入式(5-22)得

$$\frac{dc_E}{dt}=k_2 c_B \tag{5-24}$$

结合式(5-20)得

$$\frac{dc_E}{dt}=k_2 K c_A c_{H^+}=k c_A c_{H^+} \tag{5-25}$$

式(5-25)与实验测定的结果［即式(5-19)］完全一致，因此上述推测的反应机理有可能是正确的。

由第三步反应可知：$\dfrac{dc_E}{dt}=-\dfrac{dc_{I_2}}{dt}$，因此如果测得反应过程中不同时间碘的浓度，就可

以求出 $\dfrac{dc_E}{dt}$。碘在可见区中有一个很宽的吸收带，而在这个吸收带中，盐酸和丙酮没有明显的吸收，所以可采用分光光度法直接测量碘浓度的变化以跟踪反应的进程，从而测得其反应速率常数。由于反应并不停留在一元碘化丙酮上，还会继续反应下去，故采用初始速率法，测量开始一段时间的反应速率。因此，丙酮和酸应大大的过量，而用少量的碘来限制反应速率。这样，当碘完全消耗前，丙酮和酸的浓度基本保持不变，可以看作常数。由式(5-25)可知：

$$\frac{dc_E}{dt}=-\frac{dc_{I_2}}{dt}=k c_A c_{H^+} \tag{5-26}$$

将上式积分可得

$$c_{I_2}=-k c_A c_{H^+}\, t+C' \tag{5-27}$$

以 c_{I_2} 对时间 t 作图，即可求得反应速率。

由朗伯-比尔定律：

$$A=\varepsilon b c \tag{5-28}$$

$$c_{I_2}=\frac{A}{\varepsilon b} \tag{5-29}$$

式中，A 为吸光度；ε 为摩尔吸收系数；b 为液层厚度，即比色皿厚度。将式(5-27) 代入式(5-28) 得式(5-30)。

$$A = \varepsilon b(-kc_A c_{H^+} t + C') \tag{5-30}$$

$$A = \lg \frac{1}{T} \tag{5-31}$$

将式(5-31) 代入式(5-30) 可得

$$\lg T = \varepsilon b k c_A c_{H^+} t + C'' \tag{5-32}$$

若以 $\lg T$ 对 t 作图，得一条直线，设其斜率为 P，则

$$P = \varepsilon b k c_A c_{H^+} \tag{5-33}$$

当溶液中有大量外加酸存在以及反应进程不大的条件下，反应进程中的氢离子浓度（c_{H^+}）和丙酮浓度（c_A）可视为不变。本实验在波长为 560nm 处测定已知浓度的 I_2 溶液的吸光度，根据式(5-28) 可求出 εb 值。因此，只要求得反应混合物在不同时间 t 时的透光率 T，就可求出反应速率常数 k。

四、仪器与试剂

1. 仪器：722 型分光光度计；恒温水槽（1 台）；容量瓶（250mL，1 只）；容量瓶（50mL，4 只）；移液管（5mL，3 支）；秒表。

2. 试剂

(1) 丙酮溶液：将分析纯的丙酮用去离子水稀释至 $2mol \cdot L^{-1}$ 备用，丙酮溶液的浓度可由丙酮的密度及混合后的体积算出。

(2) 盐酸溶液：用分析纯的盐酸，以蒸馏水稀释至 12 倍，得约 $1mol \cdot L^{-1}$ 的盐酸溶液，用硼砂（含 10 个结晶水）标定。

(3) 碘溶液（$0.01mol \cdot L^{-1}$，$0.005mol \cdot L^{-1}$；含 2% KI）。

五、实验步骤

1. 仪器调试

将恒温槽温度准确调至 25℃。接通分光光度计电源，打开样品室盖，预热 20min 后，波长转盘转至 560nm 处，调节 "0" 旋钮，使数字显示器显示为 "0.000"。将盛有去离子水的比色皿作为参比液，关上样品室盖，调节透光率 "100%" 旋钮，使数字显示器显示为 "100.0"。

2. 测定 εb 值

用移液管移取 5mL $0.01mol \cdot L^{-1}$ 碘溶液至 50mL 容量瓶中，再加入 10mL $1mol \cdot L^{-1}$ HCl 溶液，用蒸馏水稀释至刻度。混合均匀后，将部分溶液倒入一支比色皿中（先用待测洗三次），并把比色皿放入比色皿架。

打开样品室盖，调节 "0" 旋钮，使数字显示器显示为 "0.000"。随后关闭样品室盖，将盛碘溶液的比色皿推入光路，测定光通过碘溶液后的吸光度，并重复测定三次，将各次测定的吸光度取平均值，代入式(5-28) 就可求出 εb 值。

3. 测定丙酮碘化反应的速率常数 k

测定每份溶液之前，将盛有去离子水的比色皿作为参比液，关上样品室盖，调节透光率 "100%" 旋钮，使数字显示器显示为 "100.0"。随后打开样品室盖，检查数字显示器是否显示为 "0.000"。

按表5-4中各组分的比例分别在500mL容量瓶中配制四份不同浓度的反应混合液。把反应液装入比色皿中，推入光路，待稳定后，读取光通入反应液的透光率，并同时开启秒表作为反应的时间起点，随后每隔1min或2min读取透光率读数，要读取10～12个数据。弃去旧液，以相同的方法测定第二份浓度的反应混合液。这样，共测四份不同浓度的反应混合液。

表5-4　待测反应混合液的四组溶液配比

编号	$V(2mol \cdot L^{-1}$丙酮溶液$)/mL$	$V(1mol \cdot L^{-1}$盐酸溶液$)/mL$	$V(0.005mol \cdot L^{-1}$碘溶液$)/mL$	$V($水$)/mL$
1	10	10	10	20
2	10	5	10	25
3	5	5	10	30
4	10	10	20	10

六、数据记录与处理

1. 分别记录求 εb 值和四组混合溶液的反应时间和透光率的实验数据于表5-5和表5-6中。

表5-5　求 εb 值实验数据表

	吸光度 A		平均值	$\varepsilon b /L \cdot mol^{-1}$

表5-6　混合溶液的反应时间和透光率

1	时间 t/min			
	透光率 T			
	$\lg T$			
2	时间 t/min			
	透光率 T			
	$\lg T$			
3	时间 t/min			
	透光率 T			
	$\lg T$			
4	时间 t/min			
	透光率 T			
	$\lg T$			

2. 根据所测得的已知浓度碘液（$0.001mol \cdot L^{-1}$）的吸光度，计算 εb 的平均值。

3. 由每一时间测得的混合溶液的 $\lg T$ 对时间 t 作图，得一条直线，求此直线的斜率 P。

4. 计算反应速率常数 k，并求其平均值。

5. 由测得的 εb 值，通过 $A = \varepsilon b c_{I_2}$，计算出每个吸光度读数相应的碘液浓度，将 c_{I_2} 对时间 t 作图，求出反应速率。用表 5-4 中 1 和 4 号溶液的数据计算碘的反应级数，用类似的方法计算丙酮和氢离子的反应级数。

七、讨论与应用

1. 波长的选择对丙酮碘化反应速率常数的测量是有影响的，而且波长较长时所得到的数据小于波长较短时所得到的数据。所以丙酮碘化反应实验所测得的速率常数 k，不仅要指明是什么温度下的速率常数 k，也要指明是什么波长下测得的。

2. 碘溶液浓度不宜太大，由于碘溶液浓度过大将不符合朗伯-比尔定律，导致读数误差较大，因此其适宜浓度范围应为 $0.0004 \sim 0.0010 \text{mol} \cdot \text{L}^{-1}$。

实验十三　BZ 振荡反应

一、预习思考

1. 什么是化学振荡现象？产生化学振荡需要什么条件？

2. 影响诱导时间 $t_{诱}$ 和振荡周期 $t_{振}$ 的因素有哪些？

3. 本实验可否用同一系统连续测定不同温度下的反应？

4. 本实验中铈离子的作用是什么？

5. 什么是自催化反应？

普遍联系与
永恒发展

二、实验目的

1. 了解 Belousov-Zhabotinsky 反应（简称 BZ 反应）的基本原理。

2. 掌握研究化学振荡反应的一般方法，初步认识系统远离平衡态下的复杂行为。

3. 熟悉用微机处理实验数据和作图。

BZ 振荡反应

三、实验原理

非平衡非线性问题是自然科学领域中普遍存在的问题。该领域研究的主要问题是：系统在远离平衡态下，由于本身的非线性动力学机制而产生的宏观时空有序结构。Prigogine 等称其为耗散结构。最经典的耗散结构是 BZ 系统的时空有序结构。所谓 BZ 化学振荡是一种周期性的化学现象，即反应系统中某些物理量如组分的浓度随时间发生周期性的变化。由苏联科学家 Belousov 发现、后经 Zhabotinsky 深入研究的反应——将含 $KBrO_3$、$CH_2(COOH)_2$（或溴代丙二酸）和溶于 H_2SO_4 的硫酸铈的反应混合物在 30℃ 恒温条件搅拌，会发生振荡反应，即：

$$3H^+ + 3BrO_3^- + 5CH_2(COOH)_2 \xrightarrow{Ce^{3+}} 3BrCH(COOH)_2 + 2HCOOH + 4CO_2 + 5H_2O$$

$$(5-34)$$

因此人们对化学振荡发生了广泛兴趣，并发现了一批可呈现化学振荡现象的含溴酸盐的反应系统，这类反应称为 BZ 振荡反应。

1972 年，R. J. Fiela、E. Körös、R. M. Noyes 等通过实验对 BZ 振荡反应作出了解释，其主要思想是：系统中存在着两个受溴离子浓度控制的过程 A 和 B；当溴离子浓度 $[Br^-]$ 高于其临界浓度 $[Br^-]_{crit}$ 时，发生 A 过程；当 $[Br^-]$ 低于 $[Br^-]_{crit}$ 时，发生 B 过程。也就是说：溴离子浓度 $[Br^-]$ 起着开关作用，它控制着从 A 到 B 过程，再由 B 到 A 过程的转变。在 A 过程，由于发生化学反应 $[Br^-]$ 降低，当 $[Br^-]$ 低于 $[Br^-]_{crit}$ 时，B 过程发生。在 C 过程中，Br^- 再生，$[Br^-]$ 增加，当 $[Br^-]$ 达到 $[Br^-]_{crit}$ 时，A 过程再次发生。这样，系统就在 A 过程、B 过程间往复振荡。

(1) 当 $[Br^-] > [Br^-]_{crit}$ 时，发生 A 过程：

$$BrO_3^- + Br^- + 2H^+ \xrightarrow{k_1} HBrO_2 + HOBr(慢) \tag{5-35}$$

$$HBrO_2 + Br^- + H^+ \xrightarrow{k_2} 2HOBr(快) \tag{5-36}$$

其中反应 (5-35) 是速率控制步，反应 (5-36) 是快反应，即 $HBrO_2$ 一旦出现，立即被丙二酸消耗掉，对 $HBrO_2$ 进行稳态处理，可以得到：

$$[HBrO_2] = \frac{k_1}{k_2}[BrO_3^-][H^+] \tag{5-37}$$

(2) 当 $[Br^-] < [Br^-]_{crit}$ 时，发生下列如下 B 过程，Ce^{3+} 被氧化。

$$BrO_3^- + HBrO_2 + H^+ \xrightarrow{k_3} 2BrO_2 \cdot + H_2O(慢) \tag{5-38}$$

$$BrO_2 \cdot + Ce^{3+} + H^+ \xrightarrow{k_4} HBrO_2 + Ce^{4+}（快） \tag{5-39}$$

$$2HBrO_2 \xrightarrow{k_5} BrO_3^- + HOBr + H^+ \tag{5-40}$$

反应 (5-38) 是速率控制步，经反应 (5-38)、反应 (5-39) 将自催化产生 $HBrO_2$，对 $HBrO_2$、$BrO_2 \cdot$ 分别进行稳态处理，可得式(5-41)。

$$[HBrO_2] \approx \frac{k_3}{2k_5}[BrO_3^-][H^+] \tag{5-41}$$

(3) Br^- 的再生反应，即过程 C：

$$4Ce^{4+} + BrCH(COOH)_2 + H_2O + HBrO \longrightarrow 2Br^- + 4Ce^{3+} + 3CO_2 + 6H^+ \tag{5-42}$$

由反应 (5-36) 和反应 (5-38) 可以看出：Br^- 和 BrO_3^- 是竞争性结合 $HBrO_2$ 的。当 $k_2[Br^-] > k_3[BrO_3^-]$ 时，自催化过程不能发生。自催化是 BZ 振荡反应中必不可少的步骤，否则该振荡不能发生。

研究表明，Br^- 的临界浓度为

$$[Br^-]_{crit} = \frac{k_3}{k_2}[BrO_3^-] \approx 5 \times 10^{-6}[BrO_3^-] \tag{5-43}$$

若已知实验的初始浓度 $[BrO_3^-]$，可由式(5-43) 估算 $[Br^-]_{crit}$。

通过上述实例可见，产生化学振荡需要满足三个条件：

① 反应必须远离平衡态。化学振荡只有在远离平衡态，具有很大的不可逆程度时才能发生。在封闭系统中振荡是衰减的，在敞开系统中，可以长期持续振荡。

② 反应历程中应包含自催化的步骤。产物之所以能加速反应，是因为其是自催化反应。

③ 系统必须有两个稳态存在，具有双稳定性。

在反应进行时，系统中 $[Br^-]$、$[HBrO_2]$、$[Ce^{3+}]$、$[Ce^{4+}]$ 都随时间做周期性变化，实验中，振荡现象可以通过多种方法观察，比如观察溶液的颜色在黄色和无色之间振荡，若再加入适量的 $FeSO_4$ 邻菲啰啉溶液，溶液的颜色将在蓝色和红色之间振荡。还可以测定电势随时间变化。以甘汞电极作为参比电极，选用氧化还原电极（Ce^{4+}，Ce^{3+} | Pt 电极）构成电池，测定反应过程中电池电动势随时间变化的曲线。图 5-2 即为化学振荡反应的电势-时间曲线。利用图 5-2 可以求得诱导时间 $t_诱$ 和振荡周期 $t_振$。其中诱导时间 $t_诱$ 和振荡周期 $t_振$ 与其相应的活化能之间关系分别为式（5-44）和式（5-45）。

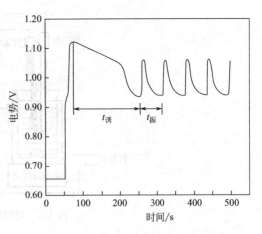

图 5-2　化学振荡反应的电势-时间曲线

$$\ln \frac{1}{t_诱} = -\frac{E_诱}{RT} + C \tag{5-44}$$

$$\ln \frac{1}{t_振} = -\frac{E_振}{RT} + C \tag{5-45}$$

分别以 $\ln \dfrac{1}{t_诱}$、$\ln \dfrac{1}{t_振}$ 对 $\dfrac{1}{T}$ 作图，可得直线，直线斜率为 m 和 n，

$$E_诱 = -mR \tag{5-46}$$

$$E_振 = -nR \tag{5-47}$$

由式（5-46）和式（5-47）可以计算诱导活化能 $E_诱$ 和振荡活化能 $E_振$。

四、仪器与试剂

1. 仪器：BZ 振荡反应仪器；微型计算机；恒温水槽；磁力搅拌器；移液管（10mL，4 支）。

2. 试剂：丙二酸（$0.4mol \cdot L^{-1}$）；溴酸钾（$0.2mol \cdot L^{-1}$，现配）；硫酸（$3.00mol \cdot L^{-1}$，$1.00mol \cdot L^{-1}$）；硫酸铈铵（$0.005mol \cdot L^{-1}$）。

五、实验步骤

（1）配制浓度为 $0.2mol \cdot L^{-1}$ 溴酸钾溶液 1000mL。

（2）按图 5-3 所示连接振荡反应装置，将恒温水槽的温度调节至 $25.0℃ \pm 0.1℃$。

（3）启动计算机测量程序，设置好坐标，时间选择为 15min 即可；将精密数字电压测量仪置于分辨率为 0.1mV 挡（即电压测量仪的 2V 挡），且为手动状态，甘汞电极接负极，铂电极接正极。

（4）洗净并擦干反应器，在恒温反应器中依次加入已配制好的丙二酸、硫酸、溴酸钾各 10mL，打开搅拌器，同时将装有硫酸铈铵溶液的容量瓶放入超级恒温水浴中，恒温 10min。

（5）先在放置甘汞电极的液接试管中加入少量 $1mol \cdot L^{-1}$ H_2SO_4 溶液，确保电极浸入溶液中，然后将甘汞电极放入。

（6）恒温结束后，按精密数字电压测量仪的"采零"键，之后将电极线的正极接在铂电

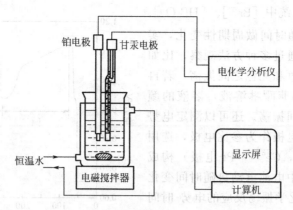

铂电极　甘汞电极

电化学分析仪

恒温水

电磁搅拌器

显示屏

计算机

图 5-3　反应装置连接示意图

极上，负极接在甘汞电极上，点击计算机上的"开始绘图"，再通过胶塞上的玻璃管口加入硫酸铈铵 10mL。观察反应过程中溶液的颜色变化。

（7）计算机自动记录实验曲线。待出现 5～6 个峰时，点击"结束绘图"，然后存盘。点击"清屏"，准备进行下一步操作。

（8）改变恒温水槽温度为 30℃、35℃、40℃、45℃、50℃，重复上述测量步骤。

六、数据记录与处理

1. 根据各个温度下数据文件中记录的数据，作出 25℃、30℃、35℃、40℃、45℃、50℃温度下的电势-时间图。

2. 将实验数据记录于表 5-7。

表 5-7　实验数据记录表

温度/℃	25	30	35	40	45	50
$\dfrac{1}{T}/\mathrm{K}^{-1}$						
$t_{诱}/\mathrm{s}$						
$\ln\dfrac{1}{t_{诱}}$						
$t_{振}/\mathrm{s}$						
$\ln\dfrac{1}{t_{振}}$						

3. 分别以 $\ln\dfrac{1}{t_{诱}}$-$\dfrac{1}{T}$、$\ln\dfrac{1}{t_{振}}$-$\dfrac{1}{T}$ 作图，根据斜率求出诱导活化能 $E_{诱}$ 和振荡活化能 $E_{振}$。

七、讨论与应用

1. 配制硫酸铈铵溶液时，一定要在 0.20mol·L^{-1} 硫酸溶液介质中配制，防止发生水解呈现混浊状态。

2. 实验在一个封闭系统中进行，振荡会逐渐衰减。若把实验放在敞开系统中进行，则振荡波可以持续不断地进行，且周期和振幅保持不变。

3. 本实验中的振荡反应也可以通过替换系统中的成分来实现。例如：将丙二酸换成焦性没食子酸、各种氨基酸等有机酸；用碘酸盐、氯酸盐等替换溴酸盐；用锰离子、亚铁菲绕啉离子或铬离子代换铈离子等，进行实验都可以发生振荡现象，但振荡波形、诱导时间、振荡周期、振幅等都会发生变化。

4. 振荡有许多类型，除化学振荡还有液膜振荡、生物振荡、萃取振荡等。表面活性剂在穿越油水界面自发扩散时，经常伴随有液膜（界面）物理性质的周期变化，这种周期变化称为液膜振荡。另外在溶剂萃取中也发现了振荡现象。生物振荡现象在生物体中很常见，如在新陈代谢过程中占重要地位的糖酵解反应中，许多中间化合物和酶的浓度是随时间周期性变化的。生物振荡也包括微生物振荡。

5. BZ振荡反应在分析化学、临床诊断、生命科学研究以及工业生产中都有应用。其应用于分析检测的依据是待测物质对振荡反应产生干扰，某些待测物质与振荡系统中的组分反应，从而引起反应系统中组分浓度的改变，进而引起振荡周期的改变。由于振荡周期改变与待测物质的浓度呈线性关系，则可用于确定待测物质的浓度。研究表明：健康人与疾病患者的尿样对BZ振荡系统的影响不同，且各种疾病患者尿样对振荡系统的影响也不同。因此应用BZ振荡来检测人体尿样化学成分，具有快速、方便、简单易行的特点。

实验十四　动力学设计性实验

一、设计性实验1（丙酮溴化反应）

1. 实验背景

酸性溶液中的丙酮溴化也是一个复杂反应，与实验十二丙酮碘化反应非常相似。

一般动力学方程都是根据大量的实验数据或用拟合法来确定的。确定动力学方程关键是确定级数和反应速率常数，常用的方法有积分法、微分法、半衰期法和孤立法。其中孤立法是通过改变物质数量比例的方法确定反应级数。比如设某反应的速率方程为：

动力学设计
性实验

$$v = kc_A^\alpha c_B^\beta c_C^\gamma \tag{5-48}$$

若设法保持A和C的浓度不变，而将B的浓度加大一倍，若反应速率也比原来加大一倍，则可确定$\beta=1$。同理若保持B和C的浓度不变，而把A的浓度加大一倍，若反应速率增加为原来的4倍，则可确定$\alpha=2$。

辩证唯物论的
认识论

化学反应的反应机理并不是凭空想像出来的，也不是先有一套假设再逐步验证的，而是要首先掌握足够的实验数据，从实验中找出反应速率与浓度的关系、确定反应的活化能，以及判断在分解过程中是否有自由基存在等，然后再根据这些事实来考虑其历程。而所设想的历程即使是理论上符合逻辑，也必须经过实验的检验，整个过程就是实践、认识、再实践、再认识的过程。只有这样循环往复，逐步深入，才可能得出一个正确的结论，这就是辩证唯物主义的认识过程。

一般说来，拟定反应机理大致要经过下列几个步骤：

（1）初步的观察和分析

根据对反应系统所观察到的现象，初步了解反应是复相还是均相反应？反应是否受光的影响？注意反应过程中有无颜色的改变？有无热量的放出？有无副产物的生成？以及其他可能观察到的现象。根据对现象的分析，再有计划系统地进行实验。

（2）收集定量数据

例如：①测定反应速率与各个反应物浓度的关系，确定反应的总级数。②测定反应速率与温度的关系，确定反应的活化能。③测定有无逆反应或其他可能的复杂反应，反应过程中的主反应是什么？副反应又是什么？④中间产物的寿命可能很短，数量也可能不多，因此对它们的检验常常必须用特殊的方法（如用淬冷法或原位磁共振谱、色谱-质谱联合谱仪、闪光光解等近代测试手段）。但是一旦检验出有某种中间化合物存在，则对于反应机理的确定往往起着很重要的作用。O_2、Cl_2O、NO 等具有未成对的电子，易于捕获自由基。在反应系统中加入这些物质，观察反应速率是否下降，以判断系统中是否有自由基存在。而自由基的存在常能引发链反应。可以有计划地设计实验，用各种物理的或化学的测试手段来检验中间产物。

（3）拟定反应机理

根据所观察到的事实和收集到的数据，提出可能的反应步骤，然后逐步排除那些与活化能大小不相符的反应或与事实有抵触的反应步骤。对所提出的机理必须进行多方面的验证。除了根据反应级数、速率方程、活化能之外，还可以按具体情况进行具体分析。例如可用同位素来判别机理，也可以根据我们对物质结构的已有常识来判断。如能就机理中的中间步骤单独进行实验，则更为有效。整个机理的速率方程应经过逐步检验，必须与观测到的全部实验事实一致，这个反应机理才能初步确定下来。通过对势能面的量化计算，也可以了解反应过程中最可能经过的途径等（但势能面的计算是当复杂的问题）。如果发现有新的实验事实，则所提出的反应机理必须能够说明新的实验事实，否则反应机理必须修正或者重新考虑。以上所举的只是拟定反应机理的一般过程，并不是对任何一个反应所有的研究步骤都必须用到，也可能还有其他研究步骤需要补充，这完全要对具体问题做具体分析并从整体上综合考虑。

2. 实验要求

参照实验十二"丙酮碘化反应"的实验原理和实验步骤，在设计性实验开始前独立完成实验方案的撰写，由实验指导教师检查，实验方案设计合格后，进入实验室完成实验操作。用孤立法、积分法测定丙酮溴化反应的反应级数和速率常数，通过实验确定反应速率方程。根据动力学实验结果对丙酮溴化这一复杂反应的机理作出合理推测，并验证该推测是否合理。实验结束后独立完成实验报告（具体内容包括：实验目的、实验原理、实验步骤、实验数据记录与处理、实验结论、讨论等部分）。

3. 实验提示

（1）反应级数的确定

在酸催化作用下，丙酮溴化的反应式可以写成：

$$CH_3COCH_3 + Br_2 \xrightarrow{H^+} CH_3COCH_2Br + Br^- + H^+$$

假定速率方程为（5-49）：

$$-\frac{d[Br_2]}{dt} = k[Br_2]^\alpha [CH_3COCH_3]^\beta [H^+]^\gamma \tag{5-49}$$

确定 Br_2 的反应级数 α，可以保持 CH_3COCH_3 和 H^+ 大大过量的条件下测定 $[Br_2]$ 随时间的变化，这时

$$-\frac{d[Br_2]}{dt} = k'[Br_2]^\alpha \tag{5-50}$$

$$k' = k[CH_3COCH_3]^\beta[H^+]^\gamma \tag{5-51}$$

分别用 $[Br_2]$、$\ln[Br_2]$ 和 $\dfrac{1}{[Br_2]}$ 对 t 作图，如所得为一条直线，则分别属零级、一级和二级反应，因此可按符合直线关系最佳者确定 Br_2 的反应级数 α。从所得直线斜率可求得 k'。

本应采用测 Br_2 反应级数的方法求 CH_3COCH_3 和 H^+ 的反应级数，然而对这一反应或其他类似反应来说，要跟踪另一反应物浓度随时间的变化通常是不可能或不方便的。但可在改变过量 CH_3COCH_3 和 H^+ 浓度的条件下仍跟踪 Br_2 浓度随时间的变化，测得不同的 k' 后，再由此求它们的反应级数。

为了求得 CH_3COCH_3 的反应级数，在一定 Br_2 初浓度及保持过量 H^+ 浓度不变的条件下，测定两种过量 CH_3COCH_3 浓度的速率常数 k'，得

$$k'_1 = k[CH_3COCH_3]_1^\beta[H^+]_1^\gamma \tag{5-52}$$

$$k'_2 = k[CH_3COCH_3]_2^\beta[H^+]_1^\gamma \tag{5-53}$$

将式(5-52) /式(5-53) 得式(5-54)

$$\frac{k'_1}{k'_2} = \frac{[CH_3COCH_3]_1^\beta}{[CH_3COCH_3]_2^\beta} \tag{5-54}$$

将测得的 k' 及 CH_3COCH_3 浓度代入式(5-54) 即可求得反应级数 β。

同理，在保持一定 Br_2 初始浓度及过量 CH_3COCH_3 不变的条件下，测定两种过量 H^+ 浓度的速率常数 k'，可得

$$\frac{k'_1}{k'_2} = \frac{[H^+]_1^\gamma}{[H^+]_2^\gamma} \tag{5-55}$$

同样可求得 H^+ 的级数 γ。

本实验可用分光光度法测定 Br_2 浓度。

（2）反应机理的推测

根据动力学实验结果可以得出反应速率与溴浓度无关，因此对丙酮溴化这一复杂反应的机理可做如下推测：

请用复合反应近似处理方法，按上述机理推导反应速率方程，如果与实验测得的结果完全一致，则上述机理可能就是正确的。

二、设计性实验 2（"碘钟"反应）

1. 实验背景

过硫酸根与碘离子的反应式如下：

$$S_2O_8^{2-} + 2I^- \longrightarrow 2SO_4^{2-} + I_2$$

游离碘遇上淀粉显示蓝色，这一反应能自身显示反应进程，称为"碘钟"反应。

"碘钟"反应作为动力学研究实验已有悠久的历史，主要是由于它能形象生动地显示化学反应的进程。利用"碘钟"现象可设计多种实验，比如可测定反应级数、速率常数以及研究离子强度、溶剂、温度、浓度、催化剂等对反应速率的影响。

2. 实验要求

根据所学的动力学理论知识和实验技术独立设计实验方案，经实验指导教师检查，且实验方案设计合格后，进入实验室完成实验操作。测定过硫酸根与碘离子的反应速率常数、反应级数和反应活化能。实验结束后独立完成实验报告（具体内容包括：实验目的、实验原理、实验步骤、实验数据记录与处理、实验结论、讨论等部分）。

第六章　电化学实验

实验十五　电池电动势的测定及应用

一、预习思考

1. 对消法测量电池电动势的原理是什么？
2. 使用盐桥的目的是什么？应选什么样的电解质做盐桥？
3. 用电动势法可计算哪些热力学函数？

能斯特

二、实验目的

1. 了解电池电动势测定的基本原理。
2. 测量下列电池的电动势。

(1) $(-)\mathrm{Ag}|\mathrm{AgNO_3}(0.01\mathrm{mol \cdot L^{-1}})\|\mathrm{AgNO_3}(0.1\mathrm{mol \cdot L^{-1}})|\mathrm{Ag(s)}(+)$

(2) $(-)\mathrm{Ag(s)},\mathrm{AgCl(s)}|\mathrm{KCl}(1\mathrm{mol \cdot L^{-1}})\|\mathrm{AgNO_3}(0.01\mathrm{mol \cdot L^{-1}})|\mathrm{Ag(s)}(+)$

(3) $(-)\mathrm{Ag(s)},\mathrm{AgCl(s)}|\mathrm{KCl}(1\mathrm{mol \cdot L^{-1}})\|\mathrm{H^+}(0.1\mathrm{mol \cdot L^{-1}}\mathrm{HAc}+0.1\mathrm{mol \cdot L^{-1}}\mathrm{NaAc})$
$\mathrm{Q \cdot QH_2}|\mathrm{Pt}(+)$

三、实验原理

1. 热力学关系

化学反应 $b\mathrm{B}(c_\mathrm{B}) + d\mathrm{D}(c_\mathrm{D}) \xrightarrow{\hspace{1cm}} g\mathrm{G}(c_\mathrm{G}) + r\mathrm{R}(c_\mathrm{R})$，由化学反应等温方程知：

$$\Delta_\mathrm{r}G_\mathrm{m} = \Delta_\mathrm{r}G_\mathrm{m}^\ominus + RT\ln\frac{c_\mathrm{G}^g \cdot c_\mathrm{R}^r}{c_\mathrm{B}^b \cdot c_\mathrm{D}^d} \qquad (6\text{-}1)$$

将式(6-2) 和式(6-3) 代入式(6-1) 可得式(6-4)，该方程为电池电动势的 Nernst 方程。

电池电动势的
测定及应用

$$\Delta_\mathrm{r}G_\mathrm{m}^\ominus = -zE^\ominus F \qquad (6\text{-}2)$$

$$\Delta_\mathrm{r}G_\mathrm{m} = -zEF \qquad (6\text{-}3)$$

$$E = E^\ominus - \frac{RT}{zF}\ln\frac{c_\mathrm{G}^g \cdot c_\mathrm{R}^r}{c_\mathrm{B}^b \cdot c_\mathrm{D}^d} \qquad (6\text{-}4)$$

通过电动势的测定可计算热力学函数，如果电池中进行的反应是可逆的，电池反应在恒温恒压下进行摩尔反应吉布斯函数的变化与电池电动势关系为式(6-3)。其中 z 为 1mol 电池反应所必须交换的电子物质的量，F 为 Farady 常数（96485.309C·mol^{-1}）。

2. 电动势及电极电势

由两个电极组成的原电池电动势的大小等于该电池系统各个相界面电势的代数和。原电池在可逆的情况下的电动势的数值才是平衡电动势。可逆电池应满足如下条件：①电池反应可逆，即电池中的电极反应可逆；②电池中不存在不可逆的液体接界；③电池必须在可逆的情况下工作，充放电过程必须在平衡态下进行，允许通过电池的电流无限小。可逆电池的电动势也可看作正负两个电极的电极电势之差，设正极的电极电势为 E_+，负极的电极电势为 E_-，则可逆电池电动势可表示为式(6-5)。因电极电势的绝对值无法测定，通常将标准氢电极与待测电极组成电池，所测电池的电动势就为待测电极的电极电势。由于氢电极使用并不方便，通常用甘汞电极（或银-氯化银电极）做参比电极测其电极电势的相对值。

$$E = E_+ - E_- \tag{6-5}$$

对于任意的电极反应：氧化态$+ze^-$ ⸺ 还原态

$$E_{电极} = E_{电极}^\ominus - \frac{RT}{zF} \ln \frac{a_{还原态}}{a_{氧化态}} \tag{6-6}$$

式(6-6)为电极电势的 Nernst 方程，其中 $E_{电极}^\ominus$ 为标准电极电势；$E_{电极}$ 为平衡电极电势。

3. 醌氢醌电极

醌氢醌是醌与对苯二酚等分子化合物，由它组成的电极是一种对氢离子可逆的氧化还原电极，醌氢醌在水中溶解度很小并且部分分解。

$$C_6H_4O_2 \cdot C_6H_4(OH)_2 \Longrightarrow C_6H_4O_2 + C_6H_4(OH)_2$$
$$（醌氢醌）\qquad\quad （醌）\qquad （氢醌）$$

将少量醌氢醌放入含有 H^+ 的待测溶液中并插入一支惰性电极，并使之成为过饱和溶液，就形成了一支醌氢醌电极。

电极反应为：$C_6H_4O_2 + 2H^+ + 2e^- \longrightarrow C_6H_4(OH)_2$

电极电势表示为：

$$E_{Q \cdot QH_2} = E_{Q \cdot QH_2}^\ominus - \frac{RT}{F} \ln \frac{1}{a_{H^+}} \tag{6-7}$$

$$E_{Q \cdot QH_2} = E_{Q \cdot QH_2}^\ominus - \frac{2.303RT}{F} pH \tag{6-8}$$

醌氢醌标准电极电势为：$E_{Q \cdot QH_2}^\ominus / V = 0.6994 - 0.00074(t/℃ - 25)$

对于（3）号电池：

$$(-)Ag(s), AgCl(s) | KCl(1mol \cdot L^{-1}) \| H^+ (0.1mol \cdot L^{-1} HAc + 0.1mol \cdot L^{-1} NaAc) Q \cdot QH_2 | Pt(+)$$

$$E = E_+ - E_- = E_{Q \cdot QH_2}^\ominus - \frac{2.303RT}{F} pH - E_{Ag\text{-}AgCl}^\ominus \tag{6-9}$$

$$pH = \frac{E_{Q \cdot QH_2}^\ominus - E - E_{Ag\text{-}AgCl}^\ominus}{2.303RT/F} \tag{6-10}$$

因此本实验中，只要测得该电池的电动势，就可以根据式(6-10)求得未知溶液的 pH。

四、仪器与试剂

1. 仪器：EM-3C 数字式电子电位差计（参见第三章第十九节）；标准电池（1个）；电

加热套（1个）；电子天平（1台）；银电极（2支）；银-氯化银电极（1支）；铂电极（1支）；U形管；烧杯；容量瓶（100mL，2只）；量筒；移液管（10mL，2支）。

2.试剂：氯化钾（分析纯）；硝酸银（分析纯）；硝酸钾（分析纯）；醌氢醌（分析纯）；醋酸（分析纯）；醋酸钠（分析纯）；琼脂。

五、实验步骤

（1）饱和KNO_3盐桥制备

将25mL蒸馏水、2gKNO_3及0.3~0.4g琼脂放入烧杯中加热，并不断搅拌，待琼脂溶解后停止加热，注入干净的U形管中，加满，冷却后使用。

（2）溶液的配制

配制0.2mol·L^{-1}醋酸溶液及0.2mol·L^{-1}醋酸钠溶液各100mL。

（3）电池电动势的测量

① 将电位差计接通电源，指示灯亮。

② 将电位差计面板的旋钮旋到外标处，将红黑线分别接到外标的红黑接线柱上，且红接红，黑接黑。参考第三章第十九节内容按照标准电池的校准值进行校准（请同学实验前自拟具体实验步骤）。

③将电位差计面板的旋钮旋到测量处，将红黑线分别接到测量的红黑接线柱上，且红接红，黑接黑，并将红黑电夹夹在待测定电池的电极上，进行电池电动势的测量。参考第三章第十九节内容测量电池电动势（请同学实验前自拟具体实验步骤）。

④参考第三章第十三节内容制备三个电池，并测定它们的电动势。

六、数据记录与处理

1.写出配制100mL 0.2mol·L^{-1}NaAc溶液和100mL 0.2mol·L^{-1}HAc溶液过程（已知NaAc的摩尔质量为82.03g·mol^{-1}，市售的HAc物质的量浓度为17.4mol·L^{-1}）。

2.写出本实验中三个电池的电极反应和电池反应，并且应用Nernst方程计算各电池的电动势的理论值。

3.记录实验数据，将实测值与理论值进行比较，计算三个电池的相对误差。

4.利用第三个电池的电动势实测值求该电池中HAc-NaAc溶液的pH。

七、讨论与应用

1.实验中需注意的问题：

① 盐桥U形管中琼脂应加满，管内不应有气泡。

② 氯化银电极中KCl溶液要足够，不够应及时补充。

③ 盐桥在测量前应用待测溶液淌洗、拭干。

2.电动势测量方法的研究，在物理化学研究工作中具有重要的实际意义。通过电池电动势的测量可以获得氧化还原系统的许多热力学数据，如平衡常数、电解质活度及活度因子、解离常数、溶解度、酸碱度以及热力学函数改变量等。

3.实验室中常用的pH计、离子活度计、自动电势滴定计等都是电动势测定实际应用的常见例子。

实验十六　电导的测定及其应用

一、预习思考

1. 什么是溶液的电导、电导率和摩尔电导率？
2. 强、弱电解质溶液的摩尔电导率随浓度的变化有何不同？
3. 如何利用实验方法得到强电解质的极限摩尔电导率？
4. 本实验中醋酸的极限摩尔电导率是如何得到的？
5. 本实验如何得到醋酸的解离常数？应用了几种方法？

电导的测定
及其应用

二、实验目的

1. 测定弱电解质溶液的电导率，计算解离度和解离常数。
2. 测定强电解质溶液的电导率，计算其极限摩尔电导率。

三、实验原理

电解质溶液属于第二类导体，像金属一样可以导电，只不过它是通过阳离子、阴离子在电场中的移动来导电的，因而离子的运动速度直接影响到溶液的导电能力。电解质溶液的导电能力大小用电导 G 来衡量，电导 G 为溶液电阻 R 的倒数，见式(6-11)。

$$G = \frac{1}{R} \tag{6-11}$$

电导的单位为西门子，用符号 S 表示，根据定义可知 $1S = 1\Omega^{-1}$。

溶液的电导可以用电导率仪测量。在电解质溶液中，插入两支平行电极，电极间距为 l，电极面积为 A，则溶液电导可以表示为式(6-12)。

$$G = \frac{1}{R} = \kappa \frac{A}{l} \tag{6-12}$$

式中，κ 为电导率，$S \cdot m^{-1}$。当电极的截面积 $A = 1m^2$，距离 $l = 1m$ 时测得溶液的电导就是电导率，参见式(6-13)。

$$\kappa = G \frac{l}{A} = GK_{cell} \tag{6-13}$$

式中，K_{cell} 为电导池常数，m^{-1}。

由于电极的面积和电极间的距离不易精确测量，因此在实验中往往是通过测量某电导率 κ 已知溶液的电导 G。如 KCl 溶液的 κ 已知，通过式(6-13)求电导池常数。这样使用同一支电导电极即可测量其他溶液的电导率。

当两支电极间的溶液含有 1mol 电解质、电极间距为 1m 时，溶液所具有的电导称为摩尔电导率 Λ_m，摩尔电导率 Λ_m 与电导率 κ 的关系为。

$$\Lambda_m = \frac{\kappa}{c} \tag{6-14}$$

式中，摩尔电导率 Λ_m 的单位为 $S \cdot m^2 \cdot mol^{-1}$；$c$ 为物质的量浓度，$mol \cdot m^{-3}$。

Λ_m 的大小与浓度有关，但是其变化规律对强、弱电解质是不同的。对于强电解质的稀溶液，其摩尔电导率 Λ_m 与浓度 c 的关系为

$$\Lambda_m = \Lambda_m^\infty - A\sqrt{c} \tag{6-15}$$

式中，Λ_m^∞ 为极限摩尔电导率；A 为常数。以摩尔电导率 Λ_m 对 $\sqrt{c}$ 作图，将其直线外推至 $c=0$ 处，截距为 Λ_m^∞。

对于弱电解质，式(6-15)不成立。若求其极限摩尔电导率 Λ_m^∞，可用克尔劳施离子独立运动定律，见公式(6-16)。

$$\Lambda_m^\infty = \nu_+\,\Lambda_{m,+}^\infty + \nu_-\,\Lambda_{m,-}^\infty \tag{6-16}$$

式中，ν_+、ν_- 分别为阳离子、阴离子的化学计量数；$\Lambda_{m,+}^\infty$、$\Lambda_{m,-}^\infty$ 分别阳离子、阴离子的极限摩尔电导率。所以欲求弱电解质的极限摩尔电导率 Λ_m^∞，可应用阳离子、阴离子的极限摩尔电导率之和求得。如若求 25℃ HAc 溶液的 Λ_m^∞，可按式(6-17)求得。

$$\Lambda_m^\infty(HAc) = \Lambda_m^\infty(H^+) + \Lambda_m^\infty(Ac^-) = 390.55 \times 10^{-4}\,S \cdot m^2 \cdot mol^{-1} \tag{6-17}$$

对于 1:1 型电解质（如 HAc），其在溶液中解离达到平衡时，解离度 α 和解离常数 K_c 的关系为

$$K_c = \frac{c\alpha^2}{1-\alpha} \tag{6-18}$$

弱电解质溶液中离子浓度很低，其解离度 α 可认为是溶液浓度为 $c\,mol \cdot L^{-1}$ 的摩尔电导率 Λ_m 与溶液极限摩尔电导率 Λ_m^∞ 之比，即式(6-19)。

$$\alpha = \frac{\Lambda_m}{\Lambda_m^\infty} \tag{6-19}$$

将式(6-18)和式(6-19)合并整理得

$$K_c = \frac{c\Lambda_m^2}{\Lambda_m^\infty(\Lambda_m^\infty - \Lambda_m)} \tag{6-20}$$

将式(6-20)改写成式(6-21)。

$$c\Lambda_m = (\Lambda_m^\infty)^2 K_c \frac{1}{\Lambda_m} - \Lambda_m^\infty K_c \tag{6-21}$$

以 $c\Lambda_m$ 对 $\dfrac{1}{\Lambda_m}$ 作图，其直线的斜率为 $(\Lambda_m^\infty)^2 K_c$，由离子独立运动定律算出 HAc 的 Λ_m^∞，就可求出 K_c。

四、仪器与试剂

1. 仪器：电导率仪；电导电极；烧杯（50mL，5 个）；移液管（20mL，4 支；10mL，9 支）。

2. 试剂：HAc 溶液（0.1000mol · L^{-1}）；HCl 溶液（0.1200mol · L^{-1}）；KCl 溶液（0.0100mol · L^{-1}）；电导水。

五、实验步骤

（1）洗净电导电极，将电极电线接入电导仪，在 50mL 烧杯中放入 20mL 电导水，测其电导率。

（2）用移液管吸取 20.00mL 0.1000mol · L^{-1} HAc 溶液，放入干净的 50mL 烧杯中，测定溶液的电导率。

（3）从烧杯中准确吸出 10.00mL HAc 溶液，加入电导水 10.00mL，将 HAc 溶液稀释，

轻轻摇动烧杯，使溶液混合均匀后，测定电导率。重复上述操作两次，记录每次稀释后得到的电导率值。

（4）洗净电导电极，取另一个干净的 50mL 烧杯，重复一遍上述 HAc 溶液的电导率测定。

（5）用移液管吸取 20.00mL 0.1200mol·L^{-1} HCl 溶液，注入 50mL 烧杯中，测定其电导率。然后每次用移液管取出 10.00mL 原液，在加入 10.00mL 电导水，按照步骤（3）的方法稀释并测定 HCl 溶液的电导率，直至浓度降为原来的 1/16，记录每次测得的电导率值。

（6）实验完毕，切断电导率仪电源。从电导率仪上拆下电导电极，用电导水洗净，并将其浸入电导水中。

六、数据记录与处理

1. 列表记录相关数据，参见表 6-1 和表 6-2。

表 6-1 醋酸溶液电导率测定数据记录与处理表

HAc 溶液浓度 $c/\text{mol}\cdot\text{m}^{-3}$	次数	电导率 $\kappa/\text{S}\cdot\text{m}^{-1}$		摩尔电导率 $\Lambda_m/\text{S}\cdot\text{m}^2\cdot\text{mol}^{-1}$	解离度 α	解离常数 K_c
		$\kappa_{实验}$	$\kappa_{真}=\kappa_{实验}-\kappa_{水}$	$\Lambda_m=\kappa/c$	$\alpha=\dfrac{\Lambda_m}{\Lambda_m^\infty}$	$K_c=\dfrac{c\alpha^2}{1-\alpha}\times10^{-3}$

表 6-2 盐酸电导率测定数据记录与处理表

HCl 溶液浓度 $c/\text{mol}\cdot\text{m}^{-3}$	$\sqrt{c}/(\text{mol}\cdot\text{m}^{-3})^{1/2}$	电导率 $\kappa/\text{S}\cdot\text{m}^{-1}$		摩尔电导率 $\Lambda_m/\text{S}\cdot\text{m}^2\cdot\text{mol}^{-1}$
		$\kappa_{实验}$	$\kappa_{真}=\kappa_{实验}-\kappa_{水}$	$\Lambda_m=\kappa/c$

2. 计算各浓度的 HAc 溶液的电导率 κ、摩尔电导率 Λ_m、解离度 α 和解离常数 K_c。

3. 设计表格记录 $c\Lambda_m$ 和 $\dfrac{1}{\Lambda_m}$ 的计算值，并以 $c\Lambda_m$ 对 $\dfrac{1}{\Lambda_m}$ 作图，得一条直线，直线的斜率为 $(\Lambda_m^\infty)^2K_c$，以此求 HAc 溶液的 K_c。

4. 计算不同浓度下 HCl 溶液的摩尔电导率 Λ_m，以 Λ_m 对 $\sqrt{c}$ 作图，由所得直线的截距计算 HCl 溶液的极限摩尔电导率 Λ_m^∞，并与按离子独立运动定律计算得到的值进行比较，求相对误差。

七、讨论与应用

1. 普通蒸馏水中常溶有 CO_2 和 NH_3 等杂质，故普通蒸馏水也存在一定电导。实验所测电导率值是欲测电解质和水的电导率的总和。因此做实验时需较高纯度的水，称为电导水。其制备方法是在蒸馏水中加入少许高锰酸钾，用石英或硬质玻璃蒸馏器再蒸馏一遍。

2. 铂电极镀铂黑的目的在于减少极化现象，且增加电极表面积，使测定时有较高灵敏度。铂黑电极不用时，应保存在蒸馏水中，不可使之干燥。

3. 电导测定在科研和生产中均有广泛用途。例如电导滴定、电导分析、测定临界胶束浓度、解离平衡常数、难溶盐溶解度、水质监测（特别是实验室用蒸馏水和离子交换水）、电解质溶液浓度控制及自动记录、物质水分含量测定及控制、借助于电导变化进行动力学研究等方面的应用。

实验十七　循环伏安法判断 $K_3Fe(CN)_6$ 电极过程的可逆性

一、预习思考

1. 如何解释 $K_3Fe(CN)_6$ 溶液的循环伏安图？
2. 如何用循环伏安法来判断电极过程的可逆性？
3. 根据循环伏安图可以得到电极的哪些信息？

循环伏安法判断
$K_3Fe(CN)_6$ 电
极过程的可逆性

二、实验目的

1. 掌握用循环伏安法判断电极过程可逆性的原理和实验方法。
2. 掌握电化学工作站的基本操作。

三、实验原理

循环伏安法是将循环变化的电压施加于工作电极和参比电极之间，记录工作电极上得到的电流与施加电压的关系曲线。当工作电极被施加的扫描电压激发时，其上将产生响应电流，以电流对电位作图，称为循环伏安图。典型的循环伏安图如图 6-1 所示。

从循环伏安图中可以得到几个重要参数的数值，比如：氧化峰峰电流 $i_{p,a}$ 和还原峰峰电流 $i_{p,c}$，氧化峰峰电位 $E_{p,a}$ 和还原峰峰电位 $E_{p,c}$；以及由此所得到的许多有关电极反应的信息，比如电极反应的稳定性、电极反应的可逆性、判断电极反应是在电极/溶液界面上进行还是在电极表面上进行、研究电化学-化学偶联反应的过程等。本实验重点研究是如何判断电极反应

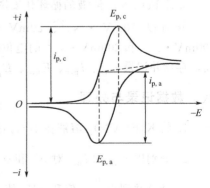

图 6-1　典型的循环伏安图

的可逆性。

峰电流 i_p 可表示为式(6-22)。

$$i_p = K z^{\frac{3}{2}} A D^{\frac{1}{2}} v^{\frac{1}{2}} c \qquad (6-22)$$

式中，K 为常数；z 为转移电子数；A 为所研究电极的表面积，cm^2；D 为反应物的扩散系数；v 为扫描速率，$V \cdot s^{-1}$；c 为反应物的浓度，$mol \cdot L^{-1}$。由式(6-22)可知，峰电流与被测物质浓度、扫描速率等因素有关。

电极反应完全可逆时，氧化峰与还原峰的峰电流之比为：

$$\frac{i_{p,a}}{i_{p,c}} = 1 \qquad (6-23)$$

电极反应完全可逆时，峰电位与扫描速率无关，在 25℃ 时氧化峰与还原峰的峰电位之差为 $59/z\,mV$。

$$\Delta E_p = E_{p,a} - E_{p,c} = \frac{59}{z} mV \qquad (6-24)$$

电极反应完全可逆时，$\dfrac{i_p}{v^{\frac{1}{2}}}$ 与扫描速率 v 无关。对于一个简单的电极反应，式(6-23)、式(6-24)是判断电极反应是否可逆的重要依据。

四、仪器与试剂

1. 仪器：电化学工作站；铂片电极（2 支）；饱和甘汞电极（1 支）。
2. 试剂：$0.00100\,mol \cdot L^{-1}\,K_3Fe(CN)_6$ 与 $0.50\,mol \cdot L^{-1}\,KNO_3$ 的混合溶液。

五、实验步骤

1. 电极可逆性判断

在电解池中放入少量（约 20mL）$0.00100\,mol \cdot L^{-1}\,K_3Fe(CN)_6$ 与 $0.50\,mol \cdot L^{-1}$ KNO_3 混合溶液，插入 2 支铂电极和 1 支饱和甘汞电极（取下橡胶帽）。其中一支铂电极作指示电极，另一支铂电极作辅助电极，饱和甘汞电极作参比电极。以扫描速率 $100mV \cdot s^{-1}$，从 $+0.60 \sim -0.05V$ 扫描，记录循环伏安图并判断电极可逆性。

2. 铂片电极的处理

如上述判断出电极不可逆，则用铬酸洗液浸泡 $10 \sim 20min$ 进行处理，然后用去离子水清洗，备用。

3. $K_3Fe(CN)_6$ 溶液的循环伏安图

分别以 $10mV \cdot s^{-1}$、$20mV \cdot s^{-1}$、$40mV \cdot s^{-1}$、$60mV \cdot s^{-1}$、$80mV \cdot s^{-1}$、$100mV \cdot s^{-1}$ 和 $200mV \cdot s^{-1}$ 的电位扫描速率在 $+0.60 \sim -0.05V$ 范围内扫描得循环伏安曲线，存盘并记录 $i_{p,a}$、$i_{p,c}$、$E_{p,a}$、$E_{p,c}$ 的值。

六、数据记录与处理

1. 将 $K_3Fe(CN)_6$ 溶液在不同扫描速率的循环伏安曲线叠加在一张图上。

2. 分别以 $i_{p,a}$ 和 $i_{p,c}$ 对 $v^{\frac{1}{2}}$ 和 v 作图，说明峰电流与扫描速率间的关系。

3. 计算并列出 $\dfrac{i_{p,a}}{i_{p,c}}$ 值和 ΔE_p 值。

4. 从实验结果说明 $K_3Fe(CN)_6$ 在 KNO_3 溶液中电极过程的可逆性。

七、讨论与应用

1. 实验结果的好坏与电极的处理有直接关系，一般来讲，电极处理得好，实验结果接近可逆反应的，否则为准可逆反应。

2. 在扫描过程中，溶液应该静止，避免扰动。

3. 循环伏安法在电化学的电极过程动力学和电分析化学中已经得到广泛的应用。在电极反应的动力学研究中，循环伏安法是一种有效的手段，被称为电化学光谱，利用它可以测定各种电极反应机理的动力学参数以及分析在某一电势下所发生的电极过程。所以，当人们对某一未知体系进行首次研究时，总是利用循环伏安法。在首次用循环伏安法研究一个未知系统时，一般先从定性开始，然后进行半定量和定量研究，从而计算出动力学参数。在一个典型的定性实验中，通常是在一个较大的扫描速率范围内，对不同的扫描范围和不同的起始扫描电势下所得的循环伏安法图，进行分析所出现的几个峰，观察在电势扫描范围变化和扫描速率变化时，这些峰是怎样出现和消失的，并记录第一次循环和后继循环之间的差别，这样有可能提供由这些峰所表示的有关过程的信息。同时利用扫描速率与峰值电流和峰值电位的关系，鉴别电极反应是否与吸附、扩散和偶合均相化学反应等有关。而通过比较第一次和后续循环伏安图的差别，可以分析电极反应的机理。但是必须强调，动力学的数据只能从第一次的扫描结果中进行分析。

实验十八　离子迁移数的测定

一、预习思考

1. 希托夫法测定离子迁移数的原理是什么？
2. 若通电前后中间区溶液浓度改变，为什么要重做实验？

离子迁移数的测定

二、实验目的

1. 掌握希托夫法测定离子迁移数的原理和方法。
2. 掌握库仑计的原理和使用方法。
3. 测定 $AgNO_3$ 溶液中 Ag^+ 和 NO_3^- 的迁移数。

三、实验原理

当电流通过含有电解质的电解池时，经过导线的电流是由电子传递的，而溶液中的电流则由离子传递的。溶液中的电流是借助阴、阳离子的定向移动通过溶液。由于离子本身的大小、溶液对离子移动时的阻碍及溶液中其余共存离子的作用力等诸多因素，使阴、阳离子各自的迁移速率不同，从而各自所携带的电荷量也不相同。由某一种离子所迁移的电荷量与通过溶液的总电荷量（Q）之比称为该离子的迁移数。

$$Q = q_- + q_+ \tag{6-25}$$

式中，q_- 和 q_+ 分别是阴、阳离子各自迁移的电荷量。阴离子和阳离子的迁移数 t_-、t_+ 分别为：

$$t_- = \frac{q_-}{Q} \tag{6-26}$$

$$t_+ = \frac{q_+}{Q} \tag{6-27}$$

阴离子和阳离子的迁移数 t_-、t_+ 的关系为：

$$t_- + t_+ = 1 \tag{6-28}$$

当电解质溶液中含有数种不同的阴、阳离子时，t_- 和 t_+ 分别为所有阴、阳离子迁移数的总和。

测定离子迁移数的方法有希托夫法、界面移动法和电动势法。本实验采用希托夫法测定离子的迁移数。

希托夫法测定迁移数的原理是根据电解前后，两电极区内电解质的量的变化来求算离子的迁移数。两支金属电极放在含有电解质溶液的电解池中，可设想在这两支电极之间的溶液中存在着三个区域：阳极区、中间区和阴极区，如图 6-2 所示。并假定该溶液只含 1:1 型的阳离子和阴离子，而且阴离子的移动速率是阳离子的 3 倍。当直流电通过电解池时，会发生下列情况：

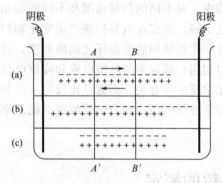

图 6-2　离子的电迁移示意图

① 一旦接通电流后，阳极区的阳离子会向阴极区移动；而阴极区的阴离子则向阳极区移动。如图 6-2(a) 所示。

② 一定时间后，由于阴离子的移动速率是阳离子的 3 倍，那么一个阳离子从阳极区移出，必定有 3 个阴离子从阴极区移出，此时溶液中离子的分布情况如图 6-2(b) 所示。

③ 若在阴极上有 4 个阳离子还原沉积，则必有 4 个阴离子在阳极上放电。其结果是阴极区只剩如图 6-2(c) 所示的 2 对离子，阳极区还剩 4 对离子，而中间区的则不变。阴极区减少的 3 对离子正是由于移出 3 个阴离子而造成的；阳极区减少的一对离子则是由于移出一个阳离子所造成的。此时，通过溶液的电荷量等于阳、阴离子迁移电荷量之和，即等于 4 个电子的电荷量。

从上面所述不难得出下列结果：

$$\frac{阳离子迁移的电荷量(q_+)}{阴离子迁移的电荷量(q_-)} = \frac{阳极区减少的电解质的物质的量}{阴极区减少的电解质的物质的量} \tag{6-29}$$

根据式(6-26)、式(6-27)、式(6-29) 可得

$$t_- = \frac{阴极区减少的电解质的物质的量}{2 \times 铜库仑计阴极上沉积出铜的物质的量} \tag{6-30}$$

$$t_+ = \frac{阳极区减少的电解质的物质的量}{2 \times 铜库仑计阴极上沉积出铜的物质的量} \tag{6-31}$$

其中阴、阳极区减少的电解质的物质的量可分别通过分析通电前、后各自区域电解质的变化量得到。在测定装置中串联一个铜库仑计，测定通电前、后铜库仑计中阴极的质量变化，经计算即可得到铜库仑计阴极上沉积出铜的物质的量。

四、仪器与试剂

1. 仪器：铜库仑计；直流稳压电源；电子天平；锥形瓶（50mL，250mL）；电流表；

希托夫迁移管；滴定管；烧杯（100mL）；移液管；导线；铁架台；吹风筒。

2. 试剂：$AgNO_3$ 溶液（0.10mol·L^{-1}）；电解铜片（99.999%）；HNO_3 溶液（6mol·L^{-1}）；硫酸铁铵饱和溶液；KCNS 溶液（0.10mol·L^{-1}）；无水乙醇；镀铜液（100mL 水中含 15g $CuSO_4$·$5H_2O$，5mL 浓 H_2SO_4，5mL 乙醇）。

五、实验步骤

（1）用少量 0.10mol·L^{-1} $AgNO_3$ 溶液洗涤希托夫迁移管 3 次，然后在迁移管中装入该溶液，迁移管中不应有气泡，并使 A、B 活塞处于导通状态。

（2）铜电极放在 6mol·L^{-1} HNO_3 溶液中稍微洗涤一下，以除去表面的氧化层，用蒸馏水冲洗后，将作为阳极的两片铜电极放入盛有镀铜液的库仑计中。将铜阴极用无水乙醇淋洗一下，用热空气将其吹干（温度不能太高），在天平上称重得 m_1，然后放入库仑计。

（3）按图 6-3 接好测量线路。接通直流稳压电源，通过调节使电流在 10mA 左右。

（4）通电 1h 后，关闭电源。并立即关闭 A、B 活塞。取出库仑计中的铜阴极，用蒸馏水冲洗后，用无水乙醇淋洗，再用吹风筒将其吹干，然后称量得 m_2。

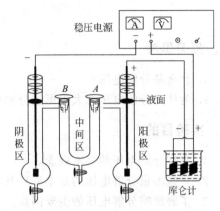

图 6-3 希托夫法测定离子迁移数线路图

（5）取中间区 $AgNO_3$ 溶液 25mL 和原始 $AgNO_3$ 溶液，分别称量并滴定分析其浓度。若中间区溶液的滴定结果与原始的相差太大，则实验须重做。

（6）分别将阴、阳极区的 $AgNO_3$ 溶液全部取出，放入已知质量的锥形瓶称量。然后分别加入 5mL 6mol·L^{-1} HNO_3 溶液和 1mL 硫酸铁铵饱和溶液，用 0.10mol·L^{-1} KCNS 溶液滴定，至溶液呈淡红色，使劲摇晃也不褪色为止。

六、数据记录与处理

1. 根据原始溶液的滴定分析结果，计算出原始溶液中 $AgNO_3$ 的量。

2. 根据通电后阳极区溶液的滴定分析结果，计算出阳极区溶液中 $AgNO_3$ 的量。

3. 根据计算结果和式(6-30)、式(6-31) 分别求出 Ag^+ 和 NO_3^- 的迁移数。

七、讨论与应用

1. 希托夫法测定离子迁移数的优点是原理简单，其缺点是不易得到准确的结果。界面移动法直接测定溶液中离子的移动速率，根据所用迁移管的截面积、通电时间内界面移动的距离以及通过的电荷量来计算离子的迁移数，该方法具有较高的准确度，但问题是如何获得鲜明的界面和如何观察界面移动，所以实验条件比较苛刻。电动势法则是通过测量浓差电池的电动势经计算得到离子的迁移数，该法也因实验条件比较苛刻而不常用。

2. 由于离子的水化作用，离子在电场作用下是带着水化壳层一起迁移的，而本实验中计算时未考虑该因素。这种不考虑水化作用所测得的迁移数通常称为希托夫迁移数，或称为表观迁移数。

3. 从库仑计原理上讲，不论在任何温度和压力下，电解过程中在其电极上反应所得的物质的量均严格服从法拉第定律。因此，长期以来人们通常采用在电路中串联铜库仑计、银库仑计和其他类似的库仑计来测定反应时通过的电荷量。当前随着电子技术的发展，出现了许多由计算机控制带有精确测量通过电路的电荷量功能的电化学工作站，它们可直接替代图6-3中稳压电源和库仑计，利用计时库仑技术可以很方便地直接测量电解反应时通过电路的电荷量并完成离子迁移数的测量实验。

实验十九　分解电压的测定

一、预习思考

1. 什么是分解电压？
2. 为什么分解电压总大于可逆分解电压？

二、实验目的

分解电压的
测定

1. 掌握分解电压的基本概念。
2. 掌握测量分解电压的基本原理及方法。
3. 了解影响分解电压的主要因素。

三、实验原理

当直流电通过电解质溶液时，阳离子向阴极方向迁移，阴离子向阳极方向迁移。与此同时，阳极发生氧化反应，阴极发生还原反应。以 Na_2SO_4 水溶液为例，当插入两支 Pt 电极并通入直流电时，电极反应如下：

阴极：$4H_2O + 4e^- = 2H_2(g)\uparrow + 4OH^-$

阳极：$4OH^- - 4e^- = O_2(g)\uparrow + 2H_2O$

总反应：$2H_2O = 2H_2(g)\uparrow + O_2(g)\uparrow$

以上两个电极反应对应的氢电极和氧电极分别有各自的平衡电极电势，其平衡电极电势的差值就是在实验条件下水的可逆分解电压 $E_{可逆}$。水的可逆分解电压也就是水的理论分解电压。因为该平衡电极电势之差与外加电压的方向相反，故只有当外加电压大于该平衡电极电势之差时，电解反应才有可能发生。但实际上，欲使该电解反应以一定的速率发生，该过程就是不可逆过程，所需的外加电压必须明显大于可逆分解电压 $E_{可逆}$ 才行。我们把开始明显发生电解反应所需的最小外加电压叫做分解电压，用 $E_{分解}$ 表示。

以电解 Na_2SO_4 水溶液为例，往该溶液中插入两支不参与电极反应的电极（如惰性电极），其连接线路如图 6-4 所示。在实验过程中，如果逐渐增加并记录施加在两支电极之间的外加电压 E，与此同时也把不同外加电压下的电流强度 I 记录下来，然后作图，就会得到如图 6-5 所示的 I-E 曲线。这样的实验结果说明：最初当外加电压从零开始逐渐增大时，电流强度非常小。在这种情况下，明显的电极反应（两极冒气泡）几乎观察不到。只有当外加电压增大到一定值后，这时随着外加电压的进一步增大，电流强度才会显著增大。这时才会观察到有明显的电极反应发生，此时 I-E 近似呈线性关系。分解电压就是电极反应明显发生后 I-E 曲线的直线部分反向延长线与电压 E 轴的交点对应的电压，即为 $E_{分解}$。把外加电压小于分解电压时对应的电流叫做残余电流。

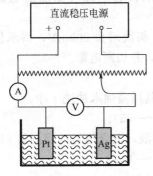

图 6-4　测量分解电压装置图

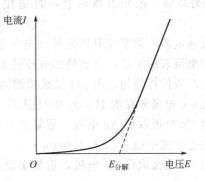

图 6-5　电解过程中的 $I \sim E$ 曲线

在该系统中既有分解电压 $E_{分解}$，又有可逆分解电压 $E_{可逆}$。为什么在图 6-5 中当外加电压从零开始逐渐增大时，就会有残余电流呢？原因是在图 6-4 所示的装置中，最初当外加电压为零时，Na_2SO_4 溶液中水的分解反应处于平衡状态，其中由氢电极和氧电极组成的原电池的电动势为零。这时，只要外加电压 E 大于零就大于原电池的电动势，就能发生电解反应，并且在阴极和阳极分别生成氢气和氧气。一旦有新的氢气和氧气生成，氧电极的电极电势就会升高，氢电极的电极电势就会降低，由这两支电极组成的原电池的电动势就会增大。又因该电池的电动势与外加电压的方向相反，所以它对进一步电解有阻碍作用。而且由于最初外加电压很小，电解产生的氢气和氧气的量也很少，这些气体牢牢地附着在电极表面，扩散非常慢。不过，此处虽然扩散非常缓慢，但是只要有扩散，原电池的电动势就会降低，电解反应就会继续发生，只是电解反应非常缓慢，电流强度非常小而已。

当外加电压再稍许增大一点时，产生的氢气和氧气也会多一点，两者的分压也会大一点，维持这种状态所需要的电流强度也会稍许增大一点儿，但是这两种气体的分压仍然不足以抵抗外界压力，仍然不易扩散，它们对电解反应的阻力也会增大一点儿。所以电解反应仍然非常缓慢，电流强度仍然非常小。

只有当外加电压继续增大，直到产生的氢气和氧气的分压足够大，并能抵抗外界压力而扩散或冒出气泡时，在这种情况下若继续增大外加电压，发生电解反应的阻力基本上就不再增大了。所以从此时开始，电解反应速率才会随外加电压的增大而明显加快，电流强度才会随外加电压的增大而明显增大。此时的外加电压就是分解电压。

四、仪器与试剂

1. 仪器：直流恒压电源（1 台）；变阻器（＞300Ω，1 个）；电压表（0～5V，1 个）；电流表（100mA，1 个）；Pt 电极（2 个）；Ag 电极（1 个）；Cu 电极（1 个）；烧杯（150mL，1 个）；量筒（50mL，10mL，各 1 个）；pH 试纸。

2. 试剂：Na_2SO_4 溶液（$0.5mol \cdot L^{-1}$）；H_2SO_4 溶液（$1.0mol \cdot L^{-1}$）；浓硝酸。

五、实验步骤

（1）把 Pt 电极和 Ag 电极放在浓 HNO_3 中浸泡 5min，然后用蒸馏水冲洗干净。

（2）在 150mL 烧杯中加入 50mL $0.5mol \cdot L^{-1}$ Na_2SO_4 溶液，用 pH 试纸检测该溶液的 pH。

（3）把 Pt 电极（阳极）和 Ag 电极（阴极）插入 $0.5\,mol \cdot L^{-1}$ Na_2SO_4 溶液中，并按图 6-4 连接好线路，把变阻器调节至合适位置，能让刚接通电源时施加给电解池的电压为零。

（4）接通电源，调节变阻器使外加电压逐渐增大。每次增大 $200\,mV$，待示值稳定后记录电压表和电流表的示值，直到外加电压达到 $4V$ 为止，并切断电源。

（5）把溶液搅拌均匀，用 pH 试纸检测溶液的 pH。

（6）把 Cu 电极放在浓 HNO_3 中浸泡 $5\,min$ 后，将其用蒸馏水冲洗干净。

（7）用 Cu 电极取代 Ag 电极，重复实验步骤（3）～（5）。

（8）往电解液中加入 $5\,mL$ $1.0\,mol \cdot L^{-1}$ H_2SO_4 溶液，混合均匀并检测其 pH。

（9）用 Cu 电极取代 Ag 电极，重复实验步骤（3）～（5）。

六、数据记录与处理

1. 将实验中所测的数据记录于表 6-3。

表 6-3　实验数据记录表

Ag-Pt 电极		Cu-Pt 电极		Cu-Pt 电极	
初始 pH＝	最终 pH＝	初始 pH＝	最终 pH＝	初始 pH＝	最终 pH＝
电压 E/mV	电流 I/mA	电压 E/mV	电流 I/mA	电压 E/mV	电流 I/mA
0		0		0	
200		200		200	
400		400		400	
…		…		…	

2. 数据处理

在直角坐标纸上，以外加电压为横坐标、电流强度为纵坐标，画出三种不同条件下的 I-E 曲线，并从图中求取在三种不同条件下水的分解电压 $E_{分解}$。

七、讨论与应用

分解电压大于可逆分解电压，超出的部分是由于电极上的极化作用所致。所谓电极极化是指有电流通过电极时电极电势偏离于平衡电极电势的现象。电极发生极化的原因：当有电流通过电极时，在电极上发生一系列过程，并以一定的速率进行，而每一步都或多或少地存在着阻力，要克服这些阻力，相应地需要一定的推动力，表现在电极电势上就出现这样或那样的偏离。

实验二十　电化学设计性实验

一、设计性实验 1（电动势法测定氯化银的溶度积）

1. 实验背景

电动势法是测定难溶盐溶度积的常用方法之一。如果想要求得难溶盐的溶度积和溶解度就需要设计一个可逆电池，该电池的反应为所需要的反应。通过实验测得该原电池的电动势，就可以求得难溶盐的溶度积。

2. 实验要求

实验前独立完成电动势法测定氯化银溶度积实验方案的设计，由实验指导教师检查，实验方案合格后，进入实验室完成实验操作。请独立制备原电池，测定原电池的电动势，利用实验中所测定的原电池的电动势计算氯化银的溶度积。实验结束后独立完成实验报告（具体内容包括：实验目的、实验原理、实验步骤、实验数据记录与处理、实验结论、讨论等部分）。

电化学设
计性实验

3. 实验提示

测定氯化银的溶度积，可以设计成如下原电池（6-32）。

$$Ag(s) \mid AgCl(s) \mid Cl^-(a_1) \parallel Ag^+(a_2) \mid AgCl(s) \mid Ag(s) \tag{6-32}$$

Ag-AgCl 电极的电极电势可以用式（6-33）表示。

$$E(Ag \mid AgCl) = E^\ominus(Ag \mid AgCl) - \frac{RT}{F}\ln a_{Cl^-} \tag{6-33}$$

AgCl 的溶度积 K_{sp} 可表示为式（6-34）。

$$K_{sp} = a_{Ag^+} \cdot a_{Cl^-} \tag{6-34}$$

式（6-34）代入式（6-33）得式（6-35）。

$$E(Ag \mid AgCl) = E^\ominus(Ag \mid AgCl) - \frac{RT}{F}\ln K_{sp} + \frac{RT}{F}\ln a_2 \tag{6-35}$$

原电池（6-32）两极的电极电势分别为：

$$E_{右} = E^\ominus(Ag \mid AgCl) - \frac{RT}{F}\ln K_{sp} + \frac{RT}{F}\ln a_2 \tag{6-36}$$

$$E_{左} = E^\ominus(Ag \mid AgCl) - \frac{RT}{F}\ln a_1 \tag{6-37}$$

$$E = E_{右} - E_{左} = -\frac{RT}{F}\ln K_{sp} + \frac{RT}{F}\ln(a_2 a_1) \tag{6-38}$$

整理式（6-38）得式（6-39）。

$$\ln K_{sp} = -\frac{EF}{RT} + \ln(a_2 a_1) \tag{6-39}$$

因此已知银离子和氯离子的活度，测定出电池电动势的值就可以求出氯化银的溶度积。

如果原电池设计成如下：

$$Ag(s) \mid AgCl(s) \mid HCl(a) \parallel AgNO_3(a) \mid Ag(s) \tag{6-40}$$

这个原电池的电动势 E 与 AgCl 的溶度积 K_{sp} 关系式又是怎样的？如何通过测定该电池电动势得到 AgCl 溶度积呢？还可以设计成其他类型的原电池吗？请同学们试一试。

二、设计性实验 2（电动势法测定化学反应的热力学函数）

1. 实验背景

化学反应的热效应可以用量热计直接测量，也可以用电化学方法来测量。由于原电池的电动势可以测得很准，因此所得数据较热化学方法所得的结果更加可靠。

如果原电池内进行的化学反应是可逆的，且电池在可逆条件下工作，则此电池反应在定温定压下的摩尔反应吉布斯函数 $\Delta_r G_m$ 和原电池的电动势 E 有以下关系：

$$\Delta_r G_m = -zFE \tag{6-41}$$

由热力学知识可知：

$$\Delta_r H_m = -zFE + zFT\left(\frac{\partial E}{\partial T}\right)_p \tag{6-42}$$

$$\Delta_r S_m = zF\left(\frac{\partial E}{\partial T}\right)_p \tag{6-43}$$

定压下测定一定温度时电池的电动势，根据式（6-41）可求得该温度下电池反应的 $\Delta_r G_m$。从不同温度时的电池电动势可求出电动势温度系数 $\left(\frac{\partial E}{\partial T}\right)_p$，根据式（6-42）求出 $\Delta_r H_m$，再根据式（6-43）求出 $\Delta_r S_m$。如果电池反应中反应物和生成物的活度都是 1，测定时温度为 298.15K，则所得热力学函数为 $\Delta_r G_m^\ominus$（298.15K）、$\Delta_r H_m^\ominus$（298.15K）、$\Delta_r S_m^\ominus$（298.15K）。

2. 实验要求

实验前独立完成电动势法测定化学反应的热力学函数变化实验方案的设计，由实验指导教师检查，且实验方案合格后，进入实验室完成实验操作。请测定如下反应：$2Ag(s) + Hg_2Cl_2(s) \Longrightarrow 2AgCl(s) + 2Hg(l)$ 的热力学函数 $\Delta_r G_m$、$\Delta_r H_m$、$\Delta_r S_m$。独立设计一个原电池，通过实验测量该电池电动势和电动势温度系数求出上述热力学函数。实验结束后独立完成实验报告（具体内容包括：实验目的、实验原理、实验步骤、实验数据记录与处理、实验结论、讨论等部分）。

3. 实验提示

原电池设计参考：$Ag(s)|AgCl(s)|$饱和 KCl 溶液$\parallel Hg_2Cl_2(s)|Hg(l)$

三、设计性实验 3（电解质的平均离子活度因子的测定）

1. 实验背景

原电池电动势测定的应用非常广泛，可以求得电池反应的各种热力学函数的变化值、溶度积常数、溶液的 pH、判断氧化还原反应进行的方向，除此之外，还可以测定电解质溶液的平均离子活度因子。

2. 实验要求

实验前独立完成电解质的平均离子活度因子测定实验方案的设计，由实验指导教师检查实验方案，且实验方案合格后，进入实验室完成实验操作。独立设计一个原电池，通过实验测量不同质量摩尔浓度 HCl 溶液时原电池的电动势，从而求得不同质量摩尔浓度下 HCl 溶液的平均离子活度因子。实验结束后独立完成实验报告（具体内容包括：实验目的、实验原理、实验步骤、实验数据记录与处理、实验结论、讨论等部分）。

3. 实验提示

原电池设计参考：$Pt(s)|H_2(p^\ominus)|HCl(b)|AgCl(s)|Ag(s)$

其电池反应为：$AgCl(s) + \frac{1}{2}H_2(p^\ominus) = HCl(b) + Ag(s)$

依据电池电动势 Nernst 方程可得到：

$$E = E^\ominus - \frac{RT}{F}\ln\frac{a_{HCl}}{(p_{H_2}/p^\ominus)^{1/2}} \tag{6-44}$$

$$a_{HCl} = (a_\pm)^2 = \left(\gamma_\pm \frac{b_\pm}{b^\ominus}\right)^2 \tag{6-45}$$

$$E = E^\ominus - \frac{2RT}{F}\ln\left(\gamma_\pm \frac{b_\pm}{b^\ominus}\right) \tag{6-46}$$

实验温度为 298.15K 时，式(6-46) 可改写为

$$E = E^{\ominus} - 0.1183\text{Vlg}\gamma_{\pm} - 0.1183\text{Vlg}\frac{b}{b^{\ominus}} \tag{6-47}$$

整理得

$$\lg\gamma_{\pm} = \frac{E^{\ominus} - \left(E + 0.1183\text{Vlg}\frac{b}{b^{\ominus}}\right)}{0.1183\text{V}} \tag{6-48}$$

四、设计性实验 4（难溶盐溶解度的测定）

1. 实验背景

一些难溶盐如 $BaSO_4(s)$、$AgCl(s)$ 等在水中的溶解度很小，其浓度不能用普通的滴定方法测定，但却可用电导法来求。以 AgCl 为例，先测定其饱和溶液的电导率 κ（溶液），由于溶液极稀，水的电导率也会占一定比例，不能忽略，所以必须从中减去水的电导率才能得到 AgCl 的电导率，见式(6-49)。

$$\kappa(AgCl) = \kappa(溶液) - \kappa(H_2O) \tag{6-49}$$

根据摩尔电导率的计算公式见式(6-50)，可以求得难溶盐 AgCl 饱和溶液浓度 c（单位为 $mol \cdot m^{-3}$），然后就可以计算 AgCl 溶解度。

$$\Lambda_m(AgCl) = \frac{\kappa(AgCl)}{c(AgCl)} \tag{6-50}$$

2. 实验要求

实验前独立完成难溶盐溶解度测定实验方案的设计，由实验指导教师检查实验方案，且实验方案合格后，进入实验室完成实验操作。独立设计实验步骤，列出并查得所需的参考常数。用电导法测定难溶盐 $PbSO_4$ 的溶解度。实验结束后独立完成实验报告（具体内容包括：实验目的、实验原理、实验步骤、实验数据记录与处理、实验结论、讨论等部分）。

3. 实验提示

难溶盐 $PbSO_4$ 饱和溶液浓度 c 经过推导可表示为式(6-51)。

$$c = \frac{\kappa(PbSO_4)}{1000\Lambda_m^{\infty}(PbSO_4)} \tag{6-51}$$

第七章 表面化学与胶体化学实验

四、地方性实验 4（双、元盐溶解度的测定）

实验二十一 液体表面张力的测定

一、预习思考

1. 如何理解表面张力、单位面积的表面功及单位面积的表面吉布斯函数的概念和物理意义？

2. 吉布斯吸附等温式的意义是什么？实验中如何求吸附量？

3. 实验中为什么不能将毛细管插进液体里面？

4. 测定表面张力为什么必须在恒温条件下进行？温度变化对表面张力有何影响？

5. 用最大气泡压力法测定表面张力时为什么要读取最大压力差？

二、实验目的

1. 掌握最大气泡压力法测定表面张力的原理和技术。

2. 通过对不同浓度乙醇溶液表面张力的测定，加深浓度与溶液表面张力和浓度与吸附量关系的理解。

3. 了解影响表面张力测定的因素。

液体表面张力
的测定

三、实验原理

在液体的内部，任何分子周围的吸引力是平衡的。可是在液体表面层的分子却不相同。因为表面层的分子，一方面受到液体内层的邻近分子的吸引，另一方面受到液面外部气体分子的吸引，而且前者的作用要比后者大。因此在液体表面层中，每个分子都受到垂直于液面并指向液体内部的不平衡力（如图 7-1 所示）。

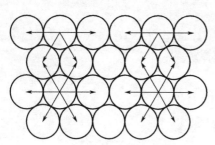

图 7-1 分子间吸引示意图

这种吸引力使表面上的分子向内挤，促成液体的最小面积。要使液体的表面积增大，就必须要反抗分子的内向力而做功，通常把增大 $1m^2$ 表面所需的最大功称为单位面积的表面功或称为比表面功。增大 $1m^2$ 所引起的表面吉布斯函数的变化，称为单位面积的表面吉布斯函数（变），也称为比表面吉布斯函数（变），其单位为 $J \cdot m^{-2}$。而把液体限制其表面积力图使它收缩的单位直线长度上所作用的力，称为表面张力，其单位是 $N \cdot m^{-1}$。液体单位面积的表面吉布斯函数和它的表面张力在数值上是相等的。

对纯溶剂而言，其表面层与内部的组成是相同的，但对溶液来说却不然。当加入溶质后，溶剂的表面张力要发生变化。根据能量最低原则，若溶质能降低溶剂的表面张力，则表面层中溶质的浓度应比溶液内部的浓度大，如果所加溶质能使溶剂的表面张力升高，那么溶质在表面层中的浓度应比溶液内部的浓度低。这种表面层浓度与溶液内部浓度不同的现象叫做溶液的表面吸附。在一定的温度和压力下，溶液表面吸附溶质的量与溶液的表面张力和加入的溶质的量（即溶液的浓度）有关，它们之间的关系可用吉布斯吸附等温式(7-1)表示：

$$\Gamma = -\frac{c}{RT}\left(\frac{\partial \gamma}{\partial c}\right)_T \tag{7-1}$$

式中，Γ 为吸附量，$mol \cdot m^{-2}$；γ 为表面张力，$N \cdot m^{-1}$；T 为开氏温度，K；c 为溶液浓度，$mol \cdot L^{-1}$；R 为摩尔气体常数，$R = 8.314 J \cdot K^{-1} \cdot mol^{-1}$；$\left(\frac{\partial \gamma}{\partial c}\right)_T$ 表示在一定温度下表面张力随溶液浓度而改变的变化率。如果 γ 随浓度的增加而减小，也即 $\left(\frac{\partial \gamma}{\partial c}\right)_T < 0$，则 $\Gamma > 0$，此时溶液表面层的浓度大于溶液内部的浓度，称为正吸附作用。如果 γ 随浓度的增加而增加，即 $\left(\frac{\partial \gamma}{\partial c}\right)_T > 0$，则 $\Gamma < 0$，此时溶液表面层的浓度小于溶液本身的浓度，称为负吸附作用。

从式(7-1)可看出，只要测定溶液的浓度和表面张力，就可求得各种不同浓度下溶液的吸附量 Γ。

在本实验中，溶液浓度的测定是应用浓度与折射率的对应关系得到的，表面张力的测定是应用最大气泡压力法实现的。

最大气泡压力法测定表面张力的装置示意图参见第三章第二十节。将欲测表面张力的液体装于样品管中，使毛细管的端面与液面相切，液面即沿着毛细管上升，打开滴液漏斗的活塞进行缓慢抽气，此时由于毛细管内液面上所受的压力（$p_{大气}$）大于样品管中液面上的压力（$p_{系统}$），故毛细管内的液面逐渐下降，并从毛细管管端缓慢地逸出气泡。在气泡形成过程中，由于表面张力的作用，凹液面产生了一个指向液面外的附加压力 Δp，因此有下述关系：

$$p_{大气} = p_{系统} + \Delta p \tag{7-2}$$

或

$$\Delta p = p_{大气} - p_{系统} \tag{7-3}$$

附加压力 Δp 和溶液的表面张力 γ 成正比，与气泡的曲率半径 r 成反比，其关系式为式(7-4)。

$$\Delta p = \frac{2\gamma}{r} \tag{7-4}$$

若毛细管管径较小，则形成的气泡可视为是球形的。气泡刚形成时，由于表面几乎是平的，所以曲率半径 r 极大；当气泡形成半球形时，曲率半径 r 等于毛细管管径 R，此时 r 为最小；随着气泡的进一步增大，r 又趋增大（见图7-2），直至逸出液面。

据式(7-4)可知，当 $r = R$ 时，附加压力最大，式

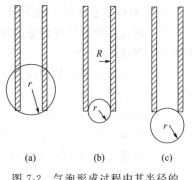

(a)　　　(b)　　　(c)

图7-2　气泡形成过程中其半径的
变化情况示意图

（7-4）变为式（7-5）。

$$\Delta p_m = \frac{2\gamma}{R} \tag{7-5}$$

最大附加压力 Δp_m 可由测定表面张力实验装置上读出。

在实验中，若使用同一支毛细管，则 $\frac{1}{2}R$ 是一个常数，称作仪器常数，用 K 表示。所以：

$$\gamma = K\Delta p_m \tag{7-6}$$

如果将已知表面张力的液体作为标准，由实验测得其 Δp_m 后，就可求出仪器常数 K 的值。然后只要用这一仪器测定其他液体的 Δp_m 值，通过式（7-6）计算，即可求得各种液体的表面张力 γ。

四、仪器与试剂

1. 仪器：阿贝折射仪（1 台）；恒温水槽（1 台）；表面张力测定实验装置（参看第三章第二十节）；烧杯（250mL，1 个）。

2. 试剂：乙醇（分析纯）；待测乙醇水溶液样品（5 个）。

五、实验步骤

1. 绘制工作曲线

用称重法配制 5%、10%、15%、20%、25%、30%、40%、50% 左右的标准乙醇溶液，并测定各溶液的折射率，作出折射率-浓度的工作曲线。

2. 仪器常数的测定

（1）用蒸馏水仔细洗净表面张力测定实验装置中的毛细管和样品管，样品管内装入蒸馏水，通过调节活塞，使样品管的液面正好与毛细管端面相切，安装时，注意毛细管务必与液面垂直，并在 20℃ 的条件下恒温 10min。

（2）按表面张力测定装置面板上的安装图将磨口烧杯、毛细管用橡皮胶真空管连接好。打开电源开关，LED 显示即亮，2s 后正常显示，预热 5min 后按下置零键，表示此时系统内大气压差为零。

（3）在滴液漏斗中装满水，测定开始时，打开滴液漏斗活塞，进行缓慢压气调节气泡逸出速度以 5～10s 一个为宜。可以观察到，当空气泡刚破裂时，压差值最大，读取最大压差值 Δp_m 至少三次，求平均值。

3. 待测样品表面张力的测定

（1）按乙醇溶液从稀到浓的顺序逐一进行测定，测定每种溶液时要用待测溶液将毛细管和样品管润洗 2～3 次。

（2）按测定仪器常数的操作步骤，分别测定各种未知浓度乙醇溶液的最大压差值 Δp_m，测定三次，取平均值。

4. 待测样品浓度的测定

（1）从滴瓶中直接取样，按乙醇溶液从稀到浓的顺序逐一用阿贝折射仪测其折射率。

（2）在折射率-浓度标准工作曲线上查找出相应的浓度值。

5. 重测蒸馏水的表面张力

用蒸馏水洗净毛细管和样品管，重测一次蒸馏水的表面张力，与前面进行比较，并加以分析。

最后在样品管中装好蒸馏水，并将毛细管浸入水中保存。

六、数据记录与处理

1. 将实验所测量的数据分别记录于表 7-1 和表 7-2 中。

表 7-1 标准乙醇溶液的折射率和浓度记录表

序号	1	2	3	4	5	6	7	8
$c/\text{mol} \cdot \text{L}^{-1}$								
折射率(n)								

表 7-2 测定溶液表面张力的数据记录与处理表

待测乙醇溶液	1	2	3	4	5
折射率(n)					
$c/\text{mol} \cdot \text{L}^{-1}$					
$\Delta p_m(1)$					
$\Delta p_m(2)$					
$\Delta p_m(3)$					
$\overline{\Delta p_m}$					
$r/\text{N} \cdot \text{m}^{-1}$					
$\Gamma/\text{mol} \cdot \text{m}^{-2}$					

2. 根据表 7-1 所列实验数据，以浓度为横坐标、折射率为纵坐标绘制标准工作曲线。

3. 记录三次测量水的 Δp_m，计算其平均值，已知 20℃时水的表面张力 $\gamma_{H_2O} = 0.07275\text{N} \cdot \text{m}^{-1}$，计算仪器常数 K。

4. 以浓度 c 为横坐标，表面张力 γ 为纵坐标，绘制 $\gamma\text{-}c$ 图。

5. 以浓度 c 为横坐标，吸附量 Γ 为纵坐标，绘制 $\Gamma\text{-}c$ 图。

七、讨论与应用

1. 吸附量 Γ 的求算方法

在 $\gamma\text{-}c$ 曲线上任取若干点，分别作其切线，求得斜率 m。

$$m = \left(\frac{\partial \gamma}{\partial c}\right)_T \qquad (7\text{-}7)$$

由斜率 m 求算吸附量 Γ 的方法如图 7-3 所示，在 $\gamma\text{-}c$ 曲线上任找一点 a，过 a 点作切线 ab，此曲线的斜率 m 为

$$m = \frac{Z}{0 - c} = -\frac{Z}{c}$$

$$-\frac{Z}{c} = \frac{\partial \gamma}{\partial c}$$

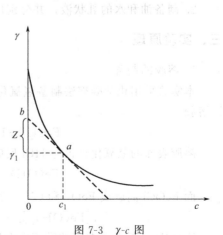

图 7-3 $\gamma\text{-}c$ 图

$$\Gamma = \frac{Z}{RT}$$

2. 测定用的毛细管一定要洗干净，否则气泡可能不呈单泡逸出，而使压力读数不稳定，如发生此种现象，毛细管应重洗。测定时毛细管一定要与液面保持垂直，管口刚好与液面相切。

3. 测定表面张力的意义：

(1) 为研究液体表面结构提供信息，例如检测表面活性剂在溶液中是否形成胶束。

(2) 作为研究表面或界面吸附的一种间接手段。

(3) 验证表面分子相互作用理论。

(4) 研究表面活性剂的作用。

4. 测定液体表面张力除最大气泡法外，常用的还有毛细管上升法、滴重法、吊环法、吊板法、悬滴法等。

实验二十二　溶胶和乳状液的制备及其性质

一、预习思考

1. 何谓胶体？何谓乳状液？二者有何区别？

2. 胶体和乳状液的稳定条件是什么？

3. 用半透膜渗析法净化溶胶的依据是什么？溶胶为什么需要净化？

4. 丁达尔光锥是如何产生的？通过的光为什么显示橙红色？

5. 使用电泳仪和显微镜时要注意些什么？

6. 溶胶粒子电泳速度的快慢与哪些因素有关？

7. 电解质为什么会使溶胶聚沉？何谓聚沉值？

8. 乳化剂有什么作用？如何使乳状液类型发生转化？

量变与质变

二、实验目的

1. 制备氢氧化铁溶胶，了解其光学、电学性质及电解质的聚沉作用。

2. 制备油和水的乳状液，并分别用混合法和染色法鉴别其类型。

三、实验原理

1. 溶胶的制备

本实验采用化学凝聚法制备氢氧化铁溶胶。氯化铁在水溶液中水解即生成红棕色氢氧化铁溶胶：

$$FeCl_3 + 3H_2O \longrightarrow Fe(OH)_3 + 3HCl$$

溶胶表面的氢氧化铁再与 HCl 反应：

$$Fe(OH)_3 + HCl \longrightarrow FeOCl + 2H_2O$$

而 FeOCl 离解成 FeO^+ 和 Cl^-。胶体结构大致为：

$$\{[Fe(OH)_3]_n \cdot mFeO^+ \cdot (m-x)Cl^-\}^{x+} \cdot xCl^-$$

$Fe(OH)_3$ 溶胶是典型的带正电溶胶。本实验采用半透膜渗析法分离过量的电解质，以

溶胶和乳状液的
制备及其性质

获得较纯净的胶体。

2. 胶体的性质

（1）胶体的光学性质

胶体系统的分散相粒子一般在 1～100nm 之间。这种粒子的直径约小于可见光的波长（400～780nm），在一束会聚的白色光线照射下，与光束垂直的方向可以看到浅蓝色散射光锥，在透过的方向则显示橙红色，这是一种简单的鉴别溶胶的方法。

（2）胶体的电学性质

胶体粒子是由一个胶核和周围的双电层所组成的，这样的总组成叫做胶团。胶核是由某种物质的大量分子或原子所形成，通常有晶体的结构。包围着胶团周围的双电层是由吸附部分和扩散部分所构成。在没有电场时，整个胶团是电中性的，当受到电场的作用时，胶团就在吸附层和扩散层之间的界面上发生分裂。胶核和吸附层结合在一起称为胶粒，就胶粒来说，它是带有某种过剩电荷的，因而向一电极移动。扩散层的离子称反离子，则向另一极移动。这就是溶胶具有电泳现象的原因。图 7-4 是带负电的，以 KI 来稳定的 AgI 溶胶的结构式和胶团构造示意图。

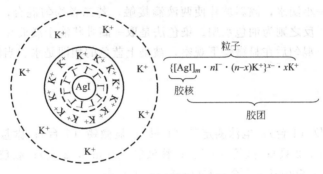

图 7-4　胶团构造示意图

带电胶粒的吸附层表面对于均匀液相内部具有一电势，称为电动电势，又称 ζ 电势，它要随吸附层内离子浓度的改变而变化。在溶胶中加入电解质后，由于电解质进入吸附层，使得与胶核表面反电性的离子增加，因而 ζ 电势降低。当胶粒的布朗运动具有的能量足以克服 ζ 电势的势能时，胶粒相互撞碰而聚沉。溶胶开始聚沉时溶液中电解质的最低浓度叫聚沉值。

本实验用界面移动法测电泳速度。在外电场作用下，带电胶粒将向异性电极移动，ζ 电势可根据下式计算：

$$\zeta = \frac{4\pi\eta}{\varepsilon E}u \times 300^2 \tag{7-8}$$

式中，$E = \dfrac{V}{L}$ 为电势梯度；V 为外加电压，V；L 为两极间距离，cm；ε 为介质的介电常数，介质为水时，$\varepsilon=81$；η 是水的黏度，mPa·s；u 为电泳速度，cm·s^{-1}。

3. 乳状液及其性质

两个互不相溶的液体经乳化剂作用，可生成由一种液体分散在另一种液体中的乳状液。前者称为分散相，后者称为分散介质。其中一种液体通常是水，另一种是非极性液体，统称为油。因此乳状液可分为两类，即油在水中（水包油型）和水在油中（油包水型）的乳状液，其分散相的液珠一般在 1～50nm 之间，可用显微镜观察出来。通常的乳化剂都是表面活性物质，它被吸附在分散相与分散介质之间形成保护膜，防止了分散相的聚集。又由于它能降低液体表面张力，使乳化作用易于发生。当乳化剂与水之间的界面张力 γ_1 大于乳化剂与油之间的界面张力 γ_2 时，水滴收缩，形成水在油中（油包水型）的乳状液，参见图 7-5(a)，反之当 $\gamma_1 < \gamma_2$ 时，形成油在水中（水包油型）的乳状液，参见图 7-5(b)。改变乳化剂能使 γ_1 与 γ_2 的大小发生改变，因而能改变乳状液类型。关于乳状液的类型理论还有多种，可查阅有关书籍。

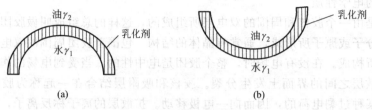

图 7-5　乳化剂作用示意图

鉴别乳状液类型的方法很多，通常采用混合法和染色法。混合法是取一滴乳状液置于载玻片上，旁边再放一小滴水，倾斜玻片使两液滴接触，若二者均匀混合，则分散介质为水，为水包油型乳状液，反之则为油包水型。染色法是取一滴乳状液于载玻片上，加入少许只溶于水的染料甲基蓝，混匀后在显微镜下观察，被染上蓝色的相即是水。当然也可采用只溶于油的染料。

四、仪器与试剂

1. 仪器：电泳仪（1 台）；电泳测定管（1 只）；显微镜（1 台）；微量滴定管（2mL，2 只）；锥形瓶（50mL，2 只）；试管（4 只）；移液管（10mL，2 支）；载玻片；恒温水浴锅；烧杯（250mL，2 个；500mL，1 个；1000mL，1 个）。

2. 试剂：三氯化铁溶液（10%）；油酸钠溶液（1%）；氯化镁溶液（10%）；甲基蓝溶液；氯化钠溶液（2.0mol·L^{-1}）；硫酸钠溶液（0.01mol·L^{-1}）；硝酸银溶液（1%）；硫氰酸钾溶液（1%）；火棉胶（5%，分析纯）。

五、实验步骤

1. Fe(OH)$_3$ 溶胶的制备

于 250mL 烧杯中加 200mL 蒸馏水，加热至沸，缓慢滴入 10mL 三氯化铁溶液（10%），得到红棕色 Fe(OH)$_3$ 溶胶。

2. Fe(OH)$_3$ 溶胶的净化

(1) 半透膜的制备

在一个清洁干燥的 500mL 烧杯中倒入约 10mL 火棉胶液，小心转动烧杯，使火棉胶在杯内形成均匀薄膜，将烧杯倒立，让剩余火棉胶流尽。约 15min 乙醚挥发完，用手指触摸薄膜已不粘手，即在瓶口剥开一部分膜，并由此处注入蒸馏水，使膜与壁分离。同时在瓶内加满蒸馏水，将膜浸泡几分钟，使膜内乙醇溶于水。小心将薄膜取出，注水于膜袋中检查是否有漏洞。若有小洞，可先擦干洞口部分，用玻璃棒蘸少许火棉胶轻轻接触洞口即可补好。

(2) Fe(OH)$_3$ 溶胶的净化

小心将 Fe(OH)$_3$ 溶胶注入半透膜袋中，用棉线将袋口捆好，吊在 1000mL 烧杯中，杯内加蒸馏水并放入 60～70℃恒温水浴中，以加快渗析速度。每隔半小时更换一次蒸馏水，并不断用 $AgNO_3$ 溶液和 KSCN 溶液分别检查 Cl^- 和 Fe^{3+}，直到检测不出两种离子为止（一般需换水 4～5 次）。最后一次渗析液留作电泳辅助液用。

3. 丁达尔现象的观察

将制得的净化好的溶胶放入聚光箱中观察丁达尔现象。

4. 溶胶的电泳

用铬酸洗液洗净电泳仪，并用去离子水洗净。再用溶胶淌洗电泳仪三次，倒入溶胶直至其液面高出两个活塞少许，关闭活塞，倒掉多余的溶胶。用去离子水把两活塞以上部分清洗干净后，再加满辅助液（即最后一次渗析液）。将电泳仪固定在支架上，插入铂电极。缓慢开启两个活塞（避免溶胶液面搅动）。连接外电源，外加电压 150～200V 电压，开始计时，并记下 30min 内界面移动距离。同时测定两个电极间的距离。

5. 电解质对溶胶的聚沉作用

在两只清洁干燥的 50mL 锥形瓶中放入 10mL 净化后的溶胶液。用微量滴定管分别滴入 $2.0mol \cdot L^{-1}$ NaCl 溶液和 $0.01mol \cdot L^{-1}$ Na_2SO_4 溶液。每加一滴要充分摇荡，至少 1min 不出现浑浊才可加第二滴。因为溶胶开始聚集时胶粒数目的变化只能通过超显微镜才能看到，而达到肉眼能看见的浑浊现象还需要一定时间。记下刚产生浑浊时滴入电解质溶液的体积。计算聚沉值，单位用 $mmol \cdot L^{-1}$ 表示。

6. 乳状液的制备

于试管中加入 10mL 1% 油酸钠溶液，逐滴加入 5mL 菜籽油，充分振荡即得乳状液。

7. 乳状液类型的鉴定

分别用混合法和染色法鉴别乳状液类型。

8. 乳状液的稳定性

取少量乳状液于试管中，逐滴加入少量的氯化镁溶液，充分搅拌，再用混合法和染色法鉴别类型。

六、数据记录与处理

1. 根据电泳实验结果确定溶胶粒子带电符号，并求 ζ 电势。

2. 根据聚沉实验结果计算两种电解质对溶胶的聚沉值，比较两种电解质的聚沉能力。

3. 说明所制得的乳状液在转化前后用混合法和染色法鉴别的结果，何者为分散相，何者为分散介质。

七、讨论与应用

1. 制备半透膜时，加水溶解乙醇的时间应掌握好，如加水过早，因胶膜中的乙醚尚未完全挥发掉，胶膜呈乳白色，强度差不能用；如加水过迟，则胶膜变干、脆、不易取出，且易破。将制备好的半透膜放在蒸馏水中保存备用。

2. 电泳的实验方法有多种。界面移动法适用于溶胶和大分子溶液与分散介质形成的界面在电场作用下移动速度的测定。显微电泳法是用显微镜直接观察溶胶粒子电泳的速度，要求研究对象必须在显微镜下能明显观察到，适用于粗颗粒的悬浮体和乳状液。区域电泳法是以惰性而均匀的固体或凝胶作为被测样品的载体进行电泳，以达到分离与分析电泳速度不同的各组分的目的，现已成为分离与分析蛋白质的基本方法。电泳的实际应用很广泛，如陶瓷工业的黏土精选、电泳涂漆、电泳镀橡胶以及生物化学和临床医药中蛋白质及病毒的分离等。

实验二十三　电导法测定水溶性表面活性剂的临界胶束浓度与表面活性相关性的研究

一、预习思考

1. 什么是表面活性剂的临界胶束浓度？
2. 电导法测定表面活性剂的临界胶束浓度的原理是什么？
3. 在稀溶液范围内，表面活性剂的电导率对浓度关系曲线，即 κ-c 曲线和无机盐的有什么不同？为什么？
4. 如果想知道所测得的临界胶束浓度是否正确？可用什么实验方法来验证？
5. 用电导法测定表面活性剂的临界胶束浓度值是否对所有表面活性剂都适用？

二、实验目的

电导法测定水
溶性表面活性
剂的临界胶束
浓度

1. 学会用电导法测定表面活性剂的临界胶束浓度。
2. 理解电导法测定表面活性剂的临界胶束浓度的原理。
3. 了解无机盐和有机添加物对表面活性剂的临界胶束浓度的影响。

三、实验原理

表面活性剂是那些具有两亲结构，既含有亲油的足够长的烷基，又含有亲水的极性基团，可明显降低系统的表面（或界面）张力，使系统产生润湿、乳化、分散、气泡、增溶等一系列作用的物质。在表面活性剂溶液中，当表面活性剂浓度增大到一定值时，表面活性剂离子或分子将发生缔合，形成胶束（或称胶团）。表面活性剂溶液形成胶束所需的最低浓度称为表面活性剂的临界胶束浓度（critical micelle concentration，简称 CMC）。由于溶液结构的改变导致其某些物理化学性质（如表面张力、电导率、可溶性、浊度、光学性质等）随着胶束的形成而发现突变（如图 7-6），故将 CMC 看作表面活性剂的一个重要特征，可以度量表面活性剂表面活性的大小。CMC 越小，表示这种表面活性剂形成胶束所需浓度越低，达到表面（或界面）饱和吸附的浓度越低，则表面活性剂的表面活性就越大。

测定 CMC 的方法很多，比如表面张力法、电导法、染料法、增溶作用法、光散射法等，而电导法是测量离子型表面活性剂 CMC 的较为简便准确的方法。

对于离子型表面活性剂溶液，当溶液浓度很稀时，电导的变化规律也和强电解质一样，但当溶液的浓度达到临界胶束浓度时，随着胶束的形成，带相反电荷的离子被强烈地吸附在胶团表面上，部分电荷被中和，电导率发生明显变化，这就是电导法测定 CMC 的依据。

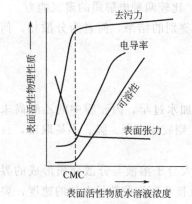

图 7-6　表面活性剂溶液的一些性质与浓度的关系

四、仪器与试剂

1. 仪器：电导率仪（1台）；电导电极（1支）；容量瓶（100mL，2只）；锥形瓶（10只）；恒温槽（1台）；移液管。

2. 试剂：十二烷基磺酸钠溶液（0.02mol·L^{-1}）；氯化钠（分析纯）；正丁醇（分析纯）；电导水。

五、实验步骤

（1）打开恒温槽和电导率仪的电源预热20min，设定恒温槽的温度为35℃或其他合适的温度。

（2）用移液管移取浓度为0.02mol·L^{-1}十二烷基磺酸钠和水到10只锥形瓶中，按表7-3配制以下浓度的十二烷基磺酸钠溶液，并把这10个配制好的溶液放到恒温槽中预热至少10min。

表7-3　十二烷基磺酸钠溶液配制参考表

编号	十二烷基磺酸钠溶液的体积 V/mL	电导水体积 V/mL	浓度 c/mol·L^{-1}
1	5	45	0.002
2	10	40	0.004
3	15	35	0.006
4	20	30	0.008
5	25	25	0.010
6	30	20	0.012
7	35	15	0.014
8	40	10	0.016
9	45	5	0.018
10	50	0	0.020

（3）测量以上10种溶液的电导率值 κ，记录。

（4）用电导水配制浓度为0.02mol·L^{-1}氯化钠溶液100mL，取相同体积的氯化钠溶液5mL分别加入10种十二烷基磺酸钠溶液（浓度如表7-3所示）中，测量该组溶液的电导率 κ 值，记录。

（5）用电导水配制浓度为0.8mol·L^{-1}正丁醇溶液100mL，取相同体积的正丁醇溶液5mL分别加入到10种十二烷基磺酸钠溶液（浓度如表7-3所示）中，测量该组溶液的电导率 κ 值，记录。

六、数据记录与处理

1. 将实验所测得的数据记录在表7-4。

2. 分别作上述三种不同溶液的电导率对浓度关系曲线 κ-c 图，由曲线的转折点确定十二烷基磺酸钠的临界胶束浓度，以及加入NaCl和正丁醇后的十二烷基磺酸钠的临界胶束浓度。

表 7-4　实验数据记录表

浓度 $c/\text{mol} \cdot \text{L}^{-1}$	十二烷基磺酸钠的电导率 $/\times 10^3 \mu\text{S} \cdot \text{cm}^{-1}$	加氯化钠溶液后的电导率 $/\times 10^3 \mu\text{S} \cdot \text{cm}^{-1}$	加正丁醇溶液后的电导率 $/\times 10^3 \mu\text{S} \cdot \text{cm}^{-1}$
0.002			
0.004			
0.006			
0.008			
0.010			
0.012			
0.014			
0.016			
0.018			
0.020			

七、讨论与应用

1. 配制溶液时，由于有泡沫，需待表面活性剂完全溶解，否则将影响浓度的准确性。

2. 测定 CMC 的方法很多，常用的有表面张力法、电导法、染料法、增溶作用法、光散射法等。这些方法原理上都是从溶液的物理化学性质随浓度变化关系出发求得。其中表面张力和电导法比较简便准确。表面张力法除了可求得 CMC 之外，还可以求出表面吸附等温线，此外，还有一个优点就是无论对于高表面活性还是低表面活性的表面活性剂，其 CMC 的测定都具有相似的灵敏度，此法不受无机盐的干扰，也适合非离子表面活性剂。电导法是经典方法，简便可靠，但只限于离子型表面活性剂，此法对于有较高活性的表面活性剂准确性高，但过量无机盐的存在会降低测定灵敏度。

实验二十四　溶液吸附法测定固体比表面积

一、预习思考

1. Langmuir 单分子层吸附理论的基本假定是什么？

2. Langmuir 吸附等温式是如何推导出来的？

3. 为什么亚甲基蓝原始溶液浓度要选在 0.2% 左右？

4. 为什么吸附平衡后的亚甲基蓝浓度要在 0.1% 左右？

5. 分光光度法测定亚甲基蓝溶液浓度时，为什么要将溶液的质量分数浓度稀释到一定程度才能进行测定？

二、实验目的

1. 用亚甲基蓝水溶液吸附法测定颗粒活性炭的比表面积。

2. 了解用溶液吸附法测定比表面积的基本原理。

3. 理解 Langmuir 单分子层吸附理论。

溶液吸附法测定
固体比表面积

三、实验原理

物质的分散度可用比表面积（A_w）来表示，其定义为单位质量的固体物质所具有的表面积，单位为 $m^2 \cdot kg^{-1}$，其值与固体物质颗粒的大小、固体的孔隙率及其孔径分布有关。

水溶性染料的吸附已应用于测定固体比表面积，在所有的染料中亚甲基蓝具有最大的吸附倾向。研究表明，在一定浓度范围内，大多数固体对亚甲基蓝的吸附是单分子层吸附，符合 Langmuir 单分子层吸附理论。

Langmuir 单分子层吸附理论的基本假定：固体表面是均匀的；吸附是单分子层吸附，吸附剂一旦被吸附质覆盖就不能再发生吸附；吸附质之间的相互作用可忽略；吸附平衡为动态平衡，即单位时间单位表面吸附的吸附质分子数和解吸的分子数相等，吸附量维持不变；固体表面各个吸附位完全等价，吸附速率与表面空白率成正比，解吸速率与表面覆盖率成正比。设固体表面的吸附位总数为 N，覆盖率为 θ，溶液中吸附质的浓度为 c，根据以上假设，可以推导出式(7-9)，即 Langmuir 吸附等温式。

$$\theta = \frac{k_1 c}{k_{-1} + k_1 c} \tag{7-9}$$

式中，k_1 为吸附速率常数；k_{-1} 为解吸速率常数。

令

$$K_{吸} = \frac{k_1}{k_{-1}} \tag{7-10}$$

$K_{吸}$ 被称为吸附平衡常数，其值决定于吸附剂和吸附质的本性及温度，其值越大，固体对吸附质吸附能力越强。将式(7-10) 代入式(7-9) 可得式(7-11)。

$$\theta = \frac{K_{吸} c}{1 + K_{吸} c} \tag{7-11}$$

若以 Γ 表示浓度 c 时的平衡吸附量，以 Γ_∞ 表示全部吸附位被占据的单分子层吸附量，即饱和吸附量，则覆盖率 θ 可以表示为式(7-12)。

$$\theta = \frac{\Gamma}{\Gamma_\infty} \tag{7-12}$$

将式(7-12) 代入式(7-11) 得式(7-13)。

$$\Gamma = \Gamma_\infty \frac{K_{吸}}{1 + K_{吸} c} \tag{7-13}$$

将式(7-13) 重新整理，可得到式(7-14)。

$$\frac{c}{\Gamma} = \frac{1}{\Gamma_\infty K_{吸}} + \frac{c}{\Gamma_\infty} \tag{7-14}$$

从式(7-14) 可知，由实验测出不同浓度 c 时的平衡吸附量 Γ，以 c/Γ 对 c 作图，从直线斜率可得到 Γ_∞，再结合截距便可得到 $K_{吸}$。Γ_∞ 指每克吸附剂的饱和吸附量，若每个吸附质分子在吸附剂上所占据的面积为 A_m，则吸附剂的比表面积 A_w 可按式(7-15) 计算：

$$A_w = \Gamma_\infty L A_m \tag{7-15}$$

式中，L 为 Avegadro 常数。

亚甲基蓝具有矩形平面结构，其吸附有三种取向：平面吸附、侧面吸附和端基吸附。对于非石墨型活性炭，亚甲基蓝以端基吸附取向，$A_m = 39 \times 10^{-20} \, m^2$。

亚甲基蓝在可见光区有 445nm 和 665nm 两个吸收峰，但在 445nm 处活性炭吸附对吸收峰有很大干扰,故本实验选用的工作波长为665nm,并用分光光度计进行测量。

四、仪器与试剂

1. 仪器:722型分光光度计(1台);马弗炉(1台);振荡器(1台);容量瓶(500mL,6只;50mL,5只;100mL,5只);2号砂芯漏斗(5只);带塞锥形瓶(100mL,5只);滴管;瓷坩埚。

2. 试剂:颗粒状非石墨型活性炭;原始亚甲基蓝溶液(0.2%左右);标准甲基蓝溶液($3.126×10^{-4}$ mol·L^{-1})。

五、实验步骤

1. 样品活化

将颗粒活性炭置于瓷坩埚中,放入500℃马弗炉中活化1h,然后置于干燥器中备用。

2. 溶液吸附

取5只洗净干燥的带塞锥形瓶,编号,分别准确称取活化过的活性炭约0.1g置于瓶中,按表7-5方法配制不同浓度的亚甲基蓝溶液50mL(在50mL容量瓶中配制),加入锥形瓶中,然后塞上磨口塞,放置在振荡器上振荡3~5h。样品振荡达平衡后,将锥形瓶取下,用砂芯漏斗过滤,得到吸附平衡后的滤液。分别称取滤液5g放入500mL容量瓶中,并用蒸馏水稀释至刻度,待用。

表7-5 亚甲基蓝溶液配制的不同试剂用量表

编号	1	2	3	4	5
0.2%亚甲基蓝溶液体积 V/mL	30	20	15	10	5
蒸馏水体积 V/mL	20	30	35	40	45

3. 原始溶液处理

为了准确测量原始亚甲基蓝溶液(约0.2%)的浓度,称取2.5g溶液放入500mL容量瓶中,并用蒸馏水稀释至刻度,待用。

4. 亚甲基蓝标准溶液的配制

用台秤分别称取2g、4g、6g、8g、11g亚甲基蓝标准溶液($3.126×10^{-4}$ mol·L^{-1})于100mL容量瓶中,用蒸馏水稀释至刻度,待用。

5. 选择工作波长

取某一浓度的标准亚甲基蓝溶液,在600~700nm范围内测量吸光度,以吸光度最大时的波长作为工作波长(应在665nm左右)。

6. 测量吸光度

以蒸馏水为空白溶液,分别测量5个标准溶液(用于绘制标准工作曲线)、5个稀释后的平衡溶液(吸附后)以及稀释后的原始溶液(吸附前)的吸光度。

六、数据记录与处理

1. 作标准工作曲线:计算出各个标准亚甲基蓝溶液的物质的量浓度,以吸光度对物质的量浓度作图,所得的直线即为亚甲基蓝的标准工作曲线。

2. 求亚甲基蓝原始溶液的浓度和各个平衡溶液的浓度:将实验测得的稀释后的原始溶

液的吸光度，从工作曲线上查得对应的浓度，乘上稀释倍数 200，即为原始溶液的浓度。根据实验测得的各个稀释后的平衡溶液的吸光度，从工作曲线上查得对应的浓度，乘上稀释倍数 100，即为平衡原始溶液的浓度 c。

3. 计算吸附溶液的初始浓度：根据实验步骤 2 的溶液配制方法，计算出各吸附溶液的初始浓度 c。

4. 计算吸附量：由平衡浓度 c 及初始浓度 c_0，按式(7-16) 计算吸附量 Γ。

$$\Gamma = \frac{(c_0 - c)V}{m} \tag{7-16}$$

式中，V 为吸附溶液的总体积，L；m 为加入溶液的吸附剂的质量，g。

5. 作 Langmuir 吸附等温线：以 Γ 为纵坐标，c 为横坐标，作 Γ 对 c 的吸附等温线。

6. 求饱和吸附量：由 Γ 和 c 数据计算出 c/Γ 值，然后作 $c/\Gamma-c$ 图，由图求得饱和吸附量 Γ_∞。将 Γ_∞ 值用虚线作一水平线在 $c/\Gamma-c$ 图上，这一虚线即为吸附量 Γ 的渐近线。

7. 计算活性炭样品的比表面积：将 Γ_∞ 值代入式(7-15)，可算得活性炭样品的比表面积。

七、讨论与应用

1. 颗粒活性炭样品需在高温下活化足够长的时间，以增加其吸附能力。

2. 活性炭易吸潮引起称量误差，故在称量活性炭时操作要迅速，除了加样、取样外，应随时盖紧称量瓶盖，用减量法称量。

3. 吸附溶液在振荡器上应振荡足够长的时间，以保证活性炭对亚甲基蓝的吸附达到平衡。否则计算出的活性炭的比表面积偏差较大。

4. 溶液吸附法测量比表面积的误差一般在 10％左右，可用其他方法校正。影响测定结果的主要因素是温度、吸附质的浓度和振荡时间。

5. 测定溶液浓度时，若吸光度值大于 0.8，则需适当稀释后再进行测定。

6. 若溶液吸附法的吸附质浓度选择适当，即初始浓度以及平衡浓度都选择在合适的范围，这样既可以防止初始浓度过高导致出现多分子层吸附，又避免了平衡后的浓度过低使吸附达不到饱和，也就可以不必像本实验要求的那样，配制一系列初始浓度的溶液进行吸附测量，采用 Langmuir 吸附理论处理实验数据，才能算出吸附剂比表面，而是仅需配制一种初始浓度的溶液进行吸附测量，使吸附剂吸附达到饱和吸附又符合 Langmuir 单分子层的要求，从而简单地计算吸附剂的比表面积。不妨在完成本实验测量以后，根据上述思路，提出实现如上简便测量所适宜的吸附质溶液的浓度范围，并设计实验测量的要点。

实验二十五　表面化学与胶体化学设计性实验

一、设计性实验 1（胶体的制备及性质的测定）

1. 实验背景

胶体通常是指分散相粒子的尺寸介于 $1\sim100\mathrm{nm}$ 之间的分散系统。除了胶束胶体和大分子溶液外，其余的胶体分散系统都是热力学不稳定系统。通常要得到相对较稳定的胶体，就必须加入少量的电解质作为稳定剂。胶体的制备方法可分为分散法和凝聚法两大类。

表面化学与
胶体化学设
计性实验

分散法就是把大块分散相物质分散在分散介质中，使分散相粒子的尺寸介于 $1\sim100nm$ 之间，从而成为胶体分散系统。常用的分散方法有机械法、胶溶法、电弧法和超声波法。

徐光宪

凝聚法就是在溶液分散系统中，把分散相分子、原子或离子聚合成尺寸介于 $1\sim100nm$ 之间的胶体粒子。常用的凝聚方法有蒸气凝聚法和化学凝聚法等。

在胶体分散系统中，除了作为稳定剂的电解质外，通常还有过量的电解质存在。这些过量的电解质对胶体的稳定性是不利的，因此必须设法除去。这就是胶体的净化。由于胶体粒子尺寸较大，不能通过半透膜（即不能发生渗透），而电解质离子可以透过许多半透膜，所以，常用于净化胶体的方法有渗析法和电渗析法。渗析法就是用半透膜将胶体和分散介质隔开，一边是胶体，另一边是分散介质，从而使胶体中过量的电解质离子以及其他杂质小分子（如果有的话）渗透到分散介质这边来。借助这种方法，并且反复更换溶剂，就可以把胶体中的许多杂质除去。而电渗析就是在电场作用下进行渗析。由于在电场作用下，正负离子的定向迁移速度更快，所以电渗析的效率更高。

胶体分散系统中分散相胶粒和分散介质带有数量相等而符号相反的电荷，因此在相界面上建立了双电层结构。当胶体相对静止时，整个胶体系统是电中性的。但在外电场作用下，胶体中的胶粒和分散介质反向相对移动时，就会产生电势差，此电势差称为 ζ 电势。ζ 电势是表征胶粒特性的重要物理量之一，在研究胶体性质及实际应用中有着重要作用。ζ 电势和胶体的稳定性有密切关系。ζ 电势绝对值越大，表明胶粒电荷越多，胶粒之间的斥力越大，胶体越稳定。反之，则不稳定。当 ζ 电势等于零时，胶体稳定性最差，此时可观察到聚沉现象。

2. 实验要求

参照实验二十二"溶胶和乳状液的制备及其性质"的实验原理和实验步骤，在硫溶胶、负电 AgI 溶胶、正电 AgI 溶胶中可任选其一作为研究对象，独立完成实验方案的撰写，经由实验指导教师检查合格后，可进入实验室完成实验操作。完成溶胶的制备、净化、测定其光学性质和电学性质。实验结束后独立完成实验报告（具体内容包括：实验目的、实验原理、实验步骤、实验数据记录与处理、实验结论、讨论等部分）。

具体内容包括：

（1）制备溶胶（硫溶胶、负电 AgI 溶胶、正电 AgI 溶胶，可任选其一）。

（2）溶胶净化。

（3）观察溶胶有无丁达尔现象。

（4）判断溶胶的带电性。

（5）研究溶胶聚沉作用，测定聚沉值。

（6）通过电泳实验测定溶胶的 ζ 电势。

3. 实验提示

（1）溶胶的制备

① 硫溶胶：取少量硫黄粉于试管中，用移液管加入 2mL 无水乙醇并振荡，加热到沸腾（使硫得到充分溶解），在未冷却前把上部清液倒入盛有 20mL 水的烧杯中，搅匀。

② 负电 AgI 溶胶：取 30mL $0.01mol \cdot L^{-1}$ KI 溶液注入 100mL 锥形瓶中，然后用滴定管把 20mL $0.01mol \cdot L^{-1}$ $AgNO_3$ 溶液慢慢地滴入，制得带负电的 AgI 溶胶。

③ 正电 AgI 溶胶：同上取 30mL $0.01mol \cdot L^{-1}$ $AgNO_3$ 溶液，慢慢加 20mL $0.01mol \cdot L^{-1}$ KI 溶液，制得带正电的 AgI 溶胶。

（2）ζ 电势的测定原理

ζ 电势可通过电渗或电泳实验测定。

当带电的胶粒在外电场作用下迁移时，若胶粒的电荷为 q，两电极间的电势梯度为 ω，则胶粒受到的静电力为：

$$f_1 = q\omega \tag{7-17}$$

球形胶粒在介质中运动受到的阻力按 Stokes 定律为：

$$f_2 = 6\pi\eta r u \tag{7-18}$$

式中，η 为介质的黏度；r 为胶粒半径；u 为胶粒运动速度。

若胶粒运动速度 u 达到恒定，则有

$$q\omega = 6\pi\eta r u \tag{7-19}$$

$$u = \frac{q\omega}{6\pi\eta r} \tag{7-20}$$

$$\zeta = \frac{q}{\varepsilon r} \tag{7-21}$$

式中，ε 为介质的介电常数。将式（7-21）代入式（7-20）得式（7-22）。

$$u = \frac{\zeta\varepsilon\omega}{6\pi\eta} \tag{7-22}$$

式（7-22）适用于球形胶粒。对于棒状胶粒则符合式（7-23）。

$$u = \frac{\zeta\varepsilon\omega}{4\pi\eta} \tag{7-23}$$

由式（7-23）可得

$$\zeta = \frac{4\pi\eta u}{\varepsilon\omega} \tag{7-24}$$

对于分散介质为水的溶胶，则有

$$\zeta = 139.5 sL/tV \tag{7-25}$$

式中，s 为 t 时间内界面移动的距离，cm；L 为两电极之间的距离，cm；V 为加在两电极间的电压，V。

二、设计性实验 2（最大气泡压力法测定正丁醇溶液的表面张力）

1. 实验背景

表面张力现象广泛存在于自然界中，在生产和生活方面也有广泛的应用。水蜘蛛、水蝇等小昆虫可以在水面上自由活动而不沉下去，荷叶表面的小水滴呈球形等，这些现象都是由表面张力引起的。肥皂、洗衣粉、洗涤剂可以用于清洁，这是因为其中含有表面活性剂，其水溶液的表面张力要比纯水小，容易进入衣物细小的缝隙中，便于除去污物。表面活性剂还广泛用于矿物浮选、化工生产、表面活性催化、食品和药品加工等方面。在实际应用中表面张力的测定是非常重要的。例如：泡沫液表面张力的大小直接影响着泡沫的形成及其稳定性，可通过控制泡沫的表面张力来调节泡沫的稳定性，因此测定泡沫液的表面张力是开发高稳定性泡沫药剂的主要环节之一；在矿物浮选中，浮选效率取决于捕获剂与起泡剂的配比，而合适的配比必须通过测定表面张力来确定。

测定表面张力的方法很多，有最大气泡压力法、拉环法、张力计法等。

2. 实验要求

参照实验二十一"液体表面张力的测定"的实验原理和实验步骤，以正丁醇水溶液作为研究对象，独立完成实验方案的撰写，经由实验指导教师检查合格后，可进入实验室完成实验操作。完成不同浓度正丁醇水溶液表面张力测定，进而绘制 γ-c 曲线、Γ-c 曲线，以及求饱和吸附量并计算正丁醇分子的横截面积。实验结束后独立完成实验报告（具体内容包括：实验目的、实验原理、实验步骤、实验数据记录与处理、实验结论、讨论等部分）。

以正丁醇为研究对象，选择合适的表面张力的测定方法完成以下测定内容：

(1) 绘制正丁醇水溶液的 γ-c 曲线。

(2) 绘制正丁醇水溶液的 Γ-c 曲线。

(3) 求出饱和吸附量 Γ_∞。

(4) 计算正丁醇分子的横截面积 S_0。

第八章　物质物理性质测定实验

实验二十六　液体饱和蒸气压的测定

一、预习思考

1. Clausius-Clapeyron 方程在什么条件下适用？
2. 测定液体饱和蒸气压的方法有哪些？本实验采用的是哪种方法？
3. 本实验方法能否用于测定溶液的蒸气压，为什么？
4. 本实验的关键操作是什么？主要误差来源是什么？
5. 温度越高测出的蒸气压误差越大，为什么？

克劳修斯

二、实验目的

1. 了解静态法测定乙醇在不同温度下蒸气压的原理，进一步理解纯液体饱和蒸气压与温度的关系。
2. 学会用图解法求所测温度范围内的平均摩尔蒸发焓。

液体饱和蒸气压的测定

三、实验原理

一定温度下的抽空密闭容器中，纯液体与其蒸气达到平衡时，其蒸气的压力就是该温度下该液体的饱和蒸气压。

对于纯液体，其饱和蒸气压与温度的关系可用 Clapeyron 方程表示：

$$\frac{\mathrm{d}p}{\mathrm{d}T} = \frac{\Delta_{\mathrm{vap}}H_{\mathrm{m}}}{T\Delta V_{\mathrm{m}}} \tag{8-1}$$

在温度变化较小的范围内，则可把该液体的摩尔蒸发焓 $\Delta_{\mathrm{vap}}H_{\mathrm{m}}$ 视为常数，设蒸气为理想气体，忽略液体的体积，将式(8-1) 积分得到 Clausius-Clapeyron 方程：

$$\lg p = \frac{-\Delta_{\mathrm{vap}}H_{\mathrm{m}}}{2.303RT} + C \tag{8-2}$$

式中，p 为液体在温度 T 时的饱和蒸气压；C 为积分常数。

在实验中测定不同温度下的饱和蒸气压，以 $\lg p$ 对 $1/T$ 作图得一条直线，直线的斜率 m 为：

$$m = -\frac{\Delta_{\mathrm{vap}}H_{\mathrm{m}}}{2.303R} \tag{8-3}$$

由此可求出实验温度范围内液体的平均摩尔蒸发焓 $\Delta_{vap}H_m$。

测定液体饱和蒸气压的方法有三类：静态法、动态法与饱和气流法。静态法是在某一温度下直接测量饱和蒸气压，此法一般适用于蒸气压比较大的液体；动态法是在不同外界压力下测定其沸点，此法一般适用于沸点较低的液体；饱和气流法是使干燥的惰性气流通过被测物质，并使其为被测物质所饱和，测定所通过气体中被测物质蒸气的含量，然后就可根据分压定律算出被测物质的饱和蒸气压。此法适用于蒸气压较小的物质。

本实验采用的是静态法测定乙醇在不同温度下的蒸气压。具体方法是：在一定的温度下，调节减压系统的压力使之与液体的蒸气压相等，直接测定液体的蒸气压。

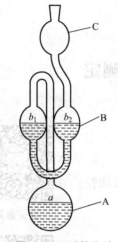

图 8-1　四球等位计
A—样品球；B—等位球；C—缓冲球

四、仪器与试剂

1. 仪器：DPCY-6C 饱和蒸气压测定实验装置（1 套）（仪器结构参见第三章二十一节）；四球等位计（1 支，如图 8-1 所示）。

2. 试剂：乙醇（分析纯）。

五、实验步骤

1. 装样。

2. 检漏。

3. 测定不同温度下乙醇的蒸气压。

上述具体操作参见第三章第二十一节中 DPCY-6C 饱和蒸气压测定实验装置使用方法。并请同学自拟实验的具体步骤。

六、数据记录与处理

1. 将测定得到数据及计算结果列于表 8-1。

表 8-1　不同温度下乙醇饱和蒸气压的测定数据记录与处理表

$t/℃$	T/K	$\dfrac{1}{T/K}$	压力计读数 $\Delta p/kPa$	饱和蒸气压 p/kPa	$\lg(p/kPa)$

2. 根据实验数据绘制 $\lg p$-$\dfrac{1}{T}$ 图。

3. 从直线 $\lg p$-$\dfrac{1}{T}$ 上求出平均摩尔蒸发焓。

七、讨论与应用

1. 整个实验过程中，应保持等位计 A 球液面上的空气排净。

2. 抽气的速度要合适。必须防止等位计内液体沸腾过剧，致使 B 球内液体被抽尽。

3. 蒸气压与温度有关，故测定过程中恒温槽的温度波动需控制在±0.1K 以内。

4. 实验过程中需防止 B 球液体倒灌入 A 球内，带入空气，使实验数据偏大。

5. 本方法测液体蒸气压所需试样少，方法简便，可用试样本身作封闭液而不影响测定结果。

实验二十七　液体黏度和密度的测定

一、预习思考

1. 测定黏度时黏度计必须要垂直而且要放入恒温槽内，为什么？

2. 为什么用奥氏黏度计测定液体黏度时加入的标准物质与被测物质体积应相同？

3. 测定相对黏度，不用同一根黏度计可以吗？

4. 测定液体密度时有哪些注意事项？

5. 测定黏度和密度的方法有哪些？它们各适用于什么场合？

二、实验目的

1. 测定液体的黏度和密度。

2. 掌握奥氏黏度计和比重瓶的使用方法。

液体黏度和
密度的测定

三、实验原理

1. 黏度的测定

液体黏度的大小，一般用黏度系数（η）表示。其测定原理可参考第二章第三节部分。

2. 密度的测定

比重瓶法是准确测定液体密度的方法。利用比重瓶法测定液体密度的原理可参考第二章第三节部分。

四、仪器与试剂

1. 仪器：恒温水槽（1 台）；奥氏黏度计（1 支）；移液管（10mL，2 支）；秒表（1块）；洗耳球（1 个）；比重瓶（1 个）；电子天平（1 台）。

2. 试剂：乙醇（分析纯）。

五、实验步骤

（1）液体黏度的测定。

（2）液体密度的测定。

参考第三章第十一节，请同学自拟实验步骤。

六、数据记录与处理

1. 将实验数据列表记录（请同学自拟数据记录表格）。

2. 应用公式 $\dfrac{\eta_1}{\eta_2} = \dfrac{\rho_1 t_1}{\rho_2 t_2}$ 计算 25℃ 下乙醇的黏度，并求出相对误差。

3. 应用公式 $\dfrac{\rho_1}{\rho_2} = \dfrac{m_1' - m_0}{m_2' - m_0}$ 计算 25℃ 下乙醇的密度，并求出相对误差。

七、讨论与应用

1. 25℃ 时水和乙醇的相关数据如下：

水的黏度：$0.8904 \times 10^{-3} \mathrm{Pa \cdot s}$；

乙醇黏度：$1.074 \times 10^{-3} \mathrm{Pa \cdot s}$；

水的密度：$0.997048 \mathrm{g \cdot cm^{-3}}$；

乙醇的密度：$0.78522 \mathrm{g \cdot cm^{-3}}$。

2. 黏度和密度是流体非常重要的性质，黏度对传质、传热和流体输送均有很大影响；密度的测定可用于鉴定化合物的纯度以及区别组成相似而密度不同的化合物。

实验二十八　黏度法测定高聚物的分子量

一、预习思考

1. 如何理解溶液黏度、溶剂黏度、相对黏度、增比黏度、比浓黏度和特性黏度？
2. 本实验是通过测定哪个物理量来实现高聚物的平均分子量的测定的？
3. 本实验中测定特性黏度的基本原理是什么？
4. 利用黏度法测定高聚物的分子量的局限性是怎样的？适用分子量范围为多少？

二、实验目的

1. 测定聚乙二醇的平均分子量。
2. 掌握用乌氏黏度计测定黏度的方法。

黏度法测定高
聚物的分子量

三、实验原理

分子量是表征化合物特性的基本参数之一。高聚物的分子量大小不一，一般在 $10^3 \sim 10^7$ 之间，所以通常所测高聚物的分子量是平均分子量。测定高聚物平均分子量的方法很多，有渗透压法、光散射法、超离心沉降法、扩散法和黏度法等。其中黏度法是常用的方法之一，其所用设备简单，操作方便，有很好的实验精度，适用测定的分子量范围为 $10^4 \sim 10^7$。

高聚物稀溶液的黏度，主要反映了液体在流动时存在着的内摩擦，其中包含溶剂分子与溶剂分子之间的内摩擦，表现出来的黏度为纯溶剂黏度，记作 η_0；还有高分子与高分子之间的内摩擦，以及高分子与溶剂分子之间的内摩擦，三者的总和表现为高聚物溶液的黏度，记作 η。在同一温度下，高聚物溶液的黏度一般都比纯溶剂的黏度要大，即 $\eta > \eta_0$。为比较这两种黏度引入增比黏度，记作 η_{sp}，即：

$$\eta_{sp} = \frac{\eta - \eta_0}{\eta_0} = \frac{\eta}{\eta_0} - 1 = \eta_r - 1 \tag{8-4}$$

式中，η_r 称作相对黏度，它在数值上等于溶液黏度与溶剂黏度的比值，反映的仍是整个溶液的黏度行为；η_{sp} 是扣除了溶剂分子之间的内摩擦后剩下的溶剂分子与高聚物分子之间及高聚物与高聚物分子之间的内摩擦的反映，但它随着高聚物浓度的增大而增大。为了便于比较，通常取在单位浓度下所显示出的黏度，即比浓黏度，其定义为增比黏度与浓度的比，即 η_{sp}/c。其中，浓度 c 是质量浓度，即单位体积混合物中某组分的质量，常采用的单位为 $kg \cdot m^{-3}$，因此比浓黏度的单位为 $kg^{-1} \cdot m^3$。为进一步消除高聚物分子与高聚物分子之间的内摩擦效应，必须将溶液无限稀释，使得每个聚合物分子彼此相隔极远，相互干扰可以忽略不计，这时溶液所呈现出的黏度行为主要反映了高聚物分子与溶剂分子之间的内摩擦。常将这一黏度的极限值记为式(8-5)。

$$\lim_{c \to 0} \frac{\eta_{sp}}{c} \equiv [\eta] \tag{8-5}$$

式中，$[\eta]$ 被称为特性黏度，$kg^{-1} \cdot m^3$。高聚物分子的分子量越大，表现出的特性黏度也越大。特性黏度 $[\eta]$ 与高聚物黏均分子量 $\overline{M}_\eta$ 之间符合半经验关系式(8-6)。

$$[\eta] = K(\overline{M}_\eta)^a \tag{8-6}$$

式中，$\overline{M}_\eta$ 为黏均分子量；K 和 a 都是与温度、溶剂以及高聚物种类有关的常数。表 8-2 列出了不同高聚物溶液在不同温度下的 K 和 a 的数值。因此只要通过实验测得特性黏度 $[\eta]$，就可以借助式(8-6)求得高聚物的黏均分子量 $\overline{M}_\eta$。

表 8-2　不同高聚物溶液在不同温度下的 K 值和 a 值

高聚物	溶剂	温度/℃	$K \times 10^5 / kg^{-1} \cdot m^3$	a
聚氯乙烯	环己酮	25	0.11	1.00
聚乙烯醇	水	30	5.9	0.67
聚乙烯醇	水	25	2.0	0.76
有机玻璃	丙酮	30	0.77	0.70
聚乙二醇	水	25	15.6	0.50
右旋糖苷	水	25	9.22	0.50

黏度的绝对值不易测定，一般都用已知黏度的液体测定毛细管常数，未知液体的黏度就可以在相同条件下，通过流过等体积所需的时间来求得。当液体在毛细管黏度计内因重力作用而流出时遵守 Poisellie 公式：

$$\frac{\eta}{\rho} = \frac{\pi h g r^4 t}{8lV} - m \frac{V}{8\pi lt} \tag{8-7}$$

式中，η 是液体的黏度；ρ 是液体的密度；l 是毛细管的长度；r 是毛细管的半径；t 是流出时间；h 是流过毛细管液体的平均液柱高度；g 是重力加速度；m 是毛细管末端的校正参数（一般在 $r/l < 1$ 时可以不计）；V 是流经毛细管的液体体积。对于某一支指定的黏度计而言，式(8-7) 可写成式(8-8)。

$$\eta/\rho = At - B/t \tag{8-8}$$

式中，B 常小于 1，当流出时间 t 在 2min 左右（大于 100s）该项可以忽略，又因通常测定的是稀溶液，稀溶液的密度与溶剂的密度近似相等，在这些近似条件下，可将 η_r 写成式(8-9)。

$$\eta_r = \frac{\eta}{\eta_0} = \frac{t}{t_0} \tag{8-9}$$

还可以证明，在无限稀释的条件下符合式(8-10)。

$$\lim_{c \to 0} \frac{\eta_{sp}}{c} = \lim_{c \to 0} \frac{\ln\eta_r}{c} \tag{8-10}$$

式中，η_{sp}/c 与 $\ln\eta_r/c$ 的极限值均等于 $[\eta]$，由此我们获得 $[\eta]$ 的方法就有两种：一种是 η_{sp}/c 对 c 作图，外推到 $c=0$ 的截距值；另一种是作 $\ln\eta_r/c$ 对 c 的图，也外推到 $c=0$ 的截距值。两根线如图 8-2 所示应重合于一点，这也可以校正实验的可靠性。

四、仪器与试剂

1. 仪器：玻璃恒温水槽（1 套）；乌氏黏度计（1 支，如图 8-3）；注射器（50mL 或 100mL，1 只）；吸滤瓶（250mL，1 只）；移液管（5mL，1 支；10mL，2 支）；容量瓶（100mL，1 只）；细乳胶管（2 根）；橡皮管夹（1 个）；滴管（1 支）；水泵（1 个）；秒表（1 块）；水银温度计（1 支）；3 号玻璃砂芯漏斗；铁架台；铁夹子；万能夹（2 套）。

2. 试剂：聚乙二醇水溶液（浓度约 $0.04g \cdot L^{-1}$）；洗液。

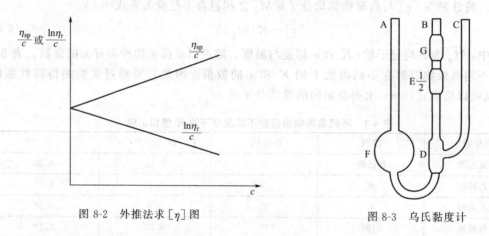

图 8-2　外推法求 $[\eta]$ 图　　　　图 8-3　乌氏黏度计

五、实验步骤

1. 配制高聚物溶液

称取 4g 聚乙二醇样品装入 100mL 洁净干燥的烧杯中，再倒入大约 50mL 水，放置约 2～3 天时间，让样品溶解。然后移入 100mL 容量瓶中，待样品全部溶解后，加水定容，摇匀，用 3 号玻璃砂芯漏斗抽滤后待用。

2. 洗涤黏度计

对于新的黏度计，先用洗液洗涤，再用自来水冲洗多次，蒸馏水洗三次烘干。对于已用过的黏度计，则先用纯苯灌入黏度计中进行浸洗，去除留在黏度计中的高分子物质。尤其黏度计的毛细管部分，要反复用水冲洗，洗毕，倾去水，烘干。其他如容量瓶、移液管等也要仔细洗净烘干待用。

3. 测定溶液流出时间（t）

在 $25.00℃ \pm 0.05℃$ 的恒温槽中，垂直放入黏度计，使 G 球完全浸没于水中。用移液管移入 10mL 预先恒温好的聚乙烯醇溶液，紧闭 C 管上的橡皮管，用洗耳球在 B 管上的橡皮管口慢慢抽气至溶液升至 G 球一半，打开 C 管及 B 管，G 球液面逐渐下降，空气进入 D 球；当水平面通过刻度 1 时，按下秒表，开始记录时间，至液面刚通过 2 时，按下秒表，即得到液面从刻度 1 到 2 的时间，重复 3 次，每次相差不超过 0.4s，求其平均值 t_1。

依次加入去离子水 3mL、5mL、5mL、5mL 和 10mL，用洗耳球将溶液反复抽吸至 G 球内几次，充分混合均匀，再分别测定在这些浓度下，液面流经 1、2 刻度线的时间。同样，重复 3 次，分别求其平均值 t_2、t_3、t_4、t_5、t_6。

4. 测定溶剂水流过毛细管的时间 t_0。

将黏度计用水充分洗涤干净，加入已恒温的去离子水 10mL，测定其流经 1、2 刻度线的时间，重复测量 3 次，每次误差不超过 0.4s，求得平均时间 t_0。

实验完毕，将洗净的黏度计用丙酮润洗后，用水泵抽干，倒置。

六、数据记录与处理

1. 计算各浓度下的 η_r、$\ln\eta_r$；η_{sp}、η_{sp}/c 及 $\ln\eta_r/c$，填入表 8-3。

表 8-3　实验数据记录与处理表

| 项目 | 流出时间 t/s | | | | η_r | $\ln\eta_r$ | η_{sp} | η_{sp}/c | $\ln\eta_r/c$ |
	1	2	3	平均					
溶剂									
溶液浓度 $c/\text{g}\cdot\text{mL}^{-1}$									

2. 分别以 η_{sp}/c 及 $\ln\eta_r/c$ 对 c 作图，各得一条直线，外推至 $c=0$，求特性黏度 $[\eta]$。

3. 计算黏均分子量 $\overline{M}_\eta$。

七、讨论与应用

1. 实验步骤中，可以先测溶液的黏度，后测溶剂的黏度，测完溶液的黏度后，把黏度计清洗干净后可以直接测溶剂水的黏度，不用烘干，这样可以节省时间，实验完毕后，再进行烘干以备下次使用。

2. 高聚物的平均分子量的测定方法和适用范围可参考表 8-4。

表 8-4　各种高聚物的平均分子量的测定方法和适用范围

方法名称	适用分子量范围	平均分子量类型	方法类型
端基分析法	3×10^4 以下	数均	绝对法
沸点升高法	3×10^4 以下	数均	相对法
凝固点降低法	5×10^3 以下	数均	相对法
气相渗透压法（VPO）	3×10^4 以下	数均	相对法
膜渗透压法	$2\times10^4\sim1\times10^6$	数均	绝对法

方法名称	适用分子量范围	平均分子量类型	方法类型
光散射法	$2 \times 10^4 \sim 1 \times 10^6$	重均	绝对法
超速离心沉降速度法	$1 \times 10^4 \sim 1 \times 10^7$	各种平均	绝对法
超速离心沉降平衡法	$1 \times 10^4 \sim 1 \times 10^6$	重均、数均	绝对法
黏度法	$1 \times 10^4 \sim 1 \times 10^7$	黏均	相对法
凝胶渗透色谱法	$1 \times 10^3 \sim 5 \times 10^6$	各种平均	相对法

3. 高聚物分子链在溶液中所表现的一些行为会影响特性黏度 $[\eta]$ 的测定。如某些高分子链的侧基可以解离，解离后的高分子链有相互排斥作用，随着 c 的减小，η_{sp}/c 却反常地增大，这称作聚电解质行为。通常可以加入少量小分子电解质作为抑制剂，利用同离子效应抑制聚电解质行为。又如某些高聚物在溶液中会发生降解，会使特性黏度 $[\eta]$ 和黏均分子量 $\overline{M}_\eta$ 结果偏低，因此可加入少量的抗氧化剂加以抑制。

4. 实验过程中的一些因素可影响到 η_{sp}/c 及 $\ln\eta_r/c$ 对 c 作图的线性。温度的波动可直接影响到溶液黏度的测定，因此实验中恒温水槽的控温精度是比较重要的。此外，溶液浓度选择不当或浓度不准确，测定过程中因微粒杂质局部堵塞毛细管而影响流经时间及毛细管垂直发生改变等因素，均可对作图线性产生较大影响。

5. 在测定过程中即使注意了上述各个注意事项，仍然会遇到一些异常现象，这并非操作不严格而是高聚物本身的结构及其在溶液中的形态所导致的。目前尚不清楚产生反常现象的原因，只能作一些近似处理。

实验二十九 溶液偏摩尔体积的测定

一、预习思考

1. 使用比重瓶应注意哪些问题？
2. 本实验的关键操作是什么？
3. 本实验中对称量精度有什么要求？

二、实验目的

1. 掌握比重瓶法测定溶液密度的方法。
2. 测定指定组成的乙醇-水溶液中各组分的偏摩尔体积。
3. 巩固并加深理解偏摩尔量的概念和物理意义。

溶液偏摩尔
体积的测定

三、实验原理

在多组分系统中，某组分 i 的偏摩尔体积定义为

$$V_B = \left(\frac{\partial V}{\partial n_B}\right)_{T,p,n_C(C \neq B)} \tag{8-11}$$

若多组分系统是 A 和 B 二组分系统，则

$$V_A = \left(\frac{\partial V}{\partial n_A}\right)_{T,p,n_B} \tag{8-12}$$

$$V_B = \left(\frac{\partial V}{\partial n_B}\right)_{T,p,n_A} \tag{8-13}$$

系统总体积：

$$V = n_A V_A + n_B V_B \tag{8-14}$$

将式(8-14) 两边同时除以溶液质量 m

$$\frac{V}{m} = \frac{m_A}{M_A} \cdot \frac{V_A}{m} + \frac{m_B}{M_B} \cdot \frac{V_B}{m} \tag{8-15}$$

令

$$\frac{V}{m} = \alpha \tag{8-16}$$

$$\frac{V_A}{M_A} = \alpha_A \tag{8-17}$$

$$\frac{V_B}{M_B} = \alpha_B \tag{8-18}$$

将式(8-16)、式(8-17) 和式(8-18) 代入式(8-15) 可得

$$\alpha = w_A\%\alpha_A + w_B\%\alpha_B = (1 - w_B)\%\alpha_A + w_B\%\alpha_B \tag{8-19}$$

式中，$w_A\%$、$w_B\%$ 分别为 A 和 B 的质量分数。将式(8-19) 对 $w_B\%$ 微分：

$$\frac{\partial \alpha}{\partial w_B\%} = -\alpha_A + \alpha_B \tag{8-20}$$

$$\alpha_B = \alpha_A + \frac{\partial \alpha}{\partial w_B\%} \tag{8-21}$$

将式(8-21) 代入式(8-19)，整理得

$$\alpha = \alpha_A + w_B\% \cdot \frac{\partial \alpha}{\partial w_B\%} \tag{8-22a}$$

$$\alpha = \alpha_B - w_A\% \cdot \frac{\partial \alpha}{\partial w_B\%} \tag{8-22b}$$

所以，实验求出不同浓度溶液的 α（即密度的倒数），作 α-$w_B\%$ 关系图，得曲线 CC'（见图 8-4）。如欲求 M 浓度溶液中各组分的偏摩尔体积，可在 M 点作切线，此切线在两边的截距 AB 和 $A'B'$ 即为 α_A 和 α_B，再由关系式(8-17) 和式(8-18) 就可求出 V_A 和 V_B。

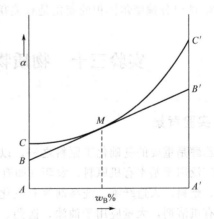

图 8-4　α 与质量分数 $w_B\%$ 关系图

四、仪器与试剂

1. 仪器：恒温水槽（1 台）；电子天平（1 台）；比重瓶（5mL 或 10mL，1 只）；磨口三角瓶（50mL，4 只）。

2. 试剂：无水乙醇（分析纯）；去离子水。

五、实验步骤

1. 设置恒温水槽温度

调节恒温水槽温度为 $25.0℃ \pm 0.1℃$。

2. 配制溶液

以无水乙醇及去离子水为原液，在磨口三角瓶中用电子天平称重，配制含乙醇质量分数为 0%、20%、40%、60%、80%、100% 的乙醇水溶液，每份溶液的总质量控制在 15g（10mL 比重瓶可配制 25g）左右。配好后盖紧塞子，以防挥发。

3. 比重瓶体积的标定

用电子天平称量洁净、干燥的比重瓶，然后盛满蒸馏水置于恒温槽中恒温 10min。用滤纸迅速擦去毛细管膨胀出来的水。取出比重瓶，擦干外壁，迅速称重。平行测量两次。

4. 溶液密度的倒数 α 的测定

按上法测定每份乙醇-水溶液密度的倒数 α。

六、数据记录与处理

1. 根据 25℃时水的密度和称重结果，求出比重瓶的容积。

2. 计算所配溶液中乙醇的准确质量分数。

3. 计算实验条件下各溶液的密度的倒数 α。

4. 以密度的倒数 α 为纵坐标、乙醇的质量分数为横坐标作曲线，并在 30% 乙醇处作切线与两侧纵轴相交，即可求得 α_A 和 α_B。

5. 求 30% 溶液中各组分的偏摩尔体积及 100g 该溶液的总体积。

七、讨论与应用

1. 溶液最好现用现配。

2. 混合物的偏摩尔体积并不是常数，是随组成的变化而改变的。

3. 两组分偏摩尔体积的变化是有关联的。

实验三十　物质物理性质测定设计性实验

一、实验背景

乙醇是重要的基础化工原料之一，以乙醇为原料的化工产品达 200 多种，广泛用于基本有机原料、农药（如有机杀虫剂和杀螨剂等）以及医药、橡胶、塑料、人造纤维、洗涤剂等有机化工产品的生产。乙醇又是一种重要的有机溶剂，大量应用于油漆、医药、油脂和军工等工业生产中。通过对乙醇物理性质的测定，使学生牢固掌握物理化学的基本理论，同时又能把理论知识联系到生产实际中去。

物质物理性质测定设计性实验

二、实验要求

1. 独立思考并查阅相关文献，制定乙醇黏度、密度、蒸气压、表面张力等物理性质的测定方案和方法。

2. 根据所学的理论知识和实验技能，独立完成乙醇物理性质的测定实验。

3. 具体测定内容为：

（1）测定乙醇在某一温度下的黏度。

（2）测定乙醇在某一温度下的密度。

（3）测定乙醇在不同温度下的饱和蒸气压，求出其实验温度范围内的平均摩尔汽化焓。

（4）测定绘制乙醇-环己烷系统的沸点-组成图，了解双液系气-液相组成的差异，并确定其恒沸温度和恒沸组成。

（5）测定不同浓度的乙醇溶液的表面张力，绘制 γ-c 曲线和 Γ-c 曲线。

附　录

附录一　元素的原子量

序数	元素 名称	元素 符号	原子量	序数	元素 名称	元素 符号	原子量	序数	元素 名称	元素 符号	原子量
1	氢	H	1.0079	38	锶	Sr	87.62	75	铼	Re	186.2
2	氦	He	4.0026	39	钇	Y	88.906	76	锇	Os	190.23
3	锂	Li	6.941	40	锆	Zr	91.224	77	铱	Ir	192.22
4	铍	Be	9.0122	41	铌	Nb	92.906	78	铂	Pt	195.08
5	硼	B	10.811	42	钼	Mo	95.94	79	金	Au	196.97
6	碳	C	12.011	43	锝	Tc	(98)	80	汞	Hg	200.59
7	氮	N	14.007	44	钌	Ru	101.07	81	铊	Tl	204.38
8	氧	O	15.999	45	铑	Rh	102.91	82	铅	Pb	207.2
9	氟	F	18.998	46	钯	Pd	106.42	83	铋	Bi	208.98
10	氖	Ne	20.180	47	银	Ag	107.87	84	钋	Po	(209)
11	钠	Na	22.990	48	镉	Cd	112.41	85	砹	At	(210)
12	镁	Mg	24.305	49	铟	In	114.82	86	氡	Rn	(222)
13	铝	Al	26.982	50	锡	Sn	118.71	87	钫	Fr	(223)
14	硅	Si	28.086	51	锑	Sb	121.75	88	镭	Ra	(226)
15	磷	P	30.974	52	碲	Te	121.75	89	锕	Ac	(227)
16	硫	S	32.066	53	碘	I	126.90	90	钍	Th	(232.04)
17	氯	Cl	35.453	54	氙	Xe	131.29	91	镤	Pa	(231.04)
18	氩	Ar	39.948	55	铯	Cs	132.91	92	铀	U	(238.03)
19	钾	K	39.098	56	钡	Ba	137.33	93	镎	Np	(237)
20	钙	Ca	40.078	57	镧	La	138.91	94	钚	Pu	(244)
21	钪	Sc	44.956	58	铈	Ce	140.12	95	镅	Am	(243)
22	钛	Ti	47.867	59	镨	Pr	140.91	96	锔	Cm	(247)
23	钒	V	50.942	60	钕	Nd	144.24	97	锫	Bk	(247)
24	铬	Cr	51.996	61	钷	Pm	(145)	98	锎	Cf	(251)
25	锰	Mn	54.938	62	钐	Sm	150.36	99	锿	Es	(252)
26	铁	Fe	55.845	63	铕	Eu	151.96	100	镄	Fm	(257)
27	钴	Co	58.933	64	钆	Gd	157.25	101	钔	Md	(258)
28	镍	Ni	58.693	65	铽	Tb	158.93	102	锘	No	(259)
29	铜	Cu	63.546	66	镝	Dy	162.50	103	铹	Lr	(260)
30	锌	Zn	65.39	67	钬	Ho	164.93	104	𬬻	Rf	(261)
31	镓	Ga	69.723	68	铒	Er	167.26	105	𬭊	Db	(262)
32	锗	Ge	72.61	69	铥	Tm	168.93	106	𬭳	Sg	(263)
33	砷	As	74.922	70	镱	Yb	173.04	107	𬭛	Bh	(264)
34	硒	Se	78.96	71	镥	Lu	174.97	108	𬭶	Hs	(265)
35	溴	Br	79.904	72	铪	Hf	178.49	109	鿏	Mt	(268)
36	氪	Kr	83.80	73	钽	Ta	180.95	110	𫟼	Ds	
37	铷	Rb	85.468	74	钨	W	183.84	111	𬬭	Rg	

数据录自 Lide D R. 2012. CRC Handbook of chemistry and physics. 90th ed.

附录二 物理化学基本常数

量的名称	符号	数值	单位(SI)
真空中的光速	c	2.99792458×10^8	$m \cdot s^{-1}$
电子电荷	e	$1.602176487(40) \times 10^{-19}$	C
阿伏伽德罗常数	N_A, L	$6.02214179(30) \times 10^{23}$	mol^{-1}
原子质量单位	u	$1.660538782(83) \times 10^{-27}$	kg
电子静质量	m_e	$9.10938215(45) \times 10^{-31}$	kg
质子静质量	m_p	$1.672621637(83) \times 10^{-27}$	kg
法拉第常数	F	$9.64853399(24) \times 10^4$	$C \cdot mol^{-1}$
普朗克常量	h	$6.62606896(33) \times 10^{-34}$	$J \cdot s$
里德伯常量	R_∞	$1.0973731568527(73) \times 10^7$	m^{-1}
玻尔磁子	μ_B	$9.27400915(23) \times 10^{-24}$	$J \cdot T^{-1}$
摩尔气体常数	R	$8.314472(15)$	$J \cdot K^{-1} \cdot mol^{-1}$
玻尔兹曼常数	k	$1.3806504(24) \times 10^{-23}$	$J \cdot K^{-1}$
万有引力常数	G	$6.67428(67) \times 10^{-11}$	$N \cdot m^2 \cdot kg^{-2}$
重力加速度	g	9.80665	$m \cdot s^{-2}$
真空介电常量	ε_0	$8.854187817 \times 10^{-12}$	$F \cdot m^{-1}$

附录三 一些物质的标准热力学数据 ($p^\ominus = 100kPa$, 298.15K)

物质	$\dfrac{\Delta_f H_m^\ominus}{kJ \cdot mol^{-1}}$	$\dfrac{\Delta_f G_m^\ominus}{kJ \cdot mol^{-1}}$	$\dfrac{S_m^\ominus}{J \cdot mol^{-1} \cdot K^{-1}}$
$Ag(g)$	0	0	42.55
$AgCl(s)$	-127.068	-109.8	96.2
$Ag_2O(s)$	-31.05	-11.20	-121.3
$Al(s)$	0	0	28.33
$AlCl_3(s)$	-704.2	-628.8	110.67
$Al_2O_3(\alpha, 刚玉)$	-1675.7	-1582.3	50.92
$Br_2(l)$	0	0	152.231
$Br_2(g)$	30.907	3.110	245.463
$HBr(g)$	-36.40	-53.45	198.695
$Ca(s)$	0	0	41.42
$CaC_2(s)$	-59.8	-64.9	69.96
$CaCO_3(方解石)$	-1206.92	-1128.79	92.9
$CaO(s)$	-635.09	-604.03	39.75

物质	$\dfrac{\Delta_f H_m^{\ominus}}{kJ \cdot mol^{-1}}$	$\dfrac{\Delta_f G_m^{\ominus}}{kJ \cdot mol^{-1}}$	$\dfrac{S_m^{\ominus}}{J \cdot mol^{-1} \cdot K^{-1}}$
$Ca(OH)_2(s)$	−986.09	−898.49	83.39
C(石墨)	0	0	5.71
C(金刚石)	1.895	2.900	2.45
$CO(g)$	−110.525	−137.168	197.674
$CO_2(g)$	−393.5	−394.359	213.74
$CS_2(l)$	89.70	65.27	151.34
$CS_2(g)$	117.36	67.12	237.84
$CCl_4(l)$	−135.44	−65.21	216.40
$CCl_4(g)$	−102.9	−60.59	309.85
$HCN(l)$	108.87	124.97	112.84
$HCN(g)$	135.1	124.7	201.78
$Cl_2(g)$	0	0	223.066
$Cl(g)$	121.679	105.680	165.198
$HCl(g)$	−92.307	−95.299	186.908
$Cu(s)$	0	0	33.150
$CuO(s)$	−157.3	−129.7	42.63
$Cu_2O(s)$	−168.6	−146.0	93.14
$F_2(g)$	0	0	202.78
$HF(g)$	−271.1	−273.2	173.779
$Fe(s)$	0	0	27.28
$FeCl_2(s)$	−341.79	−302.30	117.95
$FeCl_3(s)$	−399.49	−334.00	142.3
Fe_2O_3(赤铁矿)	−824.2	−742.2	87.40
Fe_3O_4(磁铁矿)	−1118.4	−1015.4	146.4
$FeSO_4(s)$	−928.4	−820.8	107.5
$H_2(g)$	0	0	130.684
$H(g)$	217.965	203.247	114.713
$H_2O(l)$	−285.8	−237.129	69.91
$H_2O(g)$	−241.82	−228.572	188.825
$I_2(s)$	0	0	116.135
$I_2(g)$	62.438	19.327	260.69
$I(g)$	106.838	70.250	180.791
$HI(g)$	26.48	1.70	206.594
$Mg(s)$	0	0	32.68
$MgCO_3(s)$	−1095.8	−1012.1	65.7

物质	$\dfrac{\Delta_f H_m^{\ominus}}{kJ \cdot mol^{-1}}$	$\dfrac{\Delta_f G_m^{\ominus}}{kJ \cdot mol^{-1}}$	$\dfrac{S_m^{\ominus}}{J \cdot mol^{-1} \cdot K^{-1}}$
$MgCl_2(s)$	-641.32	-591.79	89.62
$MgO(s)$	-601.70	-569.43	26.94
$Mg(OH)_2(s)$	-924.54	-833.51	63.18
$Na(s)$	0	0	51.21
$Na_2CO_3(s)$	-1130.68	-1044.44	134.98
$NaHCO_3(s)$	-950.81	-851.0	101.7
$NaCl(s)$	-411.153	-384.138	72.13
$Na_2O(s)$	-414.22	-375.46	75.06
$NaNO_3(s)$	-467.85	-367.00	116.52
$NaOH(s)$	-425.609	-379.494	64.455
$Na_2SO_4(s)$	-1387.08	-1270.16	149.58
$N_2(g)$	0	0	191.61
$NH_3(g)$	-46.11	-16.45	192.70
$NO(g)$	90.25	86.55	210.761
$NO_2(g)$	33.18	51.31	240.06
$N_2O(g)$	82.05	104.20	219.85
$N_2O_3(g)$	83.72	139.46	312.28
$N_2O_4(g)$	9.16	97.89	304.29
$N_2O_5(g)$	11.3	115.1	355.7
$HNO_3(l)$	-174.10	-80.71	155.60
$HNO_3(g)$	-135.06	-74.72	266.38
$NH_4NO_3(s)$	-365.56	-183.87	151.08
$NH_4Cl(s)$	-314.43	-202.87	94.6
$NH_4ClO_4(s)$	-295.31	-88.75	186.2
$HgO(s)$红色,斜方晶	-90.83	-58.539	70.29
$HgO(s)$黄色	-90.46	-58.409	71.1
$O_2(g)$	0	0	205.138
$O(g)$	249.170	231.731	161.055
$O_3(g)$	142.7	163.2	238.93
P(α-白磷)	0	0	41.09
P(红磷,三斜晶系)	-17.6	-12.1	22.80
$P_4(g)$	58.91	24.44	279.98
$PCl_3(g)$	-287.0	-267.8	311.78
$PCl_5(g)$	-374.9	-305.0	364.58
$H_3PO_4(s)$	-1279.0	-1119.1	110.50

物质	$\dfrac{\Delta_f H_m^\ominus}{kJ \cdot mol^{-1}}$	$\dfrac{\Delta_f G_m^\ominus}{kJ \cdot mol^{-1}}$	$\dfrac{S_m^\ominus}{J \cdot mol^{-1} \cdot K^{-1}}$
S(正交晶系)	0	0	31.80
S(g)	278.805	238.250	167.821
S_8(g)	102.30	49.63	430.98
H_2S(g)	−20.63	−33.56	205.79
SO_2(g)	−296.830	−300.194	248.22
SO_3(g)	−395.72	−371.06	256.76
H_2SO_4(l)	−813.989	−690.003	156.904
Si(s)	0	0	18.83
$SiCl_4$(l)	−687.0	−619.84	239.7
$SiCl_4$(g)	−657.01	−616.98	330.73
SiF_4(g)	−1614.94	−1572.65	282.49
SiH_4(g)	34.3	56.9	204.62
SiO_2(α,石英)	−910.94	−856.64	41.84
SiO_2(s,无定形)	−903.49	−850.70	46.9
Zn(s)	0	0	41.63
$ZnCO_3$(s)	−812.78	−731.52	82.4
$ZnCl_2$(s)	−415.05	−369.398	111.46
ZnO(s)	−348.28	−318.30	43.64

附录四　部分有机物的燃烧焓（100kPa，298.15K）

物质	$\dfrac{-\Delta_c H_m^\ominus}{kJ \cdot mol^{-1}}$	物质	$\dfrac{-\Delta_c H_m^\ominus}{kJ \cdot mol^{-1}}$
苯甲酸 C_6H_5COOH(s)	3228.2	萘 $C_{10}H_8$(s)	5156.3
蔗糖 $C_{12}H_{22}O_{11}$(s)	5640.9	尿素 $(NH_2)_2CO$(s)	632.7
甲烷 CH_4(g)	890.8	乙烷 C_2H_6(g)	1560.7
乙炔 C_2H_2(g)	1301.1	环丙烷 C_3H_6(g)	2091.3
乙醇 C_2H_5OH(l)	1366.8	环己烷 C_6H_{12}(l)	3919.6
正丁醇 C_4H_9OH(l)	2675.8	苯 C_6H_6(l)	3267.6
吡啶 C_5H_5N(l)	2782.4	苯酚 C_6H_5OH(s)	3053.5
丙酮 $(CH_3)_2CO$(l)	1789.9	乙酸 CH_3COOH(l)	874.2
丙烯酸 $CH_3CHCOOH$(l)	1368.2	乙醛 CH_3CHO(l)	1166.9

数据录自 DavidR. Lide，CRC Handbook of Chemistry and Physics，90th，(2010)．

附录五　质量摩尔凝固点降低常数

溶剂	凝固点/℃	$K_f/\text{K} \cdot \text{kg} \cdot \text{mol}^{-1}$	溶剂	凝固点/℃	$K_f/\text{K} \cdot \text{kg} \cdot \text{mol}^{-1}$
环己烷	6.54	20.8	苯酚	40.90	6.84
溴仿	8.05	15.0	萘	80.290	7.45
醋酸	16.66	3.63	樟脑	178.75	37.8
苯	5.533	5.07	水	0.0	1.86

数据录自 John A. Dean. Lange's Handbook of Chemistry，16th，1985.

附录六　常见电极的标准电极电势（298.15K）

电对(氧化态/还原态)	电极反应(氧化态$+z\text{e}^-$ ⇌ 还原态)	$E^{\ominus}$/V
Li^+/Li	$Li^+ + e^- \rightleftharpoons Li$	-3.04
K^+/K	$K^+ + e^- \rightleftharpoons K$	-2.93
Ba^{2+}/Ba	$Ba^{2+} + 2e^- \rightleftharpoons Ba$	-2.91
Ca^{2+}/Ca	$Ca^{2+} + 2e^- \rightleftharpoons Ca$	-2.87
Na^+/Na	$Na^+ + e^- \rightleftharpoons Na$	-2.71
Mg^{2+}/Mg	$Mg^{2+} + 2e^- \rightleftharpoons Mg$	-2.37
$H_2O/H_2(g)$	$2H_2O + 2e^- \rightleftharpoons H_2(g) + 2OH^-$	-0.828
Zn^{2+}/Zn	$Zn^{2+} + 2e^- \rightleftharpoons Zn$	-0.763
Cr^{3+}/Cr	$Cr^{3+} + 3e^- \rightleftharpoons Cr$	-0.74
SO_3^{2-}/S	$SO_3^{2-} + 3H_2O + 4e^- \rightleftharpoons S + 6OH^-$	-0.66
$CO_2/H_2C_2O_4$	$2CO_2 + 2H^+ + 2e^- \rightleftharpoons H_2C_2O_4$	-0.49
Fe^{2+}/Fe	$Fe^{2+} + 2e^- \rightleftharpoons Fe$	-0.440
Cd^{2+}/Cd	$Cd^{2+} + 2e^- \rightleftharpoons Cd$	-0.403
Cu_2O/Cu	$Cu_2O + 2H^+ + 2e^- \rightleftharpoons 2Cu + H_2O$	-0.36
Co^{2+}/Co	$Co^{2+} + 2e^- \rightleftharpoons Co$	-0.277
Ni^{2+}/Ni	$Ni^{2+} + 2e^- \rightleftharpoons Ni$	-0.246
Sn^{2+}/Sn	$Sn^{2+} + 2e^- \rightleftharpoons Sn$	-0.136
Pb^{2+}/Pb	$Pb^{2+} + 2e^- \rightleftharpoons Pb$	-0.126
$H^+/H_2(g)$	$2H^+ + 2e^- \rightleftharpoons H_2(g)$	0.0000
$S_4O_6^{2-}/S_2O_3^{2-}$	$S_4O_6^{2-} + 2e^- \rightleftharpoons 2S_2O_3^{2-}$	$+0.08$
$S/H_2S(g)$	$S + 2H^+ + 2e^- \rightleftharpoons H_2S(g)$	$+0.141$
Sn^{4+}/Sn^{2+}	$Sn^{4+} + 2e^- \rightleftharpoons Sn^{2+}$	$+0.154$
Cu^{2+}/Cu^+	$Cu^{2+} + 2e^- \rightleftharpoons Cu^+$	$+0.17$
SO_4^{2-}/H_2SO_3	$SO_4^{2-} + 4H^+ + 2e^- \rightleftharpoons H_2SO_3 + H_2O$	$+0.17$
$AgCl/Ag$	$AgCl(s) + e^- \rightleftharpoons Ag + Cl^-$	$+0.2223$

电对(氧化态/还原态)	电极反应(氧化态＋ze⁻ ⇌ 还原态)	$E^{\ominus}$/V
Cu^{2+}/Cu	$Cu^{2+}+2e^-\rightleftharpoons Cu$	+0.337
$O_2(g)/OH^-$	$\frac{1}{2}O_2(g)+H_2O+2e^-\rightleftharpoons 2OH^-$	+0.41
$MnO_4^{2-}/MnO_2(s)$	$MnO_4^{2-}+2H_2O+2e^-\rightleftharpoons MnO_2(s)+4OH^-$	+0.5
Cu^+/Cu	$Cu^++e^-\rightleftharpoons Cu$	+0.52
$I_2(s)/I^-$	$I_2(s)+2e^-\rightleftharpoons 2I^-$	+0.535
H_3AsO_4/H_3AsO_3	$H_3AsO_4+2H^++2e^-\rightleftharpoons H_3AsO_3+H_2O$	+0.581
$O_2(g)/H_2O_2$	$O_2(g)+2H^++2e^-\rightleftharpoons H_2O_2$	+0.682
Fe^{3+}/Fe^{2+}	$Fe^{3+}+e^-\rightleftharpoons Fe^{2+}$	+0.771
Hg_2^{2+}/Hg	$Hg_2^{2+}+2e^-\rightleftharpoons 2Hg$	+0.792
Ag^+/Ag	$Ag^++e^-\rightleftharpoons Ag$	+0.7999
Hg^{2+}/Hg	$Hg^{2+}+2e^-\rightleftharpoons Hg$	+0.854
$NO_3^-/NO(g)$	$NO_3^-+4H^++3e^-\rightleftharpoons NO(g)+2H_2O$	+0.96
$HNO_2/NO(g)$	$HNO_2+H^++e^-\rightleftharpoons NO(g)+H_2O$	+1.00
$Br_2(l)/Br^-$	$Br_2(l)+2e^-\rightleftharpoons 2Br^-$	+1.065
IO_3^-/I_2	$2IO_3^-+12H^++10e^-\rightleftharpoons I_2+6H_2O$	+1.20
$O_2(g)/H_2O$	$O_2(g)+4H^++4e^-\rightleftharpoons 2H_2O$	+1.229
MnO_2/Mn^{2+}	$MnO_2+4H^++2e^-\rightleftharpoons Mn^{2+}+2H_2O$	+1.23
$Cr_2O_7^{2-}/Cr^{3+}$	$Cr_2O_7^{2-}+14H^++6e^-\rightleftharpoons 2Cr^{3+}+7H_2O$	+1.33
$Cl_2(g)/Cl^-$	$Cl_2(g)+2e^-\rightleftharpoons 2Cl^-$	+1.39
$PbO_2(s)/Pb^{2+}$	$PbO_2(s)+4H^++2e^-\rightleftharpoons Pb^{2+}+2H_2O$	+1.455
$ClO_3^-/Cl_2(g)$	$2ClO_3^-+12H^++10e^-\rightleftharpoons Cl_2(g)+6H_2O$	+1.47
MnO_4^-/Mn^{2+}	$MnO_4^-+8H^++5e^-\rightleftharpoons Mn^{2+}+4H_2O$	+1.51
$HOCl/Cl_2(g)$	$2HOCl+2H^++2e^-\rightleftharpoons Cl_2(g)+2H_2O$	+1.63
H_2O_2/H_2O	$H_2O_2+2H^++2e^-\rightleftharpoons 2H_2O$	+1.77
$Co^{3+}/Co^{2+}(H_2SO_4)$	$Co^{3+}+e^-\rightleftharpoons Co^{2+}$	+1.8
$S_2O_8^{2-}/SO_4^{2-}$	$S_2O_8^{2-}+2e^-\rightleftharpoons 2SO_4^{2-}$	+2.01
$F_2(g)/F^-$	$F_2(g)+2e^-\rightleftharpoons 2F^-$	+2.87
$F_2(g)/HF$	$F_2(g)+2H^++2e^-\rightleftharpoons 2HF$	+3.06

数据主要录自 John A. Dean，Lange's Handbook of Chemistry，13th，1985.

附录七　某些参比电极的电极电势与温度关系的公式

一、甘汞电极的电极电势

当 $c=0.1\text{mol}\cdot L^{-1}$ 时：$E/V=0.3337-7.0\times10^{-4}(t/℃-25)$

当 $c=1.0\text{mol}\cdot L^{-1}$ 时：$E/V=0.2801-2.4\times10^{-4}(t/℃-25)$

当饱和时：$E/V=0.2412-7.6\times10^{-4}(t/℃-25)$

二、醌氢醌电极的电极电势

$E/V=0.6990-7.4\times10^{-4}(t/℃-25)+[0.0591+2\times10^{-4}(t/℃-25)]\lg a_{H^+}$

三、银-氯化银电极的电极电势

$E/V=0.2224-6.4\times10^{-4}(t/℃-25)-3.2\times10^{-6}(t/℃-25)^2-[0.0591+2\times10^{-4}(t/℃-25)]\lg a_{Cl^-}$

四、汞-硫酸亚汞电极的电极电势

$E/V=0.6141-8.02\times10^{-4}(t/℃-25)-4\times10^{-7}(t/℃-25)^2$

附录八　一些离子在水溶液中的极限摩尔电导率（298.15K）

离子	$\Lambda_{m,+}^{\infty}/(10^{-4}S\cdot m^2\cdot mol^{-1})$	离子	$\Lambda_{m,-}^{\infty}/(10^{-4}S\cdot m^2\cdot mol^{-1})$
Ag^+	61.9	$\frac{1}{4}Fe(CN)_6^{4-}$	110.4
$\frac{1}{2}Ba^{2+}$	63.9	$\frac{1}{3}Fe(CN)_6^{3-}$	100.9
$\frac{1}{2}Be^{2+}$	45	HCO_3^-	44.5
$\frac{1}{2}Ca^{2+}$	59.47	HS^-	65
$\frac{1}{2}Cd^{2+}$	54	HSO_3^-	58
$\frac{1}{3}Ce^{3+}$	69.8	HSO_4^-	52
$\frac{1}{2}Co^{2+}$	55	I^-	76.8
$\frac{1}{3}Cr^{3+}$	67	IO_3^-	40.5
$\frac{1}{2}Cu^{2+}$	53.6	IO_4^-	54.5
$\frac{1}{2}Fe^{2+}$	54	Br^-	78.1
$\frac{1}{3}Fe^{3+}$	68	Cl^-	76.31
H^+	349.65	F^-	55.4
$\frac{1}{2}Hg^{2+}$	68.6	ClO_3^-	64.6
K^+	73.48	ClO_4^-	67.3
$\frac{1}{3}La^{3+}$	69.7	CN^-	78
Li^+	38.66	$\frac{1}{2}CO_3^{2-}$	69.3
$\frac{1}{2}Mg^{2+}$	53.0	$\frac{1}{2}CrO_4^{2-}$	85
NH_4^+	73.5	NO_2^-	71.8

离子	$\Lambda_{m,+}^{\infty}/(10^{-4}\,S\cdot m^2\cdot mol^{-1})$	离子	$\Lambda_{m,-}^{\infty}/(10^{-4}\,S\cdot m^2\cdot mol^{-1})$
Na^+	50.08	NO_3^-	71.42
$\frac{1}{2}Ni^{2+}$	49.6	OH^-	198
Rb^+	77.8	$\frac{1}{3}PO_4^{3-}$	92.8
$\frac{1}{2}Pb^{2+}$	71	SCN^-	66
$\frac{1}{2}Sr^{2+}$	59.4	$\frac{1}{2}SO_3^{2-}$	72
$\frac{1}{2}Hg_2^{2+}$	63.6	$\frac{1}{2}SO_4^{2-}$	80.0
Tl^+	74.7	CH_3COO^-	40.9
$\frac{1}{2}Zn^{2+}$	52.8	$\frac{1}{2}C_2O_4^{2-}$	74.2

注：1. 数据录自 David R. Lide，CRC Handbook of Chemistry and Physics，90th，(2010)．

2. 各离子的温度系数除 H^+（0.0139）外和 OH^-（0.018）外均为 $0.02\times10^4/S\cdot m^2\cdot mol^{-1}\cdot K^{-1}$。

附录九　强电解质的平均离子活度因子 $\gamma_{\pm}$ （298.15K）

电解质	质量摩尔浓度 b/mol·kg^{-1}									
	0.001	0.002	0.005	0.01	0.02	0.05	0.1	0.2	0.5	1.0
$AgNO_3$	0.964	0.950	0.924	0.896	0.859	0.794	0.732	0.656	0.536	0.430
HCl	0.965	0.952	0.929	0.905	0.876	0.832	0.797	0.768	0.759	0.811
HBr	0.966	0.953	0.930	0.907	0.879	0.837	0.806	0.783	0.790	0.872
HNO_3	0.965	0.952	0.929	0.905	0.875	0.829	0.792	0.756	0.725	0.730
H_2SO_4	0.804	0.740	0.634	0.542	0.445	0.325	0.251	0.195	0.146	0.125
KOH	0.965	0.952	0.927	0.902	0.871	0.821	0.779	0.740	0.710	0.733
NaOH	0.965	0.952	0.927	0.902	0.870	0.819	0.775	0.731	0.685	0.674
KCl	0.965	0.951	0.927	0.901	0.869	0.816	0.768	0.717	0.649	0.604
KBr	0.965	0.952	0.927	0.902	0.870	0.817	0.771	0.772	0.658	0.617
KI	0.965	0.952	0.927	0.902	0.871	0.820	0.776	0.731	0.676	0.646
NaCl	0.965	0.952	0.928	0.903	0.872	0.822	0.779	0.734	0.681	0.657
$NaNO_3$	0.965	0.951	0.926	0.900	0.866	0.810	0.759	0.701	0.617	0.550
Na_2SO_4	0.887	0.847	0.779	0.716	0.644	0.540	0.462	0.386	0.296	0.237
NH_4Cl	0.965	0.952	0.927	0.901	0.869	0.816	0.769	0.718	0.649	0.603
$MgSO_4$				0.40	0.32	0.22	0.150	0.107	0.0675	0.0485
$CuSO_4$	0.74		0.53	0.41	0.31	0.21	0.150	0.104	0.0620	0.0423
$CdSO_4$	0.73	0.64	0.50	0.40	0.31	0.21	0.150	0.103	0.0615	0.0415

电解质	质量摩尔浓度 $b/\text{mol} \cdot \text{kg}^{-1}$									
	0.001	0.002	0.005	0.01	0.02	0.05	0.1	0.2	0.5	1.0
$ZnSO_4$	0.700	0.508	0.477	0.387	0.298	0.202	0.150	0.140	0.0630	0.0435
$ZnCl_2$	0.887	0.847	0.781	0.719	0.652	0.561	0.499	0.447	0.384	0.330
$Pb(NO_3)_2$	0.882	0.840	0.764	0.690	0.604	0.476	0.379	0.291	0.195	0.136
$BaCl_2$	0.887	0.849	0.782	0.721	0.653	0.559	0.492	0.436	0.391	0.393
$Al_2(SO_4)_3$							0.035	0.0225	0.0143	0.0175

数据录自 David R. Lide，CRC Handbook of Chemistry and Physics，90th，(2010).

附录十 不同温度下某些液体的黏度

物质	$t/\text{℃}$	$\eta \times 10^{-3}/\text{Pa} \cdot \text{s}$	物质	$t/\text{℃}$	$\eta \times 10^{-3}/\text{Pa} \cdot \text{s}$
甲醇	0	0.793	丙酮	0	0.395
	15	0.623		15	0.337
	20	0.597		25	0.306
	25	0.544		30	0.295
	30	0.510		41	0.280
	40	0.456	醋酸	15	1.31
	50	0.403		18	1.30
乙醇	0	1.786		25	1.056
	10	1.466		30	1.04
	20	1.200		41	1.00
	25	1.074		50	0.786
	30	1.003		75	0.599
	40	0.834		100	0.464
	50	0.694	苯	0	0.912
	60	0.592		10	0.758
	70	0.504		20	0.652
甲苯	0	0.778		25	0.604
	17	0.61		30	0.564
	20	0.590		40	0.503
	30	0.526		50	0.436
	40	0.471		60	0.392
	70	0.354		70	0.358
乙苯	0	0.872		80	0.329
	25	0.631			

数据录自 Robert C. Weast，CRC Handbook of Chemistry and Physics，90th，F-41 (2010).

附录十一 不同温度下水的黏度

$t/℃$	$\eta\times10^{-3}/\text{Pa·s}$	$t/℃$	$\eta\times10^{-3}/\text{Pa·s}$	$t/℃$	$\eta\times10^{-3}/\text{Pa·s}$
0	1.787	34	0.7340	68	0.4155
1	1.728	35	0.7194	69	0.4098
2	1.671	36	0.7052	70	0.4042
3	1.618	37	0.6915	71	0.3987
4	1.567	38	0.6783	72	0.3934
5	1.519	39	0.6654	73	0.3882
6	1.472	40	0.6529	74	0.3831
7	1.428	41	0.6408	75	0.3781
8	1.386	42	0.6291	76	0.3732
9	1.346	43	0.6178	77	0.3684
10	1.307	44	0.6067	78	0.3638
11	1.271	45	0.5960	79	0.3592
12	1.235	46	0.5856	80	0.3547
13	1.202	47	0.5755	81	0.3503
14	1.169	48	0.5656	82	0.3460
15	1.139	49	0.5561	83	0.3418
16	1.109	50	0.5468	84	0.3377
17	1.081	51	0.5378	85	0.3337
18	1.053	52	0.5290	86	0.3297
19	1.027	53	0.5204	87	0.3259
20	1.002	54	0.5121	88	0.3221
21	0.9779	55	0.5040	89	0.3184
22	0.9548	56	0.4961	90	0.3147
23	0.9325	57	0.4884	91	0.3111
24	0.9111	58	0.4809	92	0.3076
25	0.8904	59	0.4736	93	0.3042
26	0.8705	60	0.4665	94	0.3008
27	0.8513	61	0.4596	95	0.2975
28	0.8327	62	0.4528	96	0.2942
29	0.8148	63	0.4462	97	0.2911
30	0.7975	64	0.4398	98	0.2879
31	0.7808	65	0.4335	99	0.2848
32	0.7647	66	0.4273	100	0.2818
33	0.7491	67	0.4213		

数据录自 Robert C. Weast，CRC Handbook of Chemistry and Physics，63th，F-40 (1982-1983)．

附录十二　不同温度下水的密度

$t/℃$	$\rho/\text{kg}\cdot\text{m}^{-3}$	$t/℃$	$\rho/\text{kg}\cdot\text{m}^{-3}$
0	999.87	45.0	990.21
3.9	999.9749	50.0	988.04
5.0	999.9668	55.0	985.69
10.0	999.7021	60.0	983.20
15.0	999.1016	65.0	980.55
18.0	998.5976	70.0	977.76
20.0	998.2063	75.0	974.84
25.0	997.0480	80.0	971.79
30.0	995.6511	85.0	968.61
35.0	994.0359	90.0	965.31
38.0	992.9695	95.0	961.89
40.0	992.2204	100.0	958.38

数据录自 Robert C. Weast，CRC Handbook of Chemistry and Physics，90th，6-4 (2010).

附录十三　不同温度下乙醇的密度（$\text{kg}\cdot\text{m}^{-3}$）

$t/℃$	0	1	2	3	4	5	6	7	8	9
0	806.25	805.41	804.57	803.74	802.90	802.07	801.23	800.39	799.56	798.72
10	797.88	797.04	796.20	795.35	794.51	793.67	792.83	792.98	791.14	790.29
20	789.45	788.60	787.75	786.91	786.06	785.22	784.37	783.52	782.67	781.82
30	780.97	780.12	779.27	778.41	777.56	776.71	775.85	775.00	774.14	773.29

数据录自 Robert C. Weast，CRC Handbook of Chemistry and Physics，63th，F-3 (1982-1983).

附录十四　某些液体的相对密度（$\text{kg}\cdot\text{m}^{-3}$）

某些液体的相对密度按下式计算：

$$d_i = [d_s + \alpha(t-t_s) + \beta(t-t_s)^2 \times 10^{-3} + \gamma(t-t_s)^3 \times 10^{-6}]$$

式中，$t_s = 0℃$。

液体	d_s	α	β	γ	适用范围
三氯甲烷	1526.43	−1.8563	−0.5309	−8.81	−53～55℃
四氯化碳	1632.55	−1.9110	−0.690		0～40℃
丙酮	812.48	−1.100	−0.858		0～50℃

液体	d_s	α	β	γ	适用范围
二乙醚	736.29	−1.1138	−1.237		0～70℃
异丙醇	816.9	−0.751	−0.28		0～50℃
苯	(900.05)	−1.0636	−0.0376	−8	11～72℃
溴苯	1522.31	−1.345	−0.24	−2.213	0～80℃
氯苯	1127.82	−1.0664	−0.2463	+0.76	0～73℃
硝基苯	1223.00	−0.98721	−0.09944	−0.53	0～58℃
环己烷	797.07	−0.8879	−0.972	+1.55	0～65℃

附录十五　液体的折射率（298.15K，钠光 $\lambda=589.3$nm）

物质	$n_D^{25℃}$	物质	$n_D^{25℃}$
甲醇	1.326	氯仿	1.444
水	1.33252	四氯化碳	1.459
乙醚	1.352	乙苯	1.493
丙酮	1.357	甲苯	1.494
乙醇	1.359	苯	1.498
醋酸	1.370	苯乙烯	1.545
乙酸乙酯	1.370	溴苯	1.557
正己烷	1.372	苯胺	1.583
1-丁醇	1.397	溴仿	1.587

数据录自 Robert C. Weast，CRC Handbook of chemistry and physics，63th，E-375 (1982-1983)．

附录十六　水和空气界面上的界面张力

$t/℃$	$\gamma/N \cdot m^{-1}$	$t/℃$	$\gamma/N \cdot m^{-1}$
−8	0.0770	25	0.07197
−5	0.0764	30	0.07118
0	0.0756	40	0.06956
5	0.0749	50	0.06791
10	0.07422	60	0.06618
15	0.07349	70	0.0644
18	0.07305	80	0.0626
20	0.07275	100	0.0589

数据录自 Robert C. Weast，CRC Handbook of Chemistry and Physics，63th，F-35 (1982-1983)．

附录十七　不同温度下水的饱和蒸气压

温度 $t/℃$	饱和蒸气压 $p(H_2O)/Pa$	温度 $t/℃$	饱和蒸气压 $p(H_2O)/Pa$
0	611.5	52	13631
2	705.99	54	15022
4	813.55	56	16533
6	935.36	58	18171
8	1073.0	60	19946
10	1228.2	62	21867
12	1402.8	64	23943
14	1599.0	66	26183
16	1818.8	68	28599
18	2064.7	70	31201
20	2339.3	72	34000
22	2645.3	74	37009
24	2985.8	76	40239
26	3363.9	78	43703
28	3783.1	80	47414
30	4247.0	82	51387
32	4759.6	84	55635
34	5325.1	86	60173
36	5947.9	88	65017
38	6632.8	90	70182
40	7384.9	92	75684
42	8209.6	94	81541
44	9112.4	96	87771
46	10099	98	94390
48	11177	100	101420
50	12352		

数据录自 David R Lide，CRC Handbook of Chemistry and Physics. 90th. 2010.

附录十八　几种物质的蒸气压

物质的蒸气压按下式计算：

$$\lg p = A - \frac{B}{C+t}$$

式中，p 为蒸气压，mmHg；A、B、C 为常数；t 为摄氏温度，℃。

名称	分子式	温度范围/℃	A	B	C
氯仿	$CHCl_3$	$-36\sim61$	6.4934	929.44	196.03
乙醇	C_2H_6O	$-2\sim100$	8.32109	1718.10	237.52
丙酮	C_3H_6O	液态	7.11714	1210.595	229.664
醋酸	$C_2H_4O_2$	液态	7.38782	1533.313	222.309
乙酸乙酯	$C_4H_8O_2$	$-15\sim76$	7.10179	1244.95	217.88
苯	C_6H_6	$8\sim103$	6.90565	1211.033	220.790
甲苯	C_7H_8	$-20\sim150$	6.95464	1344.800	219.482
乙苯	C_8H_{10}	$26\sim164$	6.95719	1424.255	213.21
水	H_2O	$0\sim60$	8.10765	1750.286	235.0
水	H_2O	$60\sim150$	7.96681	1668.21	228.0
汞	Hg	$100\sim200$	7.49605	2771.898	244.831
汞	Hg	$200\sim300$	7.7324	3003.68	262.482

数据主要录自 John A. Dean，Lange's Handbook of Chemistry，16th，2004.

附录十九　部分危险化学品名录

危险货物编号	名称	别名	UN 号
	第一类　爆炸品		
11026	高氯酸(浓度>72%)		
11081	高氯酸铵		0402
11082	硝酸铵(含可燃物>0.2%,包括以碳计算的任何有机物,但不包括任何其他添加剂)		0222
	第二类　压缩气体和液化气体		
21001	氢(压缩的)	氢气	1049
21002	氢(液化的)	液氢	1966
21005	一氧化碳		1016
21006	硫化氢(液化的)		1053
23002	氯(液化的)	液氯	1017
23003	氨(液化的,含氨>50%)	液氨	1005
23004	溴化氢(无水)		1048
23005	磷化氢	磷化三氢;膦	2199
23006	砷化氢	砷化三氢;胂	2188
23007	硒化氢(无水)		2202
23008	锑化氢	锑化三氢;锑	2676
	第三类　易燃液体		
31025	丙酮	二甲(基)酮	1090
31026	乙醚	二乙(基)醚	1155
32061	乙醇(无水)	无水酒精	1170
32061	乙醇溶液(−18℃≤闪点≤23℃)	酒精溶液	

危险货物编号	名称	别名	UN号
第四类　易燃固体、自然物品和遇湿易燃物品			
41001	红磷	赤磷	1338
41501	硫黄		1350,2448
41502	镁(片状、带状或条状)		1869
41502	镁合金(片状、带状或条状含镁>50%)		
42001	黄磷	白磷	2447,1381
42009	硫化钠(无水或含结晶水<30%)		1385
42010	硫化钾(无水或含结晶水<30%)		1382
43002	金属钠	钠	1428
第五类　氧化剂和有机过氧化物			
51001	过氧化氢(含量>60%,特许的)	双氧水	2015
51001	过氧化氢(20%≤含量≤80%)	双氧水	2014
51002	过氧化钠	二氧化钠	1504
51016	高氯酸钙	过氯酸钙	1455
51017	高氯酸铵	过氯酸铵	1442
51018	高氯酸钠	过氯酸钠	1502
51019	高氯酸钾	过氯酸钾	1489
51030	氯酸钠		1495
51031	氯酸钾		1485
51048	高锰酸钾	过锰酸钾;灰锰氧	1490
51056	硝酸钾		1486
51063	硝酸银		1493
51073	亚硝酸钾		1488
第六类　毒害品和感染性物品			
61001	氰化钾		1680
61007	二氧化(二)砷	白砒;砒霜;亚(酸)酐	1561
61009	亚砷酸钠	偏亚砷酸钠	2027
第七类　放射性物品			
第八类　腐蚀品			
81002	硝酸		2031
81007	硫酸		1830
81011	亚硫酸		1833
81013	盐酸	氢氯酸	1789
82001	氢氧化钠	苛性钠;烧碱	1823
83503	氯化铜		2802
83504	氯化锌		2331

参考书目

[1] 东北师范大学等. 物理化学实验 [M]. 3 版. 北京：高等教育出版社，2014.

[2] 孙尔康，张剑荣. 物理化学实验 [M]. 3 版. 南京：南京大学出版社，2018.

[3] 邱金恒，孙尔康，吴强. 物理化学实验 [M]. 北京：高等教育出版社，2010.

[4] 罗澄元，向明礼. 物理化学实验 [M]. 北京：高等教育出版社，2004.

[5] 王明德，王耿，吴勇. 物理化学实验 [M]. 西安：西安交通大学出版社，2013.

[6] 北京大学化学学院物理化学实验教学组. 物理化学实验 [M]. 4 版. 北京：北京大学出版社，2002.

[7] 罗士平. 物理化学实验 [M]. 北京：化学工业出版社，2010.

[8] 物理化学学科组. 物理化学实验 [M]. 北京：化学工业出版社，2018.

[9] 彭娟，宋伟明，孙彦璞. 物理化学实验数据的 Origin 处理 [M]. 北京：化学工业出版社，2019.

[10] 傅献彩，沈文霞，姚天扬，等. 物理化学 [M]. 5 版. 北京：高等教育出版社，2005.

[11] 天津大学物理化学教研室. 物理化学 [M]. 6 版. 北京：高等教育出版社，2017.

[12] 刘利，张进，姚思童. 普通化学实验 [M]. 北京：化学工业出版社，2020.

[13] 姚思童，张进，王鹏. 基础化学实验 [M]. 北京：化学工业出版社，2009.

[14] 何畏. 物理化学实验 [M]. 北京：科学出版社，2018.